Juan Luis Arsuaga
Manuel Martín-Loeches

El sello indeleble

imago mundi

Juan Luis Arsuaga
Manuel Martín-Loeches

El sello indeleble

Pasado, presente y futuro del ser humano

Ediciones Destino Colección Imago Mundi **Volumen 389**

Ediciones Destino, un sello editorial de Editorial Planeta, S. A.
Avda. Diagonal, 662-664, 08034 Barcelona (España)
www.planetadelibros.com
www.edestino.es

Primera edición: septiembre de 2025
ISBN: 978-84-233-6824-2
Depósito legal: B. 11.868-2025
Composición: Realización Planeta
Impresión y encuadernación: Limpergraf, S. L.
Printed in Spain - Impreso en España

Y debemos reconocer —así me lo parece— que el Hombre, con todas sus nobles cualidades, con las simpatías que abriga a favor de los más degradados, con la benevolencia que presta, no solo a los demás seres humanos, sino a las criaturas más humildes, con su intelecto divino que ha penetrado los movimientos y la constitución del sistema solar; con toda esta exaltación de facultades, el Hombre lleva aún en su estructura corporal el sello indeleble de su bajo origen.

CHARLES DARWIN, *El origen del hombre* (1871)

ÍNDICE

La principal razón por la que nos parece que a este libro no le afectan (o no le afectan tanto) las novedades es porque no es un libro concebido para contar descubrimientos de última hora, sino para que pensemos juntos los autores y los lectores. Se trata de elaborar una lista.

Alguien ha escrito que somos *otra* especie única. Y tiene razón el colega. Todas las especies biológicas son únicas, por eso las reconocemos como tales y les ponemos un nombre propio en latín. El nuestro, ya lo sabe, es *Homo sapiens*.

Todas las especies, por lo tanto, *son especiales*. Todas están adaptadas —ese es el trabajo de la selección natural— al lugar que ocupan en la naturaleza. A su nicho ecológico. El pájaro carpintero, el topo, el delfín, el pingüino, la cobra, el esturión, el parásito intestinal, etc. No hay dos especies iguales viviendo en el mismo ecosistema. Porque, simplemente, no serían dos especies.

Ese es el quid de la cuestión. ¿Cuál es el nicho ecológico de la especie humana y cuáles son nuestras adaptaciones? ¿Qué clase de especie somos?

Y ahí es donde empieza la lista. La lista de nuestras singularidades, las características que nos hacen *otra* especie única.

Este es el juego que propone el libro, al que invitamos a participar al lector. Un juego de mesa. Algunas de las características que nos definen a los humanos como especie son puramente anatómicas, y esas son las más fáciles de descubrir, aunque nos sorprenderán cuando caigamos en la cuenta.

De eso se trata. Hay que caer en la cuenta, aunque son rasgos evidentes cuando nos comparamos con los *otros* animales. Por ejemplo, el cabello y la barba nos crecen indefinidamente, y tenemos que cortarlos. Somos una especie que va a la peluquería. ¿Lo había pensado? También somos la única especie (casi) que refrigera su cuerpo por medio del sudor. Y eso nos obliga a beber mucho, a no alejarnos del agua dulce o a transportarla con nosotros.

A ver qué le parece esta otra singularidad de nuestra especie: tenemos unas narices que se proyectan hacia delante y sobresalen de la cara. La especie narizotas.

Y fíjese, nuestros niños son gorditos desde que nacen, tienen mucha grasa corporal. Los bebés de los demás primates son delgados como alambres.

De nuestra postura bípeda no hace falta que se diga nada.

Los seres humanos nos alimentamos de plantas cultivadas, de huevos, de leche y de carne. Aunque no todos los seres humanos comen todas esas cosas. A muchos le sienta mal la leche después del destete, y otros muchos solo consumen vegetales por voluntad propia. Parece difícil definir a la especie humana por su alimentación, pero hay un detalle importante.

Prácticamente todos los humanos consumimos alimentos preparados, es decir, alimentos cocinados, y para ello se necesita el fuego. Hay que cocer o asar la comida para facilitar su digestión. Y porque nos gusta más cocinada. En realidad, pensándolo bien, todos los animales son crudívoros, menos nosotros. Somos la especie *no crudívora*. Ayúdenos a encontrar una palabra para esto.

Parece ser que nuestro organismo no es capaz de alimentarse de carne o vegetales crudos exclusivamente. No somos en realidad vegetarianos o carnívoros como los *otros* animales.

Todo ello nos lleva de vuelta al registro paleontológico y arqueológico de la evolución humana. ¿Dónde está el fuego? Se come todos los días, así que una especie *no crudívora* necesitaría encender fuego todos los días, y eso deja una evidencia muy fuerte en los yacimientos: los hogares.

Necesitamos encontrar hogares, fuegos permanentes; no nos valen unas pocas cenizas o unos carbones esparcidos en el sedimento de algunos yacimientos raros. Los neandertales y nuestros antepasados directos nos han dejado abundantes hogares, pero ¿y antes? Los australopitecos eran vegetarianos y crudívoros, pero ¿era crudívoro el *Homo erectus*?

Ahora bien, puede que usted no esté de acuerdo con que la especie humana es necesariamente *no crudívora*. Puede que piense que lo natural y saludable sería comer alimentos no cocinados. Yo no lo creo (basándome en estudios científicos, naturalmente), pero lo importante es que usted ya ha entrado en el juego. Está empezando a pensar por su cuenta.

Y tendrá que pensar todavía más cuando lleguemos a cuestiones que tienen que ver con el comportamiento, porque la biología y la cultura se entrelazan en lo que se refiere a la conducta. ¿Le parece a usted que el pudor es un producto cultural o piensa que está escrito en los genes? Hay gente que practica el nudismo, pero las relaciones sexuales se suelen mantener en privado. ¿Biología o cultura?

Hay mucho que pensar y mucho que estudiar en relación con el ser humano, que quizá sea, después de todo, la especie peor conocida entre los grandes simios.

Solo podemos estar seguros de una cosa: si el ser humano es la pregunta, la evolución biológica y la historia son la respuesta.

LA MIRADA A *EL SELLO INDELEBLE* UNA DÉCADA DESPUÉS

MANUEL MARTÍN-LOECHES

Escribir un libro a cuatro manos no es algo necesariamente sencillo. Es más, puede llegar a ser una tarea más ardua que escribir un libro en solitario, pues tienes que explicar a quien es tu coautor por qué dices lo que dices y cómo lo dices. Es un esfuerzo por conjugar un lenguaje único, a partir de dos lenguajes diferentes, de dos dominios científicos interesados en lo mismo, pero con enfoques y terminologías relativamente distintos. Sin embargo, es gracias a este esfuerzo combinado por unir ambos mundos durante el proceso de construcción del proyecto que quien más beneficiado sale es usted, lector, especialmente si no es un lector especializado.

De la unión de dos parcelas científicas distintas, la paleoantropología y la neurociencia cognitiva, salió algo que es mucho más que la mera suma de dos disciplinas científicas. Salió una visión del ser humano, de su pasado, su presente y su futuro, que va más allá, que es mucho más completa e integral.

El sello indeleble es un libro por el que no ha pasado el tiempo. En absoluto. Todo lo que dijimos en su momento sigue siendo perfectamente válido en cuanto al mensaje que el lector se debe llevar a casa. Puede que en ciencia algunos detalles hayan cambiado en estos últimos años; la ciencia es precisamente eso: un continuo dinámico en busca de ideas que sean más firmes, más aceptables que las anteriores, y la evidencia científica que se acumula con el paso de los años va matizando estas ideas. Pero las conclusiones, las consecuencias generales, son más difíciles de cambiar. No habría por tanto nada que quitar o que cambiar de aquella versión del libro. Todo lo más, añadir alguna cosa, pero para afianzar aún más nuestras conclusiones. De hecho, todo aquello relacionado con el comportamiento humano y nuestro cerebro se mantiene inalterable. En estos años lo que ha ocurrido, realmente, es que se ha acumulado más y más evidencia que avala lo que entonces decíamos.

Y es curioso, porque entonces apostábamos por una interpretación de lo humano —tanto de lo físico como de lo psíquico— que no todos los autores estaban dispuestos a aceptar. Aunque la idea de lo social como factor de presión evolutiva no era del todo nueva, sí es cierto que en aquel momento era solo una parte de la comunidad científica la que defendía esta postura, frente a otras más arraigadas como lo relacionado con la obtención de los recursos naturales (la alimentación, el cobijo, etc.) o la defensa frente a los predadores. O el mero desarrollo de la tecnología. No es que aspectos directamente relacionados con la supervivencia natural o biológica no tuvieran importancia para entender al ser humano, que la tienen, pero no habrían sido muy diferentes de los enfrentados por otras varias especies del mismo medio originario, o similar, y especialmente del orden de los primates. Y, sin embargo, solo la especie humana ha sido capaz de desarrollar un lenguaje que le ha permitido transformar radicalmente el planeta, dominarlo e incluso salir de él, viajar a las estrellas.

En el tiempo que ha pasado desde que se publicó el libro, nuestra apuesta por lo social se ha afianzado, ha crecido y ha ganado adeptos, y pocos dudan ahora que lo social es muy probablemente lo que nos ha hecho humanos. O lo que ha tenido el mayor papel protagonista en esta historia. Nuestro texto está ahora más de actualidad que nunca.

Es curioso, porque, aunque comenzamos el libro con la idea de desarrollar el modelo social como origen del primate humano, a medida que lo íbamos escribiendo fuimos creciendo en esta idea. Es decir, fuimos encontrando más y más evidencias, propias y ajenas, acerca de la verdadera naturaleza del ser humano. Todo parecía ir encajando, incluso aquellas piezas sueltas desde hacía mucho tiempo, fragmentos de nuestra historia y de nuestra idiosincrasia que no terminaban de cuadrar en una concepción de la especie donde lo *sapiens* pretende ser el único protagonista. Es verdad que somos muy sabios, qué duda cabe, y muy inteligentes. Pero esto es más una consecuencia que un fin en sí mismo, fruto del largo proceso de nuestra evolución, guiada por aspectos muchas veces más caprichosos que racionales. Por la presión de la sociedad. En *El sello indeleble* desarrollamos todo esto, recopilamos multitud de evidencias que lo avalan y las explicamos de forma que ayudan a entenderlo. Y lo hacemos además de una forma sistemática, desde lo más simple hasta lo más complejo. Estoy convencido de que usted se llevará una buena dosis de evidencias científicas que muestran cómo somos los seres humanos y por qué somos como somos, y le ayudará a conocerse mejor, a entenderse mejor. Como especie, pero también como individuo.

PRÓLOGO Y A LA VEZ RESUMEN Y GUÍA DEL LIBRO

Puede parecer increíble, pero la especie humana carece de una definición zoológica oficial, basada en su biología. «El mono desnudo» es una buena descripción física, y en el libro pionero de Desmond Morris con ese mismo título (publicado en 1967) se exploran otros muchos rasgos —aparte de la pérdida de pelo— del «animal humano», sobre todo en el terreno de la conducta.

Las especies animales se reconocen a partir de sus rasgos distintivos, los que tienen todos sus individuos, y no solo los de los adultos, porque las crías pertenecen a la misma especie que sus padres. En la definición, aparte de la anatomía, entran la fisiología —el funcionamiento de sus diferentes sistemas— y el comportamiento (o *etología*). También su ecología, porque muchos rasgos anatómicos, fisiológicos y etológicos de las especies son adaptaciones a sus correspondientes nichos ecológicos. Además, los machos y las hembras pueden ser distintos, y esas diferencias —el llamado *dimorfismo sexual*— no tienen que ver con la ecología —con la adaptación—, sino con la reproducción y la búsqueda de una pareja con la que tener hijos.

Sabemos muy bien que los humanos somos primates y cuáles son los caracteres *diagnósticos* de los monos, los que permiten distinguirlos de los demás mamíferos, como los murciélagos o los roedores. Dentro del *orden* de los primates hay dos grandes categorías, y en una de ellas están los *hominoideos*, una *superfamilia* en la que los humanos nos reunimos con los chimpancés, los gorilas, los orangutanes y los gibones.

Naturalmente, nadie confundiría a una persona con un chimpancé, porque pese a ser nuestros parientes vivos más cercanos —y diferenciarse de nosotros en menos del 2 por ciento de sus genes— se muestran muy diferentes a nuestros ojos. Este es un buen punto de partida para formular una definición de los seres humanos. Habrá que encontrar todas las cualidades que no tienen los chimpancés, rasgos que sin duda aparecieron después de que nuestra estirpe se separara de la suya. Hagamos, pues, esa lista y encontraremos muchas sorpresas, tanto en lo físico como en lo mental y, por tanto, en el comportamiento. Promete ser un viaje interesante por el cuerpo humano: de los pies a la cabeza.

Este era el propósito inicial del libro, simplemente caracterizar a nuestra especie, pero luego, al ponernos a escribirlo, el argumento se fue complicando cada vez más. Porque antes de intentar una definición moderna —con lo que sabemos hoy— de la especie que en 1758 Linneo llamó *Homo sapiens*, es obligatorio preguntarse por qué estamos aquí, qué nos hizo diferentes de los chimpancés y de las demás especies que pueblan la Tierra. Por qué somos así, tan especiales en algunos rasgos, y no de cualquier otra forma. Es una pregunta que Linneo nunca se hizo porque creía en el origen divino de las especies, que habrían salido de las manos del Creador tal cual son ahora. La explicación, por lo tanto, no estaba al alcance del hombre.

La verdadera respuesta, fundamentalmente, la dio Darwin y consiste en la evolución por medio de la selección natural. Esta explicación permite entender las adaptaciones, resultado a su vez de la competencia de los individuos entre sí por los recursos. Pero para los caracteres sexuales secundarios, los que distinguen a los dos sexos más allá de sus órganos reproductores, Darwin ideó un «mecanismo» —una ley— diferente: el *principio* de la selección sexual o competencia entre los individuos por la reproducción.

Los dos principios —selección natural y selección sexual— siguen la misma lógica y en el fondo son iguales: no todos los nacidos viven el mismo tiempo, porque hay una limitación —evidente— en el acceso a la comida y demás recursos necesarios. Y no todos los que llegan a adultos en cada generación procrean en la misma cantidad.

Esta última limitación es fácil de entender: en las poblaciones de mamíferos, por ejemplo, se produce un número casi infinito de espermatozoides, pero los óvulos están contados. Es el gameto —o célula sexual— más «cotizado» de los dos, y los machos tendrán que disputarse el derecho a fecundar los óvulos si «quieren» tener hijos y que sus genes sigan presentes en la siguiente generación. En realidad no quieren nada, solo actúan impulsados por sus instintos, pero de lo que no hay duda es de que todos nosotros —los vivos— descendemos precisamente de unos antepasados que se las arreglaron de alguna manera —por la fuerza, la belleza o la astucia— para originar más descendientes (y no de aquellos que se reprodujeron poco o nada).

La ley de la selección sexual tuvo menos éxito que la de la selección natural desde que Darwin la propuso hasta nuestros días. Pero la selección natural o «supervivencia de los mejor adaptados» (en expresión original no de Darwin, sino de Herbert Spencer) tenía inquietantes resonancias políticas en la Inglaterra victoriana, y un medio primo de Darwin sacó las oportunas consecuencias para su sociedad y para su tiempo. Si la selección natural era la fuerza que había producido al ser humano y lo había elevado por encima de las demás criaturas, lo correcto sería robustecer y potenciar ese «impulso ascendente» para que nos lleve —como especie— todavía más arriba. ¿Cómo? Favoreciendo la multiplicación de los fuertes, de los mejor dotados física e intelectualmente (e incluso de los más excelsos moralmente), en lugar de contrarrestar la «acción benefactora» de la selección natural al permitir que tuvieran más hijos —como parecía estar ocurriendo— los débiles, enfermizos, viciosos e inferiores en inteligencia. Esta es la idea central de un movimiento llamado *eugenesia*, y su fundador fue sir Francis Galton Darwin.

Galton, trece años más joven que Charles Darwin, era también nieto del famoso Erasmus Darwin, pero a través de su segunda esposa. Fue un científico brillantísimo que destacó en múltiples terrenos, como la estadística, la meteorología, la geografía, la antropología, la genética o la psicometría, entre otras especialidades. El uso de las huellas dactilares para la identificación de los individuos fue idea suya, y también los conceptos —muy usados en la ciencia estadística— de «correlación entre variables» y de «regresión». Estaba convencido de que el carácter y el talento se heredan —ponía como ejemplo a su propia familia— y, en consecuencia, pensaba que era necesario controlar la reproducción de la especie humana para mejorarla.

El movimiento eugenésico que creara Galton, fundamentado, según él, en el darwinismo y la «lucha por la existencia», tuvo continuadores después de su muerte. Sin embargo, y esto no deja de ser curioso, la selección natural de su primo Charles dejó de ser el modo que la mayoría de los biólogos evolucionistas utilizaban para explicar el origen de las especies. Paradójicamente, la selección natural no se aplicaba tanto en biología como en sociología.

En el año 1900 se redescubrieron las leyes de la herencia que el monje agustino Gregor Mendel había publicado en los tiempos de Charles Darwin (en 1866), pero que este no llegó a conocer. Darwin tenía su propia teoría de la herencia, totalmente equivocada. Su primo Galton se acercó más a la verdad, pero era Mendel quien estaba en lo cierto.

¿Cómo se podía conciliar el mendelismo con el darwinismo? Si Darwin estaba tan equivocado en su idea de la herencia biológica, ¿le ocurriría lo mismo a la selección natural? Aunque hay que reconocerle a Mendel el título de fundador de la ciencia de la genética, fue un estadounidense llamado Thomas Hunt Morgan quien con sus estudios sobre la mosca del vinagre la convirtió en una rama experimental y moderna, una disciplina de laboratorio en íntima relación con las matemáticas y con la química, adornada además con el prestigio que dan las batas blancas.

Y fueron Morgan y sus continuadores quienes llegaron en los años treinta del siglo pasado a la conclusión de que mendelismo y darwinismo eran compatibles, y que no entraban en conflicto porque explicaban realidades diferentes, correspondientes a dos niveles de organización biológica: el del individuo (Darwin) y el molecular (Morgan). Nació así un darwinismo actualizado o de síntesis, una versión moderna del darwinismo, un neodarwinismo, en el que la selección natural volvía a ser el motor de la evolución.

La Nueva Síntesis o Síntesis Moderna de la Evolución, como fue llamada, contaba con un gran paleontólogo entre sus filas. Su nombre era George Gaylord Simpson, y fue él quien acabó por completo con la noción de *ortogénesis* —o evolución direccional impulsada desde el interior de los organismos— con la que los paleontólogos solían explicar las *tendencias evolutivas* que encontraban en el registro fósil, donde les parecía distinguir «series progresivas» de fósiles que marcaban trayectorias, caminos en el tiempo. Cuando miramos hacia atrás y buscamos en el pasado dores permanentes a las generaciones futuras de estudiantes, pero los antropólogos tienen poco que decir en política».

Lo que viene a continuación en el libro constituye su núcleo y propósito inicial. Después de dar un repaso a la evolución humana —en pocas páginas porque no queremos hacer un tratado de paleoantropología—, nos enfrentaremos a la tarea pendiente desde el comienzo de la obra: identificar los rasgos que nos singularizan como especie, tanto en la biología como en la psicología. Puesto que sabemos que su origen tiene que ser evolutivo, nos preguntamos cuándo y cómo han aparecido. ¿Son adaptaciones? ¿De qué tipo, en relación con qué aspecto de nuestra ecología en el pasado? ¿No podrían deberse al puro azar, a un mecanismo que se conoce como *deriva genética* (ya lo explicaremos) y que los neodarwinistas admiten? En ese caso no tendrían ningún valor adaptativo. Y la selección sexual, ¿habrá intervenido?

Nos parece que elaborar la lista de nuestras señas de identidad, por comparación con otras especies, es un buen programa de investigación y, desde luego, un ejercicio muy útil para conocernos mejor. Establecer su origen en el tiempo y su significado es una tarea mucho más ardua y que está lejos de haber sido completada.

A medida que desarrollábamos la lista, íbamos intentando dar contestación a las preguntas fundamentales sobre el origen de esos rasgos. Una posible respuesta común a muchos de ellos, especialmente los que tienen que ver con el comportamiento, la mente y el cerebro, es que la humanidad —los demás, los otros— se fue convirtiendo cada vez más en la verdadera «naturaleza hostil», contra la que había que luchar para sobrevivir y dejar descendencia. La competencia entre los miembros de nuestra misma especie podría haber dejado su huella en gran parte de nuestra propia naturaleza.

Se ha especulado mucho —en el terreno de la ficción— sobre cómo será el hombre del futuro, y esas elucubraciones nos sirven para entender mejor nuestros orígenes y las fuerzas que han actuado para producirnos. Desde luego, lo que hagamos o dejemos de hacer con nuestro cuerpo y con nuestra mente no influirá en nuestros hijos, porque los caracteres adquiridos durante la vida, por el uso y el desuso de los órganos, no se heredan, como creía el evolucionista Lamarck (y también Darwin, aunque le daba menos importancia a ese factor).

Lo único que podría hacer que algún día cambiáramos de verdad sería la selección natural, quizá actuando sobre una pequeña población que habitara en algún rincón perdido de la galaxia —sin contacto con otros seres humanos— y donde la vida fuera muy dura y la mortalidad, enorme. Así es precisamente como se imaginaba Darwin que se creaban muchas veces las especies, a partir de variedades geográficas cada vez más modificadas por su adaptación a las condiciones locales, como les había ocurrido a los pinzones, a los pájaros mimo y a las iguanas de las islas Galápagos. Pero ahora no nos viene a la cabeza ninguna obra importante de ciencia ficción en la que se plantee que la humanidad vaya a *especiar*, o sea, se vaya a escindir, dentro de miles o decenas de miles de años, en especies diferentes —ni siquiera en razas planetarias bien marcadas— como resultado de un largo período de evolución separada y divergente, en condiciones de completo aislamiento genético.

Nadie se ha tomado en serio la existencia futura de varias humanidades tan biológicamente separadas entre sí en el espacio estelar como lo están en el océano los pájaros y las iguanas de las famosas islas ecuatorianas. (Como curiosidad, el importante escritor estadounidense Kurt Vonnegut publicó en 1985 una novela titulada precisamente *Galápagos*, en la que la humanidad desaparece en su totalidad, salvo un puñado de individuos que sobreviven en la isla de Santa Rosalía de este archipiélago; millones de años después han evolucionado para convertirse en mamíferos marinos, del estilo de las focas, con un cerebro más pequeño que el nuestro.)

Hay una notable excepción, pero no en el terreno de la novela, sino en el del ensayo: una fantasía en torno a la aparición futura de una nueva especie humana, y procede del magnífico escritor de ciencia ficción y divulgador científico Isaac Asimov.

La idea del humano mutante y deforme —por lo general debido a las radiaciones generadas por alguna catástrofe nuclear— se ve a menudo en las películas del futuro, pero las mutaciones de grandes consecuencias jamás han producido otra cosa que seres inviables, según el neodarwinismo. Son las pequeñas mutaciones —las que producen cambios mínimos— las que cuentan, al actuar sobre ellas —generación tras generación— la selección natural como si fuera una criba.

Pero, puestos a especular, podemos hacernos otras preguntas más interesantes: si de verdad existieran extraterrestres inteligentes, que viajaran por el espacio y nos visitaran, ¿cómo serían? Que es lo mismo que decir: ¿un ser vivo solo puede ser inteligente al modo humano? (dejaremos de lado el futurible de que las máquinas lleguen a desarrollar consciencia).

Y si los humanos desapareciéramos de la Tierra, ¿evolucionarían nuestros parientes más cercanos para llenar el hueco? ¿Y si se extinguieran todos los mamíferos? ¿Y si la vida volviera a comenzar en la Tierra? Que viene a ser como preguntarse si es inevitable que la evolución produzca, en cualquier lugar y circunstancia, una criatura parecida a nosotros, un «humanoide».

Y eso nos obliga, de nuevo, a razonar sobre qué es lo esencial de nuestra especie, cuáles son las características que tiene que tener cualquier criatura de la galaxia para producir una tecnología avanzada.

Lo cierto es que no ha viajado hasta la Tierra ningún extraterrestre (ni tampoco —por lo que vemos— humano alguno desde el futuro), y el nuestro es el único planeta conocido que alberga vida, por lo que esas especulaciones no pasan de ser experimentos exclusivamente mentales. Pero es verdad que en este y otros problemas los experimentos de butaca, aunque no proporcionan ninguna respuesta definitiva, hacen que aprendamos mucho por el camino. Entre otras cosas, que la aparición del ser humano ha sido lo más alejado que cabe imaginar de la idea de un suceso fortuito o casual que los creacionistas atribuyen a los evolucionistas. Lo que no quiere decir que la evolución tenga un propósito. Habría que hilar aquí muy fino, distinguiendo entre azaroso (dependiente del azar) y contingente (dependiente de las circunstancias), pero será mejor que dejemos ese complicado tema para el capítulo correspondiente en el libro.

Han sido bastantes los científicos que han creído que el hombre del futuro tendrá un aspecto aniñado, infantil. Qué extraña idea. ¿De dónde habrá salido? Se basa en el mecanismo de la *neotenia*, un fenómeno de la biología del desarrollo que consiste en que el individuo alcanza la madurez sexual antes de completar el crecimiento, que queda interrumpido en ese estado, con lo que los adultos de una especie se parecerán a las crías del antecesor.

Esta idea se volvió muy popular en relación con el origen del *Homo sapiens*, que sería una especie neoténica según eso, y en el futuro —de continuar la tendencia— aún más. Un paleontólogo muy famoso, Stephen Jay Gould, que atacó el neodarwinismo en muchos aspectos, dio pábulo a esta idea en su libro *Ontogenia y filogenia*, publicado no hace tanto, en 1977. Incluso se preguntaba Gould (en el prólogo a la novela *La danza del tigre*, del también paleontólogo Björn Kurtén) si los cromañones no habrían engañado a los neandertales con su aspecto tan tierno e infantil, que ocultaba sus verdaderas intenciones.

Pero ese proceso natural, la neotenia, seguiría adelante, a su lento ritmo, solo si no interviniéramos los humanos controlando nuestra propia evolución. Y en ese emocionante punto habremos de volver a la primera parte del libro, donde contamos cómo se descubrió —o, mejor, se reivindicó— el seleccionismo de Darwin en la Síntesis Moderna. Los evolucionistas se preguntaban entonces qué hacer y cómo actuar de acuerdo con la moral y con la conveniencia, porque todos estaban de acuerdo en que la especie humana debía ser mejorada por la ciencia en cuanto se pudiera, sobre todo para evitar tantas guerras y tantos sufrimientos como había conocido. El mecanismo para conseguirlo tenía ya un nombre que le había puesto Galton, el medio primo de Darwin, y era el de *eugenesia*.

Galton escribió una novela a principios del siglo pasado, que no llegó a publicar, titulada *Kantsaywhere*. Trata de una sociedad en la que se clasifica a los individuos por su calidad genética y solo se permite el matrimonio de los mejor dotados.

En 1997 apareció una película estadounidense titulada *Gattaca* (de Andrew Niccol) que describe una sociedad galtoniana. La fecundación de los óvulos se produce en el laboratorio, no en la cama, y tras comprobar el perfil genético de los embriones se implantan solo aquellos que científicamente se consideran perfectos. Las cuatro letras que intervienen en el nombre *Gattaca* son las iniciales de las cuatro bases nitrogenadas (los *ladrillos*) del ADN: A (adenina), G (guanina), C (citosina) y T (timina).

De los años treinta del siglo pasado es una novela de ciencia ficción que habla de un mundo futuro dominado por la ciencia, en el que los seres humanos son engendrados en el laboratorio e incubados hasta su —si se puede decir así— nacimiento. Es la archifamosa novela *Un mundo feliz*, de Aldous Huxley, una distopía o antiutopía que denuncia los horrores de las sociedades planificadas por el Estado (por cierto, la palabra *utopía* significa en griego 'ningún lugar').

Un hermano de Aldous Huxley, Julian Huxley, fue uno de los creadores de la Síntesis Moderna de la Evolución y, además, un ferviente defensor de la eugenesia. Aunque hay mucho trabajo de laboratorio en la producción de seres humanos, el mundo feliz de Aldous no tiene, en la metodología, nada que ver con la selección natural y el neodarwinismo que defendía su hermano Julian, ni con la eugenesia, porque se trata de todo lo contrario. No se seleccionan en el laboratorio del Mundo Feliz los embriones mejor dotados genéticamente, como en la novela de Galton, sino que se juega con el ambiente para producir diferentes clases de seres humanos por medio del condicionamiento. Los genes son irrelevantes, el medio es lo que cuenta.

Por ejemplo, algunos embriones se condicionaban para que sintieran horror al frío, y los adultos estaban así predestinados a emigrar a los trópicos o trabajar en la minería o en un alto horno. El resultado perseguido, sin embargo, puede ser el mismo, tanto si se discriminan los embriones por sus genes (técnica *Gattaca*) como si se manipula el ambiente en el que se desarrollan (modo *Un mundo feliz*): la producción de seres humanos separados en castas y con capacidades y formas de ser diferentes. Un mundo, aparentemente, mejor organizado y más estable gracias a la ciencia, en el que cada uno ocuparía el lugar asignado y por ello sería feliz.

Un futuro nuevo que se abriría el día que la técnica hiciera realidad la fantasía de sintetizar en el laboratorio —de fabricar artificialmente— la molécula de la herencia, cuya composición química entonces ni siquiera se conocía. Pues bien, el día en que se creó el primer genoma totalmente de laboratorio —el de una bacteria— llegó en el año 2010.

En el prólogo que Arthur C. Clarke escribió para el libro *Entre dinosaurios*, de George Gaylord Simpson, el eminente autor de novelas de ciencia ficción advierte de los peligros de la coautoría:

> Escribir es una profesión solitaria, y al cabo de unas cuantas décadas, hasta el más consumado egotista puede suspirar por compañía. Pero la colaboración en la realización de una obra de arte es una empresa arriesgada y cuanta más gente se halle involucrada, menores son las posibilidades de éxito. ¿Se imaginan *Moby Dick* escrita mano a mano por Herman Melville y Nat Hawthorne? ¿O *Guerra y paz* por Leo Tolstoi y Freddie Dostoievski, con diálogos adicionales de Iván Turgeniev?

Queremos pensar que esa reflexión se aplica a las obras de arte y no a los ensayos científicos. En cualquier caso, los autores de este libro hemos trabajado muy a gusto juntos y aprendido mucho el uno del otro, algo que, por otro lado, nos sucede casi todos los días, puesto que investigamos juntos en el Centro de Evolución y Comportamiento Humanos (Universidad Complutense de Madrid-Instituto de Salud Carlos III). Aunque hemos planificado entre los dos el libro y nos hemos repartido el trabajo, seguramente nos habremos imbricado el uno sobre el otro en algunas ocasiones, aunque esperamos que ello no entorpezca la lectura del texto.

Hay más gente involucrada (a pesar de la opinión contraria de Clarke), y a los autores nos parece que su influencia ha sido muy positiva: se trata de Milagros Algaba, revisando, comentando los textos y haciendo sugerencias muy útiles (y solo ella sabe cuánto le disgusta a un autor que le corrijan... sobre todo si es con razón), y de Ángel Lucía, que ha ejercido su maestría de editor. Muchas gracias a los dos.

PASADO

I

LA MATERIA OSCURA DEL TIEMPO

> Es importante darse cuenta de que el ser humano es un animal, pero es todavía más importante comprender que la esencia de su naturaleza única reside precisamente en esas características que no comparte con ningún otro animal. Su lugar en la naturaleza y su supremo significado para el hombre no están definidos por su animalidad, sino por su humanidad.
>
> George Gaylord Simpson,
> *The Meaning of Evolution* (1949)

La paleontología, ciencia del presente

Todos los años empiezo igual el curso de paleontología humana. Les pido a mis alumnos que piensen en los caracteres distintivos del ser humano y que escriban una lista. El cerebro, el lenguaje y la inteligencia siempre aparecen. Del primero saben que es muy grande, pero ignoran que un elefante lo tiene mayor. Cuando se lo digo, no saben qué pensar. Creen que el tamaño del cerebro es, así de simple, la medida de la inteligencia. En cuanto a esta y al lenguaje, están convencidos de que son dones maravillosos que no posee ninguna otra criatura, pero no sabrían definir el lenguaje humano y distinguirlo, en su esencia, de los sonidos que los animales (los otros animales) emiten para comunicarse. Creen entonces que los humanos tenemos, también en inteligencia, las mismas características que los otros mamíferos, pero en un grado mucho más alto. Tecnológicamente, desde luego, les parece que no competimos con nadie.

En lo que somos anatómicamente únicos, están convencidos de ello, es en la postura erguida y el pulgar oponible. Les cuento que el pulgar oponible lo tenemos en común con muchos otros primates, pero que, en efecto, en lo relativo a la marcha bípeda no nos parecemos a ningún mono. Un filósofo griego nos definía como unos bípedos sin plumas, y es que las aves, a diferencia de los mamíferos, se sostienen únicamente sobre las extremidades posteriores, como también lo hacían algunos dinosaurios.

Pocos caracteres más han sido considerados relevantes en el terreno de la ciencia a la hora de reflexionar sobre la naturaleza humana y sus orígenes. Pero hay muchos otros rasgos en nuestra anatomía, nuestra fisiología, nuestra etología (comportamiento), nuestra ecología y nuestra biogeografía que son privativos de la especie humana, que no compartimos con nadie más y que son del máximo interés. Algunos, como nuestra curiosa sexualidad, los sospechan los alumnos, pero no se atreven a incluirlos en la lista que les pido. En otras singularidades caen enseguida en cuanto se las recordamos, como el estado tan desvalido en el que venimos al mundo, mucho más que el del macaco o el chimpancé recién nacidos. Y también son más laboriosos nuestros partos. Pero cuando una chica se pasa la mano por el largo cabello está lejos de imaginar que solo a los seres humanos nos crece el pelo indefinidamente en la cabeza. Los chimpancés no necesitan ir a la peluquería. Los «vampiros» y dráculas de las películas nos parecen extraños y terroríficos, pero tener grandes caninos («colmillos»), sobre todo los machos, es lo normal en el grupo de primates al que pertenecemos. Nosotros, con nuestros caninos reducidos, somos la excepción.

El programa de la asignatura que imparto tiene muy en cuenta la cita del paleontólogo Simpson que abre este capítulo, y que complementa la de Darwin que aparece al inicio del libro (animalidad frente a humanidad). Consiste, pues, en descubrir nuestras señas de identidad comparándonos con el resto de los seres vivos, para luego intentar, echando la vista atrás, averiguar cuándo han surgido, en qué orden, si algunas de ellas han aparecido juntas y pueden ser asociadas, y qué valor adaptativo tenían (si es que lo tenían) cuando se originaron, utilidad que puede haber cambiado más tarde si la función actual no es la primitiva.

Y está, además, la cuestión del dimorfismo sexual, las diferencias entre los dos sexos (aparte de los órganos genitales): los llamados *caracteres sexuales secundarios*. Como suelo explicar en el aula, son aquellos que nos permiten, todos los días de nuestra vida, distinguir a un varón de una mujer vistos por delante, de lado y por detrás, incluidas además otras cosas, como la voz y la forma de andar, por ejemplo. Estos detalles no tienen mucho que ver con el medio, no son adaptaciones a nuestro nicho ecológico, a nuestro lugar en los ecosistemas, pero se han desarrollado también a lo largo de la evolución porque fueron seleccionados. Cada especie tiene su propio patrón de dimorfismo sexual, y el nuestro es muy especial si nos comparamos con los grandes simios, que por otro lado tampoco se repiten: cada uno tiene el suyo.

Pero antes de empezar a repasar el registro fósil, desde el primer homínido, les hago ver a los alumnos que la paleontología, la ciencia que enseño, no es una disciplina que se ocupe exclusivamente del pasado como algo irrevocable, cancelado y abolido, muerto y desaparecido para siempre, un compartimento del tiempo distinto y separado del presente, del que está incomunicado como en una cápsula.

Todo lo contrario.

Dicen los astrofísicos que la mayor parte del universo está formada por una materia invisible y desconocida, llamada *materia oscura*, cuyos efectos sobre la materia visible son determinantes. El universo se expande por su causa. Hasta que se entienda la materia oscura no se podrá explicar la parte luminosa del mundo. Las especies desaparecidas, apenas conocidas a través de un puñado de fósiles, son la materia oscura del tiempo. Sin ellas es imposible entender nuestro presente.

La paleontología no es una bella curiosidad, un objeto polvoriento de la tienda del anticuario, que ya no nos dice nada, que versa sobre una cuestión interesante, pero que nos resulta ajena porque su tiempo pasó. Por el contrario, el rasgo principal de la paleontología no puede ser otro que el de la continuidad, precisamente porque es una ciencia histórica. Al estudiar nuestra evolución, les digo a mis alumnos, nos investigamos y nos explicamos a nosotros mismos. En esta asignatura, insisto todos los días, hablamos sobre todo del *Homo sapiens*, eso sí, desde una perspectiva paleontológica. Porque solo la paleontología, en el campo de las ciencias experimentales, tiene contestaciones para las preguntas del tipo «¿por qué?».

¿Por qué somos así los seres humanos y no de otra manera? La respuesta está en la historia, pero no hace mucho tiempo que sabemos dónde tenemos que buscar. Ese trascendental hallazgo se lo debemos a un hombre llamado Charles Darwin.

El descubrimiento

Hace un siglo y medio, en 1859, Darwin publicaba un libro, no tan extenso como a él le habría gustado, pero de largo título: *Sobre el origen de las especies por medio de la selección natural o la preservación de las razas favorecidas en la lucha por la vida*. A partir de entonces sabemos que, de las tres preguntas clásicas de la filosofía —quiénes somos, de dónde venimos y adónde vamos—, las dos primeras representan, en realidad, una única y sola cuestión, porque somos hijos de nuestra historia. Un paso gigantesco del pensamiento. Desde ese momento nada ha vuelto a ser lo mismo, ya que ahora tenemos una visión nueva de la naturaleza humana y de nuestro lugar en el mundo.

Darwin (1809-1882) convenció enseguida a la mayoría de los científicos de que la evolución era un hecho y de que las especies no eran inmutables, pero se trataba de una idea que ya habían defendido naturalistas anteriores. La principal aportación del sabio inglés fue el descubrimiento de la causa de la evolución y también de la causa de las adaptaciones de las especies, porque para él evolucionar era adaptarse a los cambios del ambiente, tanto en su componente físico (el terreno, el clima) como en el biológico (las otras especies). En su autobiografía, y al referirse a lo que había visto durante su viaje de cinco años alrededor del mundo (de 1831 a 1836) en el navío *Beagle*, Darwin escribe:

> Era evidente que hechos como estos, y también otros muchos, solo podían explicarse mediante la suposición de que las especies se modifican gradualmente; y el tema me obsesionaba. Pero era igualmente evidente que ni la acción de las condiciones del entorno ni la inclinación de los organismos (especialmente en el caso de las plantas) podían ex-

plicar los innumerables casos en que sistemas de todas clases están extraordinariamente adaptados a sus hábitos de vida.

Lo que se necesitaba era una explicación y, según cuenta él mismo, la encontró un día de octubre de 1838:

> ... se me ocurrió leer por entretenimiento el ensayo de Malthus sobre la población y, como estaba bien preparado para apreciar la lucha por la existencia que por doquier se deduce de una observación larga y constante de los hábitos de animales y plantas, descubrí enseguida que bajo estas condiciones las variaciones favorables tenderían a preservarse, y las desfavorables a ser destruidas.

Lo que había escrito Thomas Malthus (1766-1834) era que todas las poblaciones humanas tendían siempre a crecer a un ritmo superior al de la producción de alimentos, y que era por lo tanto inevitable que existieran frenos (enfermedades, hambrunas, guerras, miseria en definitiva) al desarrollo. Otro naturalista inglés, Alfred Russel Wallace (1823-1913), descubrió independientemente de Darwin el mecanismo de la selección natural, y también bajo la influencia del pensamiento de Malthus.

Me llamaba la atención que Darwin no mencionase en su autobiografía que él estuvo a punto de llegar a la misma conclusión, por su cuenta, antes de leer a Malthus. O al menos eso me parecía (pero en realidad me equivocaba). En el *Diario del viaje de un naturalista alrededor del mundo* lo cuenta así:

> Por término medio, la cantidad de alimento permanece constante; la propagación de los animales tiende, por el contrario, a establecerse en proporción geométrica. Pueden demostrarse los sorprendentes efectos de esta rapidez de propa-

> gación por lo que sucede con los animales europeos que han recobrado la vida salvaje en América. Todo animal en estado natural se reproduce con regularidad, y sin embargo, en una especie fijada por largo tiempo, se hace necesariamente imposible un gran crecimiento en número, y es preciso que obre un freno de esta o de la otra manera.

Una larga reflexión sobre este tema aparece en el *Diario* el 9 de enero de 1834, aunque Darwin no completa el argumento, ni cita a Malthus, ni menciona la selección natural.

Darwin terminó el manuscrito de su diario de viaje en el verano del año 1837, es decir, un año antes de que leyera a Malthus. Sin embargo, la edición del *Diario del viaje* que se lee normalmente, y que yo cito arriba, es la segunda, de 1845. Hubo antes una primera edición, en 1839, formando parte de una obra de cuatro volúmenes (más bien tres y un largo apéndice) sobre las exploraciones del *Beagle*, de la que el suyo era el tercer tomo. En esa primera edición no están las consideraciones sobre el freno al crecimiento de las poblaciones. La crónica del 9 de enero de 1834 termina con una discusión sobre la extinción de las especies. Darwin sabía por los fósiles que en la Patagonia habían vivido grandes mamíferos hasta hacía poco tiempo, de los que solo quedaban parientes empequeñecidos: «En épocas remotas, América debe de haber sido un hervidero de grandes monstruos». La obra de un gran geólogo escocés, Charles Lyell (1797-1875), que Darwin leía durante el viaje, le predisponía en contra de las catástrofes para explicar las extinciones en masa. En sus *Principios de geología*, Lyell defendía que a lo largo de la historia de la Tierra habían actuado las mismas causas que vemos obrar, de forma lenta y casi imperceptible, todos los días.

¿Por qué desaparecieron entonces los gliptodontes, los perezosos gigantes, las macrauchenias (unos grandes cuadrúpedos de largo cuello que Darwin creía erróneamente que eran parientes de los guanacos y las llamas) y hasta los caballos, que luego reintrodujeron los castellanos? En la primera edición del *Diario*, la de 1839, Darwin no tiene argumentos: «Todo lo que se puede decir con certeza hoy es que en las especies, como en los individuos, la vida se gasta y les llega su hora». En la segunda edición, la de 1845, Darwin eliminó esa frase final que comparaba a las especies con los individuos —como si las primeras tuvieran también fecha de caducidad—, introdujo las consideraciones sobre la demografía de las poblaciones ya comentadas y terminaba explicando la extinción de una especie como el desenlace inevitable de un proceso gradual de rarefacción, una rampa descendente en el número de efectivos. Para entonces Darwin ya había desarrollado la teoría de la evolución por selección natural, pero aún tardaría años en publicarla. (A la cuestión de por qué se extinguen las especies habrá que dedicarle algún tiempo más adelante, porque la paleontología nos enseña que todas las especies acaban desapareciendo de la faz de la Tierra, ay, y nosotros, los humanos, también somos una especie biológica.)

Se suele pensar que, durante los cinco años de su periplo en el *Beagle*, el joven Darwin (tenía veintidós años cuando embarcó en Devonport) fue paulatinamente abandonando el fijismo y descubriendo la evolución de las especies. Ese proceso, se supone, le haría sufrir horriblemente debido a sus ideas religiosas de partida. Lo cierto, sin embargo, es que Darwin observó con atención e insaciable curiosidad de naturalista los fósiles de la Patagonia, los pinzones y pájaros mimo de las Galápagos y otras muchas cosas, pero no tenía ninguna idea evolucionista firmemente asentada (solo atisbos) dentro de la cabeza cuando desembarcó en Falmouth el 2 de octubre de 1836.

Las inquietudes serias le asaltaron un poco más tarde, y

en julio de 1837 empezó a escribir un cuaderno de notas sobre «la transmutación de las especies». Darwin leyó a Malthus un año más tarde, al final del verano siguiente (1838), descubrió la selección natural y, cuando revisó el texto del diario para la segunda edición (de 1845), incluyó una referencia incompleta a la idea maltusiana y la insertó en el día 9 de enero de 1834 (como si se le hubiese ocurrido entonces, y yo así lo interpreté equivocadamente). En 1844 ya había escrito Darwin la parte esencial de su teoría, pero no publicó nada sobre la evolución hasta bastantes años más tarde, en 1859, y entonces habla en el capítulo III («La lucha por la existencia») del crecimiento de las poblaciones y de sus frenos casi con las mismas palabras que en la segunda edición del *Diario*.

¿Por qué no completó el razonamiento en 1845? Aún no estaba preparado para hacerlo público, entre otras cosas porque no había encontrado a nadie, entre su círculo más cercano de naturalistas, que le siguiera en sus elucubraciones.

En el viejo Museo de Zoología

Una de las mayores atracciones de la grandiosa ciudad de San Petersburgo es un mamut que se conserva en el Museo de Zoología. Uno de los días que estuve allí me tropecé en las escaleras con un grupo de señoras suecas que me preguntaron, nerviosas: «¿Dónde está el mamut?». Se referían al que se encontró en 1901 congelado en el suelo helado de Siberia (el *permafrost*), en Berezovka, y fue traído hasta San Petersburgo por científicos de la Academia de las Ciencias de Rusia en una célebre y bastante heroica expedición. Gracias al hallazgo, el zar le cedió al Museo de Zoología el espléndido edificio que ahora ocupa, y que antes era una dependencia del puerto. El mamut de Berezovka es único, pero hay otros ejemplares no menos famosos, como el bebé de mamut apodado Dima. Estuve viendo estos y otros restos de mamut y de rinoceronte lanudo con vistas a mostrarlos en España, pero al final no fue posible (aunque tuve la oportunidad de exhibir a Dima en una exposición en Guanajuato, México, y causó sensación).

Muchos años antes de que se descubriera el mamut de Berezovka, Darwin utilizó en su *Diario del viaje de un naturalista alrededor del mundo* el caso de los elefantes y rinocerontes congelados en Siberia como prueba de que estos grandes animales no requerían climas tropicales para vivir y que, por lo tanto, no eran ciertas «las teorías de súbitas revoluciones de clima y asoladores cataclismos, a fin de inventar su enterramiento», ya que él podía imaginárselos perfectamente recorriendo las estepas rusas, sin que un brusco enfriamiento hubiera congelado la selva. Darwin, como su maestro el geólogo Charles Lyell, no era catastrofista, sino partidario del cambio gradual en la historia de la Tierra y de la Vida.

La museografía de las salas de exposición en San Petersburgo era todavía antigua, de la época soviética, supongo, a base de grandes vitrinas de madera. Como ha ocurrido en casi todos los museos clásicos del mundo, algún día reformarán por completo la instalación con nuevos materiales sintéticos y otros conceptos (que se quedarán, unos y otros, mucho más anticuados en poco tiempo), pero ahora podemos ver cómo se explicaba antes, por ejemplo, la evolución.

A lo largo de la galería del darwinismo, los muebles expositores contienen un tropel de animales domésticos: montones de razas de perros, de palomas, de gatos, etc. Cada raza parece tan distinta de las otras como lo son entre sí las especies que pueblan las salas de naturaleza salvaje, en el resto del museo. ¿Veis?, quiso decir el museólogo, lo mismo que ha conseguido el hombre creando las razas de animales lo ha hecho la naturaleza produciendo primero razas geográficas (lo que hoy llamamos subespecies) y luego especies distintas que ya no se reproducen entre sí. Y acertó el desconocido —para nosotros— autor de la exposición, porque eso era exactamente lo que pensaba Charles Darwin. La selección artificial que llevan a cabo los criadores es tan importante para su teoría que en *El origen de las especies* el primer capítulo se titula «Variación doméstica», y el segundo, «Variación natural».

El credo darwinista

En el año 2009 se cumplió el segundo centenario del nacimiento de Charles Darwin (y un siglo y medio de la publicación de *El origen de las especies*). Fue una efeméride muy pródiga en celebraciones, homenajes y discusiones entre expertos en darwinismo sobre lo que el naturalista inglés quería, en realidad, decir. Nosotros preferimos atenernos a las palabras de su más fiel discípulo, su campeón y paladín, el llamado «*bulldog* de Darwin»: el eminente biólogo inglés Thomas Henry Huxley (1825-1895). En 1882 escribió un obituario de Darwin para la revista de la Royal Society donde repasaba su vida y resumía en pocas palabras en qué consiste el pensamiento de Darwin, separando lo sustancial de lo accesorio y fijando las ideas que hay que admitir para considerarse uno de sus seguidores, a la cabeza de los cuales se encontraba él mismo:

> La observación demuestra la existencia entre todos los seres vivos de fenómenos de tres clases, conocidos por los términos *herencia*, *variación* y *multiplicación*. Los hijos tienden a parecerse a los padres; no obstante, todos sus órganos y funciones son susceptibles de desviarse más o menos del tipo medio de los padres. El número de hijos (la progenie) es ma-

> yor que el de los padres. Una fuerte competencia por los recursos, o lucha por la vida, es la consecuencia inevitable de una multiplicación sin límites, mientras que la selección o preservación de las variantes favorables [se refiere a individuos favorecidos] y la extinción de las otras [los desfavorecidos] es la consecuencia necesaria de la severa competencia. «Variantes favorables» son aquellas que están mejor adaptadas a las condiciones del entorno. Se sigue, en consecuencia, que cada variante que es seleccionada en una especie es favorecida y preservada en función de estar, en uno o más aspectos, mejor adaptada a su ambiente que sus rivales. En otras palabras, cada especie que existe lo hace en virtud de la adaptación, y lo que vale para esa adaptación vale para la existencia de la especie.

Parece un razonamiento condenadamente simple y convincente, ¿verdad? Sin embargo, pocos años después de que Huxley escribiera estas palabras, la selección natural había dejado de interesar a muchos darwinistas.

En los años del tránsito del siglo XIX al XX, a Charles Darwin se le consideraba una figura señera de la ciencia, si no la que más, había sido también reconocido como una de las cimas descollantes del pensamiento humano en general, y desde 1882 yacía junto a Newton en la abadía de Westminster. La teoría de la evolución era aceptada universalmente en el seno de la comunidad científica casi sin excepciones, y se explicaba en todas las universidades que merecían ese nombre.

Y, sin embargo, lo que constituía la esencia del pensamiento darwinista, su gran descubrimiento, no era la evolución, sino su causa, que para Darwin (y Alfred Russel Wallace) era la selección natural, o sea, la lucha por la vida y la «supervivencia de los mejor adaptados» (o de los más adecuados, más aptos o más idóneos; «survival of the fittest» en inglés). Esta última expresión no figuraba en la primera edición de *El origen de las especies*, de 1859, sino que fue acuñada en 1864 por el filósofo y sociólogo inglés Herbert Spencer (1820-1903) e incorporada por Darwin en la quinta edición de su obra (1869): «A esta conservación de las diferencias y variaciones individualmente favorables y la destrucción de las que son perjudiciales la he llamado yo selección natural o supervivencia de los mejor adaptados».

Que la lucha por la vida existía, ahora y siempre, era algo que a Darwin le parecía fuera de toda duda, entre otras cosas porque lo había constatado:

> Calculé —principalmente por el número reducidísimo de nidos en la primavera— que el invierno de 1854-1855 había destruido cuatro quintas partes de los pájaros en mis tierras, y esta es una destrucción enorme cuando recordamos que el 10 por ciento es una mortalidad sumamente grande en las epidemias del hombre. La acción del clima parece, a primera vista, por completo independiente de la lucha por la existencia, pero en cuanto el clima obra principalmente reduciendo el alimento, lleva a la más severa lucha entre los individuos, ya de la misma especie, ya de especies distintas que viven de la misma clase de alimento.

A pesar de ello, el caso es que de la selección natural casi no hablaba nadie a los pocos años de la muerte de Darwin. Frente al *seleccionismo* habían surgido varias alternativas, otros mecanismos evolutivos, algunos de los cuales, como la acción directa del ambiente modificando a los organismos, o la herencia de los caracteres adquiridos por el uso (o ambos factores combinados), eran incluso anteriores al propio Darwin. Por no hablar de los finalistas, que entendían toda la historia de la vida como el despliegue inexorable de un programa preestablecido de avance, desde el principio de los tiempos, hacia la perfección humana, su destino último; en ese proyecto, ni el ambiente ni la selección natural desempeñaban papel alguno, porque nada podía entorpecer el progreso.

Hemos dedicado bastante espacio a la selección natural, en toda su mortífera y despiadada crudeza, porque, obviamente, es fundamental para el pensamiento de Darwin. Pero también lo es para este libro, porque constituye la base de las doctrinas eugenésicas que vinieron luego. Como acabamos de decir, después de que Darwin fuera aclamado en vida se produjo lo que Julian Huxley llamó el «eclipse del darwinismo» (en su sentido estricto de seleccionismo). Sin embargo, a mediados del siglo pasado el darwinismo volvió con fuerza, gracias al propio Julian Huxley (1887-1975), a George Gaylord Simpson (1902-1984), Theodosius Dobzhansky (1900-1975), Ernst Mayr (1904-2005) y otros, y la inclemente selección natural fue de nuevo consagrada como la explicación fundamental para la adaptación y, en gran medida, para toda la evolución.

Ahora que ya tenían una idea clara de cómo funcionaba la evolución, los biólogos podían formular una nueva pregunta: ¿qué nos ha hecho humanos? El genetista de origen ucraniano Theodosius Dobzhansky la contestaba así en su importante libro *Genetics and the Origin of Species* (*Genética y el origen de las especies*): «Los únicos procesos conocidos que pueden haber transformado el genotipo de un animal simiesco prehumano en la dotación genética humana actual son las mutaciones, la reproducción sexual, la deriva genética, el aislamiento geográfico y la regulación social del matrimonio» (cita extraída de la tercera edición original, de 1951). La selección natural es la que produce las adaptaciones al operar sobre las variantes que originan las mutaciones, el aislamiento geográfico tenía indudablemente que ver con la especiación (la producción de especies), como había ocurrido en las islas Galápagos, y la deriva genética afecta a las poblaciones pequeñas y produce fluctuaciones al azar de las frecuencias de genes (y no da lugar a adaptaciones). Todas esas causas operan sobre todas las especies, pero «la regulación social del matrimonio», en cambio, es un fenómeno exclusivamente humano.

Genes con suerte, gente afortunada

Tenemos que hacer una amplia digresión para ocuparnos de ese mecanismo llamado *deriva genética*, de importantes implicaciones para la evolución en general y la humana en particular. El concepto fue elaborado por Sewall G. Wright (1889-1988), que fue uno de los precursores (o pioneros, según se mire) de la recuperación del seleccionismo de Darwin. En origen, el concepto de «deriva genética» se aplicaba a los *alelos*, que son las diferentes variantes que tiene un gen. ¿Se acuerda usted de la piel lisa o rugosa y del color amarillo o verde de los guisantes que cultivaba Mendel? Quizá convenga echar un vistazo al libro de ciencias naturales (o como se llame ahora) de nuestros hijos. Todos los miembros de una misma especie tienen los mismos genes, pero hay diferentes alelos. Abusando un poco, podemos ampliar la idea a las diferentes formas en que un rasgo morfológico o fisiológico puede presentarse en una especie, aunque normalmente un carácter no depende de un solo gen (como sí ocurre en el caso de los guisantes de Mendel), sino de la intervención de varios genes (más el ambiente) a lo largo del desarrollo.

Echando mano de una metáfora familiar, podemos hablar de los apellidos. En las poblaciones grandes hay apellidos muy comunes y otros que lo son menos. En general se mantienen las proporciones de una generación a otra, aunque los apellidos muy raros están siempre a punto de perderse, algo que efectivamente ocurre en cuanto las pocas familias que los llevan se quedan sin descendientes masculinos. Mala suerte para el apellido. Todo esto es verdad si los apellidos son «neutros», o sea, si llamarse Martínez, Puig o Gurruchaga no influye en el número de hijos que se tengan. Los apellidos paternos son los únicos que cuentan en este ejemplo (ahora ya se puede poner primero el materno), mientras que la herencia biológica es doble, por supuesto.

Sin embargo, en una población pequeña puede, por simple casualidad, ser más frecuente un apellido raro y llegar a volverse único. Como hay muchas poblaciones locales pequeñas, en otra puede llegar a dominar un apellido minoritario que sea distinto. De este modo se genera una variación en el seno de la especie que no tiene nada que ver con la adaptación, porque llamarse de una forma u otra es irrelevante. A veces, por cierto, aparecen apellidos nuevos por deformación (cambio de pronunciación o de ortografía) de los preexistentes, una especie de «mutación» en nuestro símil.

En determinadas situaciones, una especie atraviesa un «cuello de botella» por la pérdida de hábitat y se ve reducida a la mínima expresión en cuanto a la distribución geográfica y el tamaño (número de efectivos). Otras veces unos pocos individuos colonizan un nuevo territorio. En ambos casos interviene el azar y, por lo tanto, se produce la deriva genética: los fundadores de las siguientes generaciones no han sido seleccionados, demostrando así ser los más idóneos en la «lucha por la vida», sino que han tenido más suerte. Son los más afortunados, no los más aptos.

Además, cuanto más pequeña es una población, mayor es la fluctuación que se produce en sus frecuencias de alelos de una generación a otra. Si para un gen hay dos variantes, lo que ocurrirá con el paso del tiempo (a causa de la fluctuación) es que en unas poblaciones locales se perderá una de ellas y en otras desaparecerá el otro alelo, mientras que en muy pocas se conservarán los dos.

Incluso, ¿por qué no?, ya que no actúa la selección natural (o por lo menos no con la misma intensidad que la deriva), pueden conservarse algunos rasgos que sean desfavorables o «antiadaptativos», que harían menos adecuados a sus portadores si se enfrentasen a una dura competencia. Se dice que la deriva genética es un proceso regido por el azar, o *estocástico*, mientras que la selección natural es *determinista*, ya que discrimina.

Pero hay muchos genes y muchos rasgos en un organismo, así que la deriva genética tiene mucho campo donde actuar. Si una especie es muy *polimórfica*, es decir, si tiene muchas variantes para cada rasgo, el proceso de la deriva genética puede producir, en diferentes localidades donde vivan poblaciones aisladas, combinaciones de rasgos muy diversas. Lo mismo ocurriría con las colonias que unos pocos individuos establecieran al emigrar a áreas periféricas, fuera de las fronteras de la especie, o con las poblaciones separadas que sobrevivieran, aquí y allá, a una gran catástrofe ecológica para la especie (por causas climáticas, por ejemplo, como la llegada de una glaciación o lo contrario, el avance del desierto). En resumen, una especie variada, polimórfica en muchos caracteres, puede dar origen a muchas pequeñas poblaciones claramente diferentes.

Bien mirado, las especies están en general compartimentadas, divididas, por los accidentes geográficos (montañas, ríos, desiertos, mares, etc.); frecuentemente colonizan enclaves fronterizos, y a lo largo de su existencia geológica experimentan grandes crisis ambientales que reducen su área de distribución a unos pocos refugios. Luego la deriva genética es una fuerza que hay que tener muy en cuenta.

El origen de las especies

Aquí se presenta de pronto una nueva cuestión que no podemos soslayar, que es la que da título al más famoso libro de Darwin: el origen de las especies. Para los darwinistas ortodoxos, estas aparecen como resultado de la lenta pero continua acumulación de pequeños cambios a lo largo de mucho tiempo. Y en geología, tiempo es lo que sobra. Para otros investigadores del fenómeno de la evolución, el establecimiento de nuevas especies es una cuestión que no tiene que ver con el cambio morfológico, sino que se produce cuando los individuos de una población geográficamente aislada desarrollan mecanismos que impiden o dificultan mucho que se reproduzcan con los que hasta entonces habían sido sus congéneres.

Esas trabas al intercambio de genes pueden consistir en cambios en los órganos sexuales de los animales, en los caracteres sexuales secundarios (que son los que atraen entre sí a los sexos), en el apareamiento (galanteo, época de celo, etc.) o en los cromosomas. Animales de dos especies pueden parecerse mucho físicamente y ser incapaces de reproducirse, o tener descendencia estéril o poco fértil. Y, por el contrario, en el seno de una misma especie puede haber muchos tipos morfológicos diferentes, incluso viviendo juntos, que se pueden cruzar sin problemas. Si uno de esos procesos de aislamiento reproductor afectara a una población que por deriva genética se ha diferenciado en algún lugar, tendríamos una especie nueva y, a la vez, fácilmente identificable.

Como la deriva genética no produce adaptaciones, la cuestión es la de saber qué protagonismo ha tenido lo estocástico (el azar) en la evolución de una especie; es decir, qué fuerza ha sido más «creativa»: la selección natural de Darwin o la deriva genética de Wright (si bien hay que advertir que este autor nunca pensó en su propuesta como una alternativa al darwinismo). Dicho de otro modo: en una especie dada, qué proporción de los rasgos son neutros y cuántos son adaptativos.

Hay autores que proponen que la mayor parte de las diferencias, en los genes o en las características físicas, que se encuentran entre unas poblaciones humanas y otras —a pesar de que vivan en diferentes ambientes— no son adaptativas, sino fruto de la deriva genética, o sea, consecuencia de la colonización progresiva del mundo por parte de grupos reducidos de seres humanos, así como por el efecto de cuello de botella que las fluctuaciones climáticas y las crisis ecológicas asociadas a ellas han producido en diversas ocasiones y lugares. Además, dicen, es fácil comprobar experimentalmente como en los pequeños grupos humanos que han vivido más o menos aislados durante largo tiempo por la geografía, en valles profundos separados por crestas casi infranqueables o en islas, por ejemplo, en dichas poblaciones con altas tasas de consanguinidad —matrimonios entre parientes— se dan frecuencias génicas muy particulares que no tienen nada que ver con la adaptación al medio.

Pero para los partidarios a ultranza de la selección natural, es decir, para los ultradarwinistas, casi todo en un ser vivo es adaptación. La deriva genética no es importante porque los rasgos que favorece la suerte tendrán inevitablemente que ponerse a prueba en el inmisericorde ecosistema o en dura competencia con otros miembros de la especie en cuanto se restablezca la conexión de la población aislada con el grueso de la misma. En pocas palabras, el azar solo podría, en el mejor de los casos, acelerar la evolución, al favorecer unos rasgos poco frecuentes en el conjunto de la especie pero que con el paso del tiempo, por ser mejores, habrían acabado por imponerse de todas formas.

En la pura teoría, todas las opciones pueden ser aceptadas, pero ante un caso práctico hay que resolver cuál es la válida. Veamos un ejemplo real, que nos afecta directamente, sacado de la evolución humana. Los neandertales y sus contemporáneos, los cromañones (nuestros antepasados directos), mostraban grandes discrepancias físicas: sus cráneos eran bien distintos y sus cuerpos, aunque bípedos siempre, también variaban. Un neandertal tenía la frente baja (pero un cerebro del mismo tamaño o mayor que el del cromañón), una nariz enorme —ancha, alta y prominente—, unas cejas abultadas, una mandíbula sin mentón, unas piernas cortas (por debajo de la rodilla), unos antebrazos muy anchos —como de Popeye— y cortos también.

¿A qué se debían las diferencias entre estas dos humanidades? ¿Se trataba de que los neandertales y los cromañones estaban adaptados a condiciones ambientales dispares? ¿Sus nichos ecológicos no coincidían? ¿La selección natural los había moldeado favoreciendo a los individuos que, en uno y otro caso, eran más aptos para las respectivas vidas que neandertales y cromañones llevaban? ¿O la deriva genética los había llevado por diferentes caminos, sin que la adaptación tuviera nada que ver?

Neandertales y cromañones

Carleton S. Coon (1904-1981), un influyente antropólogo estadounidense, escribió un famoso libro en 1962 titulado *The Origin of Races* («El origen de las razas»). Pensaba que la casi totalidad (y podría hasta sobrar el *casi*) de los rasgos que distinguen a las diferentes poblaciones humanas actuales (las «razas») son adaptativos, sobre todo en relación con los variados climas, y resultado de la actuación de la selección natural. Para él, la deriva genética, el azar, no era importante, porque, en último término, la selección natural tendría que decir la última palabra. Como el genetista Theodosius Dobzhansky afirmaba que la deriva genética y la selección natural no eran fuerzas opuestas. Así, dice: «La deriva genética se invoca a menudo para explicar diferencias entre especies y subespecies en rasgos para los que no se detecta un valor de selección natural. A medida que nuestro conocimiento de la genética avance y también lo haga nuestra capacidad para detectar valores selectivos, necesitaremos cada vez menos esta teoría».

Su último libro (que no llegó a ver publicado) tiene un título bien elocuente: *Adaptaciones raciales. Un estudio de los orígenes, naturaleza y significado de las variaciones raciales en los humanos* (1982). Y es que Coon era un *hiperdarwinista* en cuanto a la evolución humana y no dejaba lugar para otras explicaciones que no fueran la selección natural. Sorprendentemente, el propio Darwin, el autor de la teoría de la selección natural (junto con Wallace), sostenía que operaba «otro instrumento para el cambio» en la evolución de las especies (en el que, sin embargo, Wallace no confiaba) y, lo que es más importante, pensaba que era la causa de la existencia de las «razas humanas». De ese tipo alternativo de selección (la selección sexual), que no produce adaptaciones ecológicas, sino cambios que no tienen nada que ver con el ambiente, Coon no dice una sola palabra, y nosotros tampoco... por ahora.

Otro eminente antropólogo estadounidense, William W. Howells (1908-2005), no lo veía, me parece, tan claro en su libro *Mankind in the Making* (1959), algo así como «La forja de la humanidad». Las diferencias geográficas en el tipo físico, esto es, en la forma del cuerpo y, por consiguiente, en la relación entre la superficie y el volumen (los centímetros cuadrados de piel por cada kilogramo de peso), sí le parecía que tenían que ver con el clima y la necesidad de conservar el calor (cuanta más superficie externa, más pérdida se produce a través de ella). Del mismo modo, la pigmentación de la piel guarda relación con los rayos ultravioleta, que tienen que pasar en cierta cantidad a la epidermis para que se sintetice allí la vitamina D (que es necesaria para el correcto desarrollo de los huesos y para que no aparezca el raquitismo), pero que en cantidades excesivas pueden producir cáncer. No obstante, para Howells la relación con el clima es más clara en el primer caso, el del *somatotipo*, la constitución física.

Las cavidades nasales altas y proporcionalmente estrechas de los pueblos que habitan lugares secos y fríos de la Tierra le parecían mejor adaptadas para calentar y humedecer el aire que va a los pulmones que las aberturas bajas y proporcionalmente anchas. Pero ¿qué función y qué valor adaptativo pueden tener otros rasgos, muy conspicuos por cierto y utilizados en la «clasificación racial», como el abultamiento o la delgadez de los labios, el tipo de cabello, la mayor o menor pilosidad, la forma de la cabeza y de la cara o el aspecto de los ojos y los párpados?

En resumen, Howells pensaba que había tres tipos de rasgos que diferenciaban a las «razas» humanas: a) los que tienen que ver con la «historia evolutiva» (es decir, algunos pueblos conservan rasgos arcaicos, como el *torus supraorbitario*, que otros han perdido); b) los que representan adaptaciones a diferentes climas y hábitats, y c) los que han emergido por azar en una u otra «raza».

En este libro no nos interesan las diferencias entre humanos, sino lo que todos tenemos en común y, a la vez, es diferente del resto de las especies vivientes y fósiles: nuestra humanidad. Ahora bien, recientemente incluso se ha propuesto que las diferencias craneales entre los humanos actuales y los neandertales tienen su origen en la deriva genética y no guardan relación con la selección natural.[1]

Es cierto que, durante las glaciaciones, la población de los neandertales y de sus antepasados debió de sufrir fuertes reducciones de tamaño, ya que gran parte del continente europeo se cubrió de hielo o se volvió inhabitable. Y, por otro lado, los datos genéticos indican que todos los humanos actuales procedemos de una pequeña población africana, que también pasó por situaciones de crisis. Así que el requisito (para que actúe la deriva genética) de un pequeño tamaño de las poblaciones fundadoras se cumple en ambos casos.

Por cierto, para esta discusión no es importante saber si los neandertales y los cromañones (nuestros antepasados de la época) se convirtieron o no en especies diferentes, es decir, si eran o no capaces de reproducirse entre ellos. Lo que nos interesa ahora es que, cuando se originaron los rasgos de unos y de otros, había una separación geográfica que les impedía (o les dificultaba) intercambiar genes.

Caras duras

Neandertales y cromañones se distinguían bien por el tipo físico, como ya hemos comentado. Aquellos eran anchos y bajos, y estos, altos y estrechos. En la cabeza también había diferencias importantes. El cráneo cerebral de los neandertales era esencialmente del tipo arcaico, es decir, un «modelo clásico», pero con algunas modificaciones necesarias para acomodar un cerebro ampliado respecto del de sus antepasados (que eran

1. Weaver *et al.*, «Were neanderthal and modern human cranial differences produced by natural selection or genetic drift?», *Journal of Human Evolution*, n.º 53, 2007, pp. 135-145.

los mismos que los nuestros antes de que se separaran las dos líneas).

Nuestro diseño craneal es completamente nuevo en la evolución humana: alto y esférico, un poco a la manera de las cabezas globosas de los fetos y las crías muy jóvenes de los grandes simios (y habrá que hablar en su momento de este extraño parecido).

La cara de los neandertales presentaba rasgos primitivos («clásicos») y algunas originalidades, como la de tener la parte media (la correspondiente a la nariz) adelantada con respecto a los laterales (los pómulos o región malar), dando al esqueleto facial un cierto aspecto de proa, pico o cuña. En especies previas era sobre todo la parte anterior de la región alveolar, donde están los incisivos, la que se adelantaba, mientras que el resto de la cara era plana, de modo que en vista lateral solo el tramo subnasal (o inferior, es decir, por debajo de la nariz) del perfil facial estaba inclinado, pero en los neandertales se produjo la protrusión (avance) que pone la abertura de la cavidad nasal a la altura de los incisivos, de modo que ahora el perfil subnasal es vertical. En broma podríamos llamarla una cara «de alta velocidad», aunque su diseño no tiene nada que ver con la aerodinámica, por supuesto. El paleoantropólogo Erik Trinkaus la describe como si en una máscara de goma se hubiera tirado de la nariz hacia delante. A esta morfología especializada de los neandertales se pudo llegar por adelantamiento nasal, retroceso de los huesos malares o remodelación de la cara. La nuestra, por cierto, es pequeña, vertical y plana (en cierto modo semejante, otra vez, a la de los fetos de los simios antropomorfos).

Para la morfología facial neandertal, rellena de aire y apuntada, se han propuesto algunas interpretaciones adaptativas. El citado antropólogo Carleton S. Coon defendía que tenía que ver con el clima extremadamente gélido de las glaciaciones. La enorme cámara nasal —prolongada hacia delante— y unos grandes senos (cavidades) maxilares servirían para aislar los vasos que llevan sangre al cerebro del terrible frío exterior; funcionaría como un radiador de calefacción, pero en relación con la temperatura de la sangre. Así que, según él, no sería una modificación para aumentar la humedad y la temperatura del aire que viaja hacia los pulmones, que, como hemos visto, es la explicación que se daba habitualmente para la forma de la abertura nasal (el agujero central en el esqueleto de la cara) de los pueblos árticos.

Sin embargo, esta interpretación climática para la gran abertura nasal de los neandertales también tiene sus problemas, ya que, si bien es verdad que las aberturas nasales altas (con puentes nasales proyectados en tejadillo) son rasgos típicos de los pueblos humanos que habitan en latitudes alejadas del ecuador, las aberturas nasales anchas son propias de pueblos ecuatoriales, y la gran abertura nasal de los neandertales era alta (con huesos nasales casi horizontales de lo proyectados que estaban) pero al mismo tiempo ancha.

Otros autores han observado que los dientes anteriores de los neandertales se gastaban muy deprisa y por eso suponen que realizaban con ellos trabajos que generaban un gran estrés físico en el esqueleto facial. La forma apuntada de los neandertales serviría para disipar lateralmente esas fuerzas y que no se concentrasen sobre las órbitas; es decir, la cara neandertal sería una adaptación biomecánica.

Algunas poblaciones humanas recientes con una economía de caza y recolección, como los esquimales del Ártico y los ya desaparecidos ona o selk'nam de la Tierra de Fuego (en el extremo más meridional del mundo habitado), también gastaban enormemente los incisivos al hacer muchas cosas con la boca, pero en nuestro cráneo, como la frente está levantada, su perfil y el de la cara se continúan, y no se generan tensiones sobre las órbitas como en los neandertales, donde cara y frente se juntan formando un ángulo. Sin embargo, la hipótesis mecánica de la morfología facial neandertal también ha encontrado resistencias, porque algunos experimentos de ingeniería que se han llevado a cabo no han demostrado que los neandertales hicieran más fuerza con los dientes que nosotros.

En suma, a pesar de haberse propuesto explicaciones funcionales para las diferencias faciales entre los neandertales y los humanos actuales, el trabajo mencionado antes sostiene que no tienen más significado adaptativo que las que existen entre los cráneos de las diferentes poblaciones de *Homo sapiens* de hoy en día, es decir, ninguno; según los investigadores en cuestión, son un puro efecto de la deriva genética.

También hay quien opina, llevando aún más lejos el poder de la deriva genética, que dentro del género *Homo* todas las diferencias craneales entre unas especies y otras (las fósiles y la actual) tienen más que ver con el azar (en forma de deriva genética) que con la selección natural y la supervivencia de los más aptos. Así estamos todavía, sin saber si los rasgos distintivos de nuestra cabeza, las señas de identidad que no compartimos con ninguna otra especie, ni siquiera con los neandertales, «sirven» para algo (esto es, si tienen una función de adaptación) o son inútiles en la práctica. (Del cráneo de nuestra especie, por otro lado, también se ha dicho que se remodeló para hacer posible el lenguaje articulado, pero no es seguro que sea la única causa.)

La forma del cuerpo podría ser una cuestión diferente, porque es posible que los neandertales estuvieran físicamente adaptados al frío, ya que su cuerpo era compacto (ancho y con extremidades cortas) y podrían así reducir la pérdida de calor por la piel, como hacemos todos cuando tenemos frío y pegamos los brazos al cuerpo, abrazándonos a nosotros mismos, o mejor, haciéndonos un ovillo (la esfera es la forma de un objeto tridimensional en la que la superficie es menor con relación al volumen). Eso es también lo que se ve en las especies animales y las poblaciones humanas (como los esquimales) que viven más cerca del Polo Norte: los individuos tienden a ser rechonchos, esféricos.

Es verdad que los neandertales tenían antebrazos cortos y tibias también cortas, pero la gran anchura del cuerpo es un rasgo primitivo, heredado de sus antepasados, que son los mismos que los nuestros. Nuestra especie es la que ha estrechado y estirado su cilindro corporal —volviéndose esbelta y alejándose de la forma esférica—, bien porque se originó en la calurosa África, bien por razones biomecánicas (un cuerpo estrecho gasta menos energía al andar porque las articulaciones de los dos fémures con la cadera están más próximas). Así que puede haber alguna relación con el clima en el cuerpo de los neandertales, pero tampoco está del todo clara.

La conclusión, como siempre que la ciencia se tropieza con un problema, es evidente: hay que investigar más. Pero va quedando claro que no va a ser fácil distinguir en nuestra anatomía específica (la que no compartimos con nadie más) cuánto hay de selección natural y cuánto de deriva genética. Por frustrante que ello resulte.

2

LAS CINCO CUNAS

Todas las pruebas disponibles de la etnología comparada, de la lingüística y de la arqueología prehistórica indican una larga separación entre las razas principales del hombre.

CARLETON S. COON, *The Origin of Races* (1962)

LA FORMA DEL ÁRBOL GENEALÓGICO

El prestigioso paleoantropólogo Franz Weidenreich (1873-1948) y dos de los creadores del neodarwinismo, Ernst Mayr y Theodosius Dobzhansky, elaboraron también otra nueva síntesis (esta con minúsculas) de la evolución humana, que más tarde —en los años sesenta— haría popular Carleton S. Coon, el gran estudioso de la diversidad humana.

La idea, según la vemos nosotros, se apoya en tres principios:

a. Nunca ha habido más de una especie a lo largo de toda nuestra evolución, o sea, jamás han coexistido dos especies humanas; o, dicho de otro modo, la evolución en nuestro caso ha seguido una secuencia lineal que se puede representar con una ristra de especies sucesivas.

b. Esa cadena de especies tiene muy pocos eslabones (tres como mucho).

c. Las «razas humanas» son muy viejas; tienen por detrás un larguísimo tiempo de existencia y hunden sus raíces en la prehistoria más remota.

Si esto último era cierto, había que explicar por qué se habían mantenido los diferentes «troncos raciales» tanto tiempo, hasta nuestros días, sin mezclarse por completo. Desde que apareció la cultura, se pensaba, las leyes de la biología dejaron de ser las únicas que regían la evolución humana. Las barreras culturales pueden separar tanto como las geográficas, o incluso más, porque siguen actuando aunque desaparezcan los obstáculos físicos que separan a las poblaciones humanas y a pesar de que estas lleguen a convivir. Por otro lado, la cultura habría evitado que las poblaciones humanas se acomodaran físicamente a sus respectivos ambientes y se diferenciasen tanto que llegaran a convertirse en especies distintas. La adaptación en cada caso sería tecnológica —por medio de instrumentos— en vez de orgánica. La cultura aísla al hombre del medio ecológico en el que vive. A fin de cuentas, no hemos necesitado evolucionar físicamente para viajar al espacio, porque lo hacemos en cápsulas y escafandras que contienen el mismo aire que la Tierra.

¿Cómo se había llegado a esta conclusión? Si la norma de la evolución en general, en vez de ser la ramificación (o *cladogénesis*), tendía a ser la continuidad lineal o sucesión (*anagénesis*, se dice técnicamente), como pensaban los autores de la Nueva Síntesis (con mayúsculas), entonces los diferentes fósiles humanos que paleontólogos como Weidenreich estudiaban en Europa, África, China y Java, ya que no especies distintas y contemporáneas, tenían que ser las raíces de las «razas humanas» actuales.

En su libro *The Biological Basis of Human Freedom* (1956), Dobzhansky entendía que en la evolución humana ha habido anagénesis y cladogénesis, pero la primera había sido más importante:

> Parece que Weidenreich fue el primero en señalar el notable hecho de que, hasta donde llega la información paleontológica, no hay evidencia de que más de una especie humana o subhumana haya existido en cada momento. Aunque descubrimientos recientes de subhumanos en Sudáfrica [se está refiriendo a los australopitecos y parántropos] pueden obligar a revisar esta conclusión, seguirá siendo cierto que la humanidad ha preservado su unidad biológica con extraordinaria tenacidad.
>
> La especie humana nunca se ha dividido en varias especies que coexistan al mismo tiempo, pero han ocurrido procesos de división (cladogénesis) y diversificación evolutiva. La humanidad se diferenció en razas.

Estas «razas» tienen un origen geográfico, pero luego se pusieron en contacto sin fusionarse. La explicación que da Dobzhansky para que se mantuvieran las «razas» a pesar de convivir unas con otras es que el aislamiento dejó de ser biológico (imposibilidad de tener hijos) o geográfico (separación física) y devino cultural (la «regulación social del matrimonio» que ya ha salido aquí).

Si las «razas humanas» eran tan viejas, entonces... ¿cabía la posibilidad de que sus aptitudes mentales fueran distintas? ¿Podrían algunas de ellas haber evolucionado menos que otras en cuanto al intelecto y haberse detenido en un nivel inferior?

O, incluso, ¿sería posible que las diferentes líneas evolutivas dentro de la especie humana, aunque no llegaran a separarse y aislarse genéticamente, hubieran desarrollado cualidades mentales diferentes?

La respuesta de Dobzhansky era muy especial y hay que entenderla en relación con sus preocupaciones científicas y sus reflexiones. Trata la cuestión brevemente en su libro —del que hablaremos por extenso en otro lugar— *Mankind Evolving* (1962). Nos advierte de que igualdad racial (*race equality*) no es lo mismo que equivalencia entre razas o uniformidad (*sameness*), al igual que sucede entre las personas: únicamente los gemelos procedentes del mismo óvulo son copias genéticas y solo los diferencia —en el *fenotipo* o «aspecto exterior»— la acción que haya podido ejercer el ambiente en el que se criaron, si es que fue distinto para ambos.

A Dobzhansky le parecía que la igualdad de oportunidades (la equidad, en definitiva) para todos los humanos es un precepto que debe ser observado y que de este modo —igualando el ambiente— aflorarán las diferencias genéticas verdaderas, entre individuos y entre razas. Observa también que los miembros de las razas consideradas hasta hace poco inferiores asisten a la universidad con los hijos de los que eran antes sus amos y no lo hacen nada mal. Pero añade —y esto nos suena hoy raro— que, aunque demostrasen las mismas capacidades para el desarrollo de la cultura, no todas las razas deberían copiar las civilizaciones y formas políticas de Washington o Moscú (el sistema soviético estaba en todo su esplendor en aquel momento).

Lo que realmente le importaba a Dobzhansky era el acervo genético de la humanidad, es decir, su variabilidad, porque todavía nos quedaba, según él, mucho camino por delante; la humanidad sigue evolucionando. Dobzhansky no estaba tan interesado en el pasado como en el futuro, del que hablaremos en la tercera parte de este libro.

El biólogo inglés Julian Huxley pensaba en los años treinta que nuestra especie es la más variable de todas las de mamíferos. ¡Qué curioso! Si se trataba de variabilidad genética, se equivocaban por completo él y todos sus colegas de la época y hasta de mucho tiempo después.

Dobzhansky argumentaba en 1962: «Dando por hecho que nuestros sentidos están más dispuestos para percibir diferencias entre humanos que entre ovejas, gorriones o drosofilas [la mosca del vinagre de los laboratorios de genética], la especie humana debe ser considerada extraordinariamente variable».

El antropólogo Carleton S. Coon escribía en 1965 (*Las razas humanas actuales*): «En la mayoría de los rasgos físicos hereditarios, visibles y externos, los seres humanos varían más de un sitio a otro y de raza a raza que cualquier otra especie de mamífero, con la excepción de las que el hombre ha alterado por domesticación, el perro en particular».

Y, sin embargo, ahora sabemos que tenemos muy poca variabilidad genética, que somos excepcionales dentro de los mamíferos precisamente por nuestra homogeneidad. Esta aparente contradicción entre lo que los sentidos nos dicen —extraordinaria diversidad— y la información que nos llega del laboratorio de investigación —sorprendente uniformidad— es tan interesante que la dejaremos para tratarla más adelante con la debida tranquilidad.

Con tan grandes diferencias como se pueden ver a simple vista entre unas poblaciones y otras (no le gustaba el término *raza*), decía J. Huxley, no sería de extrañar que ni todas ellas, ni las diferentes clases sociales, fueran iguales en cuanto a carácter e inteligencia. Pero Huxley no era políticamente racista ni clasista, y añadía que, aunque concebible en principio, este hecho no estaba demostrado científicamente porque la educación y las condiciones de vida influyen mucho en la formación de las personas; además, esas diferencias tendrían que ser muy ligeras y solo entre los valores promedio, de manera que un gran número de los miembros de una población de promedio inferior serían superiores en talento a muchos individuos de una población de media más alta.

Como veremos en su momento, lo que le interesaba a J. Huxley era cómo mejorar el acervo genético de la especie humana, aumentando el número de hijos de los individuos más convenientes y reduciendo el de los menos apropiados para el fin que se proponía: producir una especie más sabia pero, sobre todo, con valores sociales (de cooperación y altruismo) más desarrollados.

Ahora bien, ni Dobzhansky ni J. Huxley eran verdaderos antropólogos y sus incursiones en la biología humana eran puramente teóricas. Carleton S. Coon, en cambio, era un apasionado de la diversidad humana y recogía con fruición toda clase de datos que tuvieran que ver con las diferencias biológicas entre los pueblos de la Tierra, tratando de encontrar una posible relación con los factores físicos —clima, insolación, humedad, hasta el tipo de suelo— de los territorios en los que viven. Además de un antropólogo al modo tradicional, Coon era un ecólogo humano, y en eso se adelantó mucho a su tiempo.

¿IGUALES?

Como raciólogo obsesivo que era, Coon veía más fácilmente las diferencias que las semejanzas entre las poblaciones humanas. Aunque su especialidad era la antropología biológica, no podía evitar pensar que también había diferencias en el *carácter* de los distintos pueblos que habitan la Tierra, rasgos psicológicos que les son propios. Esta es, por otro lado, una idea muy extendida entre la gente, y que se expresa en los chistes sobre ciudadanos de diferentes países. Los tópicos sobre los japoneses, los alemanes, los franceses, los españoles... o los vascos, los catalanes, los aragoneses, los gallegos, etc., no tienen mayor importancia mientras no se crea de verdad que esas estereotipadas formas de ser son constitucionales —es decir, genéticas— y que forman parte de la definición de la «raza»/etnia tanto como el color del pelo o el tamaño de la nariz.

Para Coon, en realidad, las diferencias culturales y las físicas eran dos caras de la misma moneda, porque él pensaba que las barreras culturales separan a los pueblos y los mantienen aislados genéticamente. Un buen ejemplo de cómo se empiezan a levantar muros culturales para el intercambio de genes entre humanos es, según Coon, el de los diferentes clanes escoceses, que se distinguen entre sí por el estampado de sus vestidos o *tartan*. Pero esta es una buena ocasión para reflexionar sobre lo poco serio de muchas de las teorías sobre las «razas humanas»; en realidad, no existió nunca un estampado propio de los MacDonald o de los MacGregor, y los que circulan ahora por ahí (y la gente se cree a pies juntillas) son inventos folcloristas de la época victoriana.

Si las diferencias, biológicas y psicológicas, entre las poblaciones humanas son tan marcadas, la consecuencia inevitable es que sus raíces tienen que ser muy profundas. Las «razas humanas» serían así prácticamente equivalentes a especies, con una larga historia evolutiva (de cientos de miles de años). Para apoyar sus tesis, Coon recurrió al paleoantropólogo Franz Weidenreich.

Este era un judío alemán que tuvo que huir de su país a causa de la persecución nazi, y se fue primero a China para estudiar los fósiles humanos del famoso yacimiento de Choukutien (hoy escrito Zhoukoudian), cerca de Pekín (o Beijing), datado entre un millón y medio millón de años.

La especie fósil allí encontrada fue denominada *Sinanthropus pekinensis*, pero después los restos fueron adscritos a la especie *Homo erectus*, de geografía y cronología mucho más amplia. Finalmente, Weidenreich recaló en el Museo de Historia Natural de Nueva York.

Para Weidenreich, los fósiles de Choukutien eran los antepasados directos de los chinos actuales, del mismo modo que los europeos antiguos serían los antepasados de los actuales (con los neandertales de Oriente Próximo como paso intermedio). Los aborígenes australianos y los subsaharianos (los «negros») también tendrían ancestros propios, en Indonesia y África, respectivamente, más o menos contemporáneos de los fósiles de Choukutien.

La teoría de Weidenreich no pasaba por buenos momentos cuando la rescató Coon, porque los paleoantropólogos pensaban que las «razas humanas» se habían diferenciado después de que apareciera la especie a la que pertenecen, es decir, el *Homo sapiens*. Parece lógico que las razas —o las subespecies— no puedan anteceder en el tiempo a la especie de la que forman parte —porque resultan de su división, del mismo modo que las ramas del árbol tienen que estar por encima del tronco—, pero Coon llegó a otra conclusión muy diferente y aparentemente absurda: las «razas humanas» ya se habían diferenciado en el *Homo erectus* y continuaron sus trayectorias independientes en el *Homo sapiens*.

El libro fundamental de Coon *The Origin of Races* está dedicado a Weidenreich *in memoriam*. En el prólogo cuenta Coon cómo llegó a sus conclusiones sobre la evolución de las «razas humanas» —cómo le vino la iluminación— por influencia de los trabajos de Weidenreich: «En esa época llegó a la conclusión de que las peculiaridades que hacían al *Sinanthropus* diferente de los otros fósiles humanos eran de dos tipos: evolutivas y raciales. Desde el punto de vista evolutivo, el *Sinanthropus* era más primitivo que ninguna población viva conocida. Racialmente, eran mongoloides».

Es decir, para Weidenreich el sinántropo de Zhoukoudian era el antepasado directo de los chinos actuales que viven en la misma zona.

Pero ¿cómo aplicar este esquema a todos los seres humanos? Había que imaginar una evolución por separado y paralela de los cinco troncos raciales de Coon. ¿Era esto biológicamente posible? ¿Encajaba este modelo en la moderna teoría de la evolución que se acababa de fraguar en los años anteriores, se ajustaba al neodarwinismo? Coon se hacía esta misma pregunta, pero encontró que la respuesta era afirmativa:

> Al darme cuenta de la enormidad de mi descubrimiento en términos de su alejamiento con respecto del dogma establecido, supe que tenía que proporcionar una base teórica para los hechos que había desenterrado. La posibilidad de que las razas pudieran ser más antiguas que las especies tenía que ser explorada. A través de lecturas y conversaciones con Mayr, Simpson y otros biólogos, pronto descubrí que lo que yo había creído un concepto revolucionario —que una especie que está dividida en razas geográficas puede convertirse en una especie hija mientras conserva las mismas razas geográficas— era un caso tan común en la naturaleza que otros raramente se molestaban en mencionarlo.

Sinceramente, dudamos mucho de que los citados Simpson o Mayr estuvieran de acuerdo con el modelo evolutivo de Coon. Y Dobzhansky se refiere explícitamente al tema —desautorizando a Coon— en la adenda que añadió (a última hora) a un importante trabajo de 1963:[1]

1. Que se había leído en un simposio de la Fundación Wenner Gren celebrado en el castillo austríaco de Burg Wartestein.

> Este artículo fue terminado y enviado a publicar antes de la aparición de *The Origin of Races* de C. S. Coon. El doctor Coon y yo estamos de acuerdo en que la actual especie politípica *Homo sapiens* desciende de una única y politípica especie *Homo erectus* del Pleistoceno Medio. El doctor Coon, sin embargo, ha preferido creer que *H. erectus* se transformó en *H. sapiens* no una, sino cinco veces, y que esta transformación ocurrió mucho antes en algunos lugares que en otros. Esta creencia, que ha vuelto el trabajo del doctor Coon atractivo para los propagandistas racistas, no está basada en pruebas concluyentes ni tiene fundamento teórico.

El esquema de Weidenreich era, de todos modos, un poco más complejo que todo eso. Las diversas líneas que darían lugar a los grandes grupos actuales de población se habrían estado pasando genes todo el tiempo a través de las fronteras, de modo que la especie humana habría permanecido unida gracias a ese flujo permanente y unificador, que habría impedido la especiación o ramificación (es decir, que una o varias de las razas se convirtieran en nuevas especies). No habría habido nunca más de una especie humana, como ahora, aunque siempre estuviera dividida en razas acusadamente dispares. La cuestión central residía en el énfasis que se le diera a ese flujo de genes entre razas (por supuesto, la única forma de intercambiar genes es teniendo hijos). Podría haber sido una corriente de genes muy importante o, por el contrario, un débil flujo apenas significativo. No está claro qué pensaba Weidenreich al respecto. Parece, en cambio, fuera de toda duda que para Coon era mucho más importante lo que había de evolución independiente en las «razas» que los posibles intercambios de genes entre unas y otras.

Astutos orientales

Coon estaba también preocupado por el futuro de las «razas» y no solo por su pasado o su estado actual, lo que le llevaba a preguntarse en 1965, en *Las razas humanas actuales*, por la posibilidad de una intervención directa del ser humano sobre sus propios genes. En los países con suficiente desarrollo científico como para actuar sobre el genoma humano, las grandes religiones monoteístas no lo permitirían, razonaba Coon. En aquella época, la Unión Soviética y la China maoísta padecían un gran atraso en materia genética y quedaban descartadas. La mirada inquisitiva de Coon se detenía entonces en Japón, un país con grandes capacidades tecnológicas y que había controlado su demografía por medio de campañas de planificación familiar; es decir, un pueblo con iniciativa, conocimiento y disciplina. Para Coon existía el peligro cierto de que, gracias a la manipulación genética, los japoneses pusiesen a su «raza» por delante de las demás, algo que hoy nos parece una completa simpleza.

Al modelo evolutivo de Weidenreich/Coon se opone otro (con el que simpatizamos) que afirma que solo somos herederos de una de las poblaciones antiguas, que vivió en África Oriental hace unos doscientos mil años. Se explica así por qué somos tan semejantes todos los humanos. Las demás poblaciones humanas de la época —a las que se puede considerar especies distintas de la nuestra— no habrían aportado casi nada o nada en absoluto a nuestro acervo de genes (aunque últimamente se ha apuntado que quizá las poblaciones humanas actuales de Eurasia lleven unos pocos genes heredados de los neandertales, y que los melanesios —como los papúas de Nueva Guinea— podrían portar, además, algunos genes de una población asiática emparentada lejanamente con los neandertales).

No somos quiénes —nadie lo es— para juzgar las verdaderas intenciones y sentimientos que Coon escondía detrás de sus hipótesis científicas, y no sabemos si pensaba o no que unas «razas» eran superiores a otras; o, por decirlo lisa y llanamente, si en sus evoluciones independientes unas «razas» habían progresado más en el desarrollo de la inteligencia, y llegado más lejos, que otras. Pero sí es indudablemente cierto que afirmaba que la humanidad estaba escindida desde su mismo origen en cinco ramas distintas (caucasoide, capoide, congoide, mongoloide y australoide), que serían auténticas subespecies, o, en sus propias palabras, que la especie actual tenía cinco cunas en lugar de una sola. La «raza» australoide sería la de «los miembros de la especie humana más parecidos a los tipos arcaicos». Los congoides de Coon son los «negros» africanos (e incluyen a los pigmeos, que podrían también considerarse un grupo aparte) y los capoides son los bosquimanos (y otros pueblos más mezclados, como los hotentotes).

En el trato personal con miembros de las muchas culturas que conoció en su aventurera vida, Coon no era en absoluto racista y ante todo amaba la diversidad biológica y cultural humana. Eso no impide que sus teorías pudieran dar una base aparentemente científica a los verdaderos racistas ideológicos. Por ejemplo, cuando sostenía en *The Origin of Races*:

> Los caucasoides y mongoloides que viven en sus regiones de origen y que recientemente han colonizado otras, como por ejemplo Norteamérica, no se han elevado hasta sus actuales niveles demográficos y posiciones culturales dominantes por accidente. Lo consiguieron porque sus antepasados ocuparon las regiones zoológicas más favorables de la Tierra, en las que otros tipos de animales también consiguieron el dominio durante el Pleistoceno. Estas regiones tenían climas

que ponían a prueba, amplios espacios para el intercambio genético y estaban localizadas en una posición central dentro de las masas continentales. Cualquier otra subespecie que hubiera evolucionado en esas regiones probablemente habría tenido el mismo éxito.

Como se puede ver, los chinos y los japoneses estaban para Coon a la altura de los europeos, pero las demás «razas» o «subespecies humanas» no habían tenido la misma oportunidad de avanzar a causa del ambiente físico en el que vivieron.

¿Y qué conclusión se extrae de la evolución de las «razas» —tal como la entendía Coon— para la organización de las sociedades? ¿Qué tiene que decir la antropología a los líderes políticos y sociales? Coon pensaba —si no le interpretamos mal— que, como resultado de esas desigualdades de cuna, los miembros de los diferentes pueblos de la Tierra debían ser educados de distinto modo, atendiendo a sus particulares capacidades e inclinaciones, resultado de adaptaciones a diferentes ambientes. Pero, para ser justos, preferimos copiar un párrafo del capítulo final de *Las razas humanas actuales*:

> Ahora se están dando grandes pasos en la ciencia y técnica de la educación, que eran antes campos sin cultivar en los estudios académicos. Los educadores modernos se han puesto ya a trabajar para inventar nuevos procedimientos didácticos que empleen el máximo de las capacidades intelectivas innatas de cada persona, en este mundo cada vez más concurrido y competitivo. Para el éxito de estos educadores sería esencial el reconocimiento de las diferencias raciales, y podrían tomarse medidas para ajustar las nuevas técnicas educativas, que ahora se están desarrollando, a las necesidades de las diferentes razas y culturas.

Las enseñanzas de Cambridge y de Harvard no serían quizá adecuadas ni convenientes para todo el mundo; por desgracia, ese es el programa que han defendido los racistas (y clasistas) de todas las épocas: educar de forma diferente para justificar y perpetuar las diferencias.

En la actualidad, el modelo de *evolución multirregional* —distintas líneas evolucionando más o menos en paralelo— o *hipótesis del candelabro* —en que las poblaciones humanas serían los brazos, con un origen común— tiene a su principal sostenedor en el paleoantropólogo estadounidense Mildford Wolpoff, pero no en la interpretación de Coon de las cinco cunas independientes de la humanidad, sino en el sentido original de Weidenreich, que se podría expresar en forma de relato más o menos como sigue.

Desde que la humanidad se extendió más allá de África por el inmenso territorio de Eurasia hace dos millones de años, las poblaciones se adaptaron a sus respectivos medios, en cada caso produciendo cambios ventajosos, pero solo para aquel lugar. Esas adaptaciones locales no se extenderían más allá porque en otros territorios serían desventajas contra las que actuaría la selección natural. En cambio, las novedades que apareciesen en cualquier rincón habitado por el hombre y que tuvieran valor adaptativo universal para la especie (como el aumento del cerebro y de la inteligencia) serían favorecidas por la selección natural en todas partes y se propagarían por medio de los flujos genéticos que siempre han mantenido conectadas a las diferentes poblaciones humanas. De este modo sería posible conjugar ambos patrones evolutivos: cladogénesis (ramificación) y anagénesis (continuidad).

La geometría de la evolución humana, el origen de las «razas» y el racismo son temas apasionantes que merecen mucho más espacio que el que ofrecen estas páginas. Basta decir que de la que nosotros llamamos la «nueva síntesis»

—con minúsculas— «de la evolución humana» parece que no queda hoy casi nada.

Nuestra genealogía se reconstruye desde hace tiempo como un árbol muy ramificado (ha triunfado la cladogénesis sobre la anagénesis), y las «razas humanas» no existen. Para que se entienda esta última afirmación, aclaramos que, a diferencia de las razas de animales domésticos (donde el término tiene sentido) o de las variedades geográficas muy marcadas de algunos animales, en nuestra especie la variación genética *dentro* de cada población (es decir, entre los individuos que la componen) es mucho mayor que la que existe *entre* las poblaciones, a pesar de las llamativas, pero genéticamente irrelevantes, diferencias en el color de la piel. La principal fuente de variación, en otras palabras, de los seres humanos es de carácter individual, no geográfico (es decir, según la procedencia), lingüístico (la etnia de cada uno), religioso (los musulmanes, los cristianos, los budistas, etc.) o cultural.

3

LO QUE ESTÁ DENTRO DEL CRÁNEO

Un bestiario, un zoológico: espejos. Esos que no tenemos en nuestros cuartos de baño, pero en los que conviene ir a mirarse de cuando en cuando.

Julio Cortázar, «Paseo entre las jaulas» (1978)

Vivir para ver

Lo que nos proponemos con este libro no es una mera especulación sobre el ser humano, sino un plan de investigación. Se trata primero de identificar lo que nos diferencia, en todos los órdenes, del resto de los animales, incluidos los secretos que esconde el genoma, recientemente desvelado para nuestra especie. No es otra cosa que un ejercicio de biología comparada, y es sorprendente que la tarea no haya sido ya completada, siglo y medio después de que se sepa que somos un producto de la evolución, ni más ni menos que el resto de las criaturas vivientes. Siguiendo a Simpson, habrá que distinguir nuestra «animalidad» de nuestra «humanidad». Esta última empezó a desarrollarse cuando nuestro linaje se separó de la estirpe de los chimpancés, hace seis o siete millones de años. Renovados esfuerzos en paleontología podrán decirnos cuándo y en qué circunstancias ha ido apareciendo todo lo que nos hace únicos.

No es un plan irrealizable y ya hay mucho camino andado. Se esperan grandes progresos en el futuro. Dentro de, pongamos, veinte años se sabrá lo que hemos avanzado y será mucho. Nos encantaría estar aquí para verlo.

Un lugar en el mundo

«La psicología tendrá una nueva base, la de la adquisición gradual de cada facultad mental y capacidad. Se arrojará luz sobre el origen del hombre y su historia», escribió Darwin en la primera edición de *El origen de las especies*, de 1859, y muchos años después, en el obituario del sabio naturalista, su discípulo y ardoroso defensor Thomas H. Huxley se extrañaba de que, a la vista de tan rotunda declaración, Darwin hubiera sido acusado de ocultar sus ideas respecto del origen del hombre en su obra fundamental.

Doce años después de *El origen de las especies*, en 1871, Darwin publicó —por fin, podríamos decir— un libro, en dos volúmenes, dedicado específicamente al origen del hombre, que tituló *Descent of Man and Selection in Relation to Sex* (*El origen del hombre*). En esta obra se esforzaba en demostrar que su teoría de la evolución por selección natural era perfectamente aplicable a nuestro caso, ya que también hay variación en la especie humana, los rasgos que diferencian a los individuos entre sí se heredan y siempre ha habido competencia por los recursos y exceso de población, como en las demás especies.

También, por supuesto, estamos construidos según el mismo plan corporal que los otros mamíferos, nuestro desarrollo embrionario es idéntico hasta que empieza a diferenciarse en las últimas etapas y tenemos órganos *vestigiales* o rudimentarios, como el apéndice vermiforme del ciego o los músculos que mueven la piel, que en nuestros antepasados debieron de ser plenamente funcionales y útiles. Algunos individuos, dice, presentan atavismos, o retrocesos hacia formas ancestrales en determinados caracteres.

El argumento de la excepcionalidad de nuestra especie se vuelve insostenible cuando se comprueba que los diseños son constantes en todos los miembros del tipo de organismos al que pertenecemos:

> Así podremos comprender cómo el hombre y todos los demás vertebrados han sido construidos según un mismo modelo general; de por qué pasan las mismas fases primeras del desarrollo, y de cómo conservan algunos rudimentos comunes. Deberíamos, por lo tanto, admitir francamente su comunidad de origen, ya que toda otra opinión solo puede conducirnos a considerar nuestra conformación y la de los animales que nos rodean como una asechanza preparada para sorprender nuestro juicio.

El parecido es tan semejante entre los humanos y los monos que estos comparten hasta nuestras aficiones. En un pasaje de este libro, que nos hace reír a carcajadas cada vez que lo leemos, Darwin (después de explicar que tenemos enfermedades comunes) cuenta que muchas especies de monos tienen una marcada afición por el té, el café y las bebidas espirituosas. Él mismo los había visto fumar tabaco con placer. Cuando se emborrachan gesticulan de manera muy exagerada y, lo que es más importante, tienen resaca; al día siguiente se sujetan la cabeza entre las manos con cara de pena, rechazan la cerveza si se les ofrece y, a cambio, aceptan un vaso de limonada.

«Pero no tardará en llegar el día en que se estime cosa

sorprendente que hayan existido naturalistas, que por serlo debieran haber conocido bien la estructura y el desarrollo comparados del hombre y de los demás mamíferos, que creyeran que aquel y estos fueron productos de actos separados de creación», escribió Charles Darwin en *El origen del hombre*.

Sin embargo, sería su ilustre seguidor Thomas H. Huxley quien primero se ocupara extensamente —en un libro— de nuestros orígenes, comparándonos para ello con nuestros parientes vivos más cercanos (también estudió el fósil de Neanderthal, pero no era la forma intermedia que se necesitaba). Eso ocurrió en el año 1863 y el título es formidable, porque plantea el gran problema de la filosofía: *Man's Place in Nature* («El lugar del hombre en la naturaleza»).

Huxley compara los cerebros del ser humano y del chimpancé, representados al mismo tamaño, y concluye: «En lo que se refiere a la estructura, en consecuencia, está claro que el hombre difiere menos del chimpancé y del orangután de lo que estos lo hacen incluso de los monos pequeños, y que la diferencia entre los cerebros del chimpancé y del hombre es casi insignificante cuando se compara con la que hay entre el cerebro del chimpancé y el del lémur».

El «*bulldog* de Darwin» estaba en lo cierto. Los lémures son prosimios de Madagascar, y su cerebro es realmente muy distinto del de cualquier antropomorfo y del humano, ya que los hemisferios son mucho menores y están muy poco arrugados. Pero, antes de ocuparnos del órgano que está dentro del cráneo, pongamos un foco de luz sobre los personajes principales de la historia humana, que Darwin había profetizado que conoceríamos algún día.

PRIMERO, UN REPASITO

Como este no es un libro de paleoantropología pura, no haremos una descripción exhaustiva de todas las especies de homínidos que conocemos; son ya bastantes y seguramente no queden muchas por descubrir. Preferiríamos más bien caracterizar las grandes etapas de la evolución humana, para situar en ellas la aparición de los rasgos nuevos de nuestra «humanidad». Pero una cosa sí debe quedar clara: en nuestra evolución ha predominado la ramificación (cladogénesis) sobre la sucesión lineal de especies, una detrás de otra (anagénesis).

Según el primer esquema, ha habido mucha extinción en nuestra historia; todas las especies que no son antepasadas del *Homo sapiens*, o sea, que no están en línea con nuestra especie, son ramas cortadas. Según la otra visión, casi ninguna especie se ha extinguido en realidad; más bien se han ido transformando en la siguiente de la cadena.

Es curioso que en la historia de la disciplina se haya oscilado siempre entre un modelo muy sencillo y recto y otro muy ramoso y complicado. Ahora estamos en este último, y creemos que es el que mejor refleja lo que pasó. Lo pensamos porque, entre otras cosas, nos parece que la evolución en general tiene una geometría muy dividida, y que casi todas las ramas del árbol de la vida se cortaron en un momento u otro de la inmensidad del tiempo geológico.

Arquetipos

No solo ha podado la naturaleza las ramas secundarias o las terminales, sino también las divisiones principales. En zoología, estas se llaman *phyla* (plural de *phylum*) o «filos». Cada uno de estos grandes grupos tiene su propio plan corporal, su arquitectura biológica única, como las esponjas, los corales, los equinodermos, los artrópodos, los anélidos, los moluscos y muchos otros menos conocidos.

Nosotros, los mamíferos, no tenemos el privilegio de ser uno de ellos (mucho menos los primates y no digamos los homínidos), sino que nos incluimos dentro de los vertebrados, que tampoco forman un tipo animal por sí mismo, aunque sean la práctica totalidad del filo de los cordados. Así pues, desde el punto de vista de la clasificación zoológica, no somos gran cosa: una especie entre muchas del subtipo de los vertebrados, que se encuadra en el tipo de los cordados.

Pues bien, según afirma el conocido paleontólogo Stephen Jay Gould (1941-2002) en su libro *Vida maravillosa* (1989), del que volveremos a hablar, había en el Cámbrico Medio de Burgess Shale, hace 530 millones de años, muchos más filos que los que hay ahora, que son 32.

De nuestra filogenia nos interesa saber que hubo unos homínidos plenamente bípedos llamados *australopitecos* en África. Ocuparon durante mucho tiempo gran parte del continente, por lo que podrían haber existido numerosas especies, y así lo confirman los fósiles. Algunos autores incluyen a los *parántropos*, posteriores en el tiempo, dentro de los australopitecos porque son muy parecidos. Se diferencian solo en que los parántropos tenían muelas (premolares y molares) y caras más grandes, y dientes delanteros (incisivos y caninos) más pequeños.

Los australopitecos primero, y los parántropos después, formaban algo parecido a lo que Ernst Mayr llamó una *superespecie* (o *situación límite*): «Un conjunto monofilético [esto es, con un origen común] de especies distribuidas geográficamente (alopátricas) que son demasiado diferentes en lo morfológico como para ser incluidas en una misma especie». Varios primates actuales y africanos, como los babuinos, encajan en esa misma «situación límite».

Antes de los australopitecos en África vivieron otros homínidos, porque no parece que esos fueran nuestros primeros antepasados, después de que les dijéramos adiós a los chimpancés. Esos preaustralopitecos se conocen mal de momento, pero ya tenemos cuatro especies que son candidatas a ocupar ese lugar tan importante, el de ser la raíz de nuestro árbol evolutivo (dos son del mismo género, *Ardipithecus*, y las otras dos son de géneros distintos, *Orrorin* y *Sahelanthropus*). De todas ellas han afirmado sus autores que eran bípedas, pero no parece que en ningún caso lo fueran de manera tan completa como los australopitecos. Más bien se podría tratar de una locomoción erguida vacilante y todavía no del todo conseguida.

Un esqueleto de hace 4,4 millones de años, el más completo hasta ahora encontrado de un preaustralopiteco (o *ardipiteco*, por utilizar un término que los agrupe a todos), fue descrito en la revista *Science* en 2010 por el equipo descubridor, encabezado por el estadounidense Tim White. Estos investigadores opinan que su modo de locomoción por los árboles no era como el de los chimpancés, que se cuelgan de las ramas y se balancean rotando los brazos, sino que trepaban verticalmente por los troncos. En tierra, en lugar de apoyarse como lo hacen los chimpancés y los gorilas, en los «nudillos» —en realidad en los dorsos de las falanges intermedias de los dedos índice a meñique—, los ardipitecos se desplazaban vacilantemente sobre sus piernas.

En estos días se reconocen muchas especies dentro del género *Homo* (el «género» es una categoría usada en la clasificación biológica). La más primitiva sería *Homo habilis*. Se parece mucho a los australopitecos —y, como ellos, es africana exclusivamente, al menos hasta la fecha—, aunque de cerebro algo mayor, y por eso es muy distinta de las demás especies del género *Homo* (hay quienes opinan que hay otra especie parecida y contemporánea en África Oriental, pero de caja craneal claramente mayor, llamada *Homo rudolfensis*).

No hace muchos años solo se admitían dos especies en nuestro género: *Homo erectus* y *Homo sapiens*. Fue el citado Ernst Mayr (uno de los padres del neodarwinismo) quien se ocupó de «podar» el intrincado árbol evolutivo que se había ido elaborando a base de crear una especie cada vez que aparecía un fósil humano nuevo. Ahora nos parece que se trataba de una simplificación excesiva. No podemos esperar nunca, en zoología, encontrar enormes diferencias entre las especies del mismo género, pero las que se observan entre un neandertal, por ejemplo, y un humano actual son suficientes para no darles idéntico nombre científico, a nuestro juicio. A fin de cuentas, nadie pone objeciones a considerar especies distintas algunos animales vivos cuyos esqueletos se parecen bastante más entre sí que los de los neandertales y los nuestros.

En una isla remota

Recientemente han aparecido numerosos restos de un homínido muy pequeño (*Homo floresiensis*), del tamaño de los australopitecos, en la isla de Flores (Indonesia). Lo sorprendente es que no pertenecen a un pasado remoto, sino que a efectos de tiempo geológico son actuales (o casi, porque habrían desaparecido hace 13.000 años como muy pronto). Se han encontrado dos mandíbulas, ambas sin mentón. Una de ellas no tiene cráneo por ahora, pero la otra pertenece a uno de muy pequeño tamaño, con el cerebro de un australopiteco. Hacen falta más cráneos, porque algunos especialistas piensan que este es patológico, de un individuo *microcefálico*, y que los demás miembros del grupo tendrían un cerebro mucho más grande. Podría tratarse, en ese caso, de una población pigmea de *Homo erectus* o de *Homo sapiens*. En las islas se producen estos curiosos fenómenos de enanismo en mamíferos (isla pequeña, elefantes pequeños, por ejemplo), pero todavía está por ver si el escaso tamaño del único cráneo rescatado hasta la fecha es normal o corresponde a un enfermo. El *Homo floresiensis* también podría ser un último descendiente aislado en una isla de homínidos pequeños y de encéfalo reducido, no muy diferentes del *Homo habilis*, que habrían poblado el continente asiático (sin que se conozcan sus restos) y atravesado luego el mar a bordo de una balsa.

Si todas las especies descritas de *Homo* son reales, no hay forma de ponerlas en línea recta, porque coexisten varias en cada momento. Entre hace dos millones y un millón y medio de años hay cuatro o cinco (sin contar a las dos especies de parántropos, claro). El patrón parece ser, pues, ramificado.

Especies madre y especies hija

Ahora bien, antes de intentar elaborar un árbol evolutivo con todas estas especies de *Homo* —y en eso consiste el trabajo del paleontólogo—, hay que formularse una pregunta: ¿puede una especie madre coexistir con su propia especie hija?; o, dicho de otra manera, ¿puede la especie antecesora existir después de que haya aparecido la descendiente? Según los modelos tradicionales, tanto de evolución lineal como de evolución ramificada, la respuesta es que no, ya que siempre hay cambio en la historia de la vida. Una especie puede dividirse en dos o más, o bien convertirse en su totalidad en otra especie, pero lo que no hará será permanecer inmutable a largo plazo.

Sin embargo, según la teoría llamada del Equilibrio Puntuado (o de la estabilidad discontinua, interrumpida), establecida a principios de los años setenta del siglo pasado por los paleontólogos Niles Eldredge y Stephen Jay Gould, la ausencia de grandes cambios es la tónica en la existencia de una especie, según nos muestra el registro fósil, mientras que su aparición acontece en relativamente poco tiempo. Las nuevas especies nacen de pequeñas poblaciones, físicamente aisladas del resto, que han adquirido características propias, y en las que se levanta en poco tiempo una barrera biológica que impide el intercambio de genes (el cruzamiento) con el resto de las poblaciones.

Expuesto en términos de economía, sería como una gran empresa multinacional y una sucursal muy remota y poco importante que de pronto se independizara en algún oscuro rincón y se convirtiera en una empresa propia, con métodos nuevos, que pudiera llegar a competir con la gigantesca empresa madre e incluso desplazarla en todo el mercado.

Por lo tanto, la mayor parte de la especie permanece casi inmutable mientras perdura sobre la Tierra. La nueva especie puede existir al mismo tiempo que aquella de la que procede, solo que en otro lugar. Más adelante, la especie hija puede extenderse y convivir, no solo coexistir, con la madre. Es probable que los nichos ecológicos de las dos especies estén bastante imbricados, y en esas circunstancias puede darse una dura competencia entre las dos.

En conclusión: la simultaneidad en el registro fósil de la especie antecesora y la descendiente no solo es posible, sino que su alta frecuencia es una de las pruebas en favor del modelo del Equilibrio Puntuado, al decir de sus inventores. *Homo habilis* podría así aparecer en los yacimientos del este de África con *Homo erectus* y, sin embargo, ser la especie progenitora.

Al poco tiempo de formulado el modelo del Equilibrio Puntuado, a Eldredge y Gould se unió otro paleontólogo, Steven M. Stanley, que estaba deseoso de comprobar si el registro fósil se comportaba de acuerdo con sus premisas. En 1996 publicó un libro de evolución humana, *Children of the Ice Age* («Hijos de la Edad del Hielo»), un campo de la paleontología en el que no estaba especializado pero que, según dice, le interesaba vivamente (y a quién no). A Stanley le parecía que el esquema de evolución predominantemente gradual y lineal (que preconizaban neodarwinistas como el famoso Theodosius Dobzhansky) se había atrincherado en el campo de la paleoantropología.

Se trataba de la hipótesis de la Especie Única (un solo tipo de homínido en cada momento y en todo el planeta), que para Stanley está magníficamente representada por la clásica viñeta resumen de la evolución humana que usted habrá visto muchas veces: de izquierda a derecha se alinean —casi empujándose— una serie de especies que, a partir de un primer antepasado muy simiesco que se apoya «sobre los nudillos», progresivamente se van irguiendo y ennobleciendo.

Stanley considera que esa sucesión hace aguas por todas partes. En primer lugar, no descendemos, según él, de antepasados cuadrúpedos, sino que los primeros de los nuestros que se bajaron de los árboles ya eran parcialmente bípedos. El estudio del esqueleto del ardipiteco que hemos comentado antes parece darle la razón. En segundo lugar, según Stanley, en nuestra evolución ha predominado la ramificación sobre la sucesión. Además, ha habido etapas de quietud evolutiva —en las que no pasaba nada importante— seguidas de una rápida transición a un nuevo tipo de homínido, con un diseño claramente modificado. Así, los australopitecos representarían un largo período de estancamiento, mientras que la aparición del género *Homo* sería todo un acontecimiento, una gran novedad en la evolución.

Con estas ideas en la cabeza, los especialistas tratan de reconstruir el árbol de la evolución humana. Nosotros nos vamos a concentrar ahora en lo que tenemos dentro de la cabeza.

Más listos que nadie

Como nadie duda de que nos distinguimos del resto de las criaturas de la historia por nuestra inteligencia, lo mejor será que empecemos a establecer nuestra «humanidad» por esta diferencia obvia. A fin de cuentas, los humanos somos los únicos que hemos descubierto la evolución y que podemos plantearnos estas cuestiones. Los demás no saben por qué existen, como, por cierto, no lo sabíamos nosotros antes de Darwin. Pero ellos ni siquiera saben que existen, no son conscientes (o, quizá, muy débilmente en el caso de los simios antropomorfos).

La consciencia es una idea difícil de definir, como la belleza. ¿En qué se basa esta última? Todos estamos de acuerdo en los casos extremos, lo sublime y lo horrible, pero hay mucho lugar en medio para la subjetividad, y además han ido cambiando los gustos tanto en el arte como en los cánones de belleza humana.

En el caso de las especies fósiles, desde luego, no hay forma de hacerles test para saber cuál es su cociente intelectual. Pero se puede medir el volumen de aire que queda dentro del cráneo después de la muerte, cuando se pudren los tejidos blandos. En ese espacio se encontraba el encéfalo, que se compone de cerebro en su mayor parte, pero que también incluye el cerebelo y el tronco.

En un primer momento pensamos que, como somos la especie más inteligente de la Tierra, también seremos la que tenga el encéfalo más grande (en peso y en volumen, que son términos casi intercambiables). Eso es cierto dentro de los primates —ahí ganamos—, pero no para todos los mamíferos. Nos superan algunos grandes cetáceos y los elefantes. Obviamente, el tamaño del cuerpo también cuenta, y podemos dividir la capacidad craneal, el tamaño del encéfalo, por el peso del cuerpo. Cuando realizamos esta sencilla operación matemática, encontramos que seguimos teniendo un encéfalo relativamente más grande que la mayoría de los primates, pero que nos superan muchos mamíferos pequeños, como las musarañas y los erizos (que son *insectívoros*) y hasta algunos monitos.

La conclusión es obvia (salvo que pensemos que las musarañas y los erizos nos sobrepasan en talento). Si comparamos diferentes especies de mamíferos, el tamaño del cuerpo tiende a crecer más deprisa que el del cerebro. O sea, grandes diferencias de peso corporal entre especies se corresponden con diferencias bastante menores de peso encefálico. A lo largo del desarrollo, por cierto, nos sucede lo mismo a cada uno de nosotros. El cerebro se completa mucho antes que el cuerpo y de niños somos cabezones.

No utilizaremos fórmulas matemáticas y las sustituiremos por gráficas. Si ponemos el tamaño del cuerpo en un eje horizontal y el encéfalo en uno vertical, cada especie será un punto en ese espacio que tiene dos dimensiones y está acotado por abajo y por la izquierda por los dos ejes. Las tendencias de crecimiento de los mamíferos en general, y de los diferentes grupos de mamíferos por separado, no son rectas. En otras palabras, los puntos de las especies no se alinean, sino que se sitúan a lo largo de una curva (del tipo llamado *exponencial*). Con un truco matemático, que consiste en transformar el peso del cuerpo y el peso del encéfalo en el logaritmo del peso del cuerpo y el logaritmo del peso del encéfalo, se produce un pequeño milagro: la curva se convierte en una recta, que tiene una inclinación o pendiente. Ya no hablaremos más de logaritmos, pero se entiende que trabajamos con ellos.

Cuando en vez de trazar la recta de todos los vertebrados juntos en la misma gráfica ponemos las de los diferentes grupos, se observa algo interesantísimo: las tendencias de crecimiento respectivas se colocan unas encima de otras, lo que significa que, para un peso del cuerpo determinado, los tamaños del encéfalo no son iguales. Ni mucho menos, porque los mamíferos superan a los reptiles, anfibios, peces y aves: en conclusión, somos más inteligentes (aunque seguramente esa no fue la causa de que desbancáramos a los dinosaurios hace 65 millones de años; el meteorito que cayó un buen —o mal— día tiene mucho más que ver; además, los mamíferos de entonces no estaban tan encefalizados como los actuales).

Supongamos que el peso promedio de la especie humana está entre los 50 y los 60 kilos (aunque son evidentes las grandes variaciones entre poblaciones y también las diferencias entre los dos sexos dentro de cada población). Pues bien, nuestro cerebro es mucho más grande (más de tres veces) que el promedio de un gran simio de nuestro peso corporal (el orangután, por ejemplo), que a su vez será mayor que el de un mamífero carnívoro de aproximadamente esos kilos (un leopardo o un jaguar, pongamos por caso), que es mayor que el de un herbívoro de su tamaño, como un gamo (pues los carnívoros tienen más cerebro y más inteligencia que sus presas), que desde luego es superior al de un cocodrilo o un avestruz de ese peso, que también superan —porque están más encefalizados— a un atún o un tiburón de 60 kilos.

Hay ahora más toneladas de materia gris en el planeta que nunca gracias a los mamíferos. En ese sentido, desde luego, ha habido un gran cambio en la materia viviente. Si fuéramos dados a las metáforas audaces, diríamos que la Tierra se ha encefalizado.

Dentro de los mamíferos, la recta que representa la tendencia de crecimiento de los primates es la más alta, junto con la de los delfines, pero por diferentes razones. En ambos casos se han reducido los centros olfativos del cerebro, ya que ni nosotros ni ellos utilizamos mucho este sentido en los árboles y en el agua, respectivamente. Pero mientras que en los primates superiores se han desarrollado los centros visuales —y nos representamos el mundo en forma de imágenes—, en los delfines lo han hecho los auditivos, puesto que estos mamíferos marinos se orientan por ecolocalización (como si tuvieran un sónar) y se comunican constantemente por medio de vocalizaciones.

Los primates, nuestro *orden* (o gran grupo zoológico al que pertenecemos), se dividían clásicamente en dos subórdenes: los prosimios o primates inferiores y los simios o primates superiores. Sin contar al hombre, que habita todo el orbe, podemos decir que los primeros viven en África (incluida la gran isla de Madagascar, al este del continente) y Asia, y los segundos en África (pero no en Madagascar), Asia y América. Dentro de los simios están los simios antropomorfos, técnicamente llamados *hominoideos*, con los gibones (los más pequeños); los orangutanes, gorilas y chimpancés (que son los grandes simios), y también, ya que este es nuestro sitio, los humanos.

Sin embargo, sabemos que unos pequeños primates asiáticos, los tarseros, están más relacionados evolutivamente con los simios que con los prosimios, donde se encuadraban antes, y la clasificación se ha modificado porque los tarseros han cambiado de grupo. Los antiguos prosimios se llaman ahora *estrepsirrinos* y los nuevos simios, con la incorporación de los tarseros, se llaman *haplorrinos*. No habríamos introducido estos términos tan raros si no fuera porque hacen referencia a la nariz, a la que prestaremos alguna atención en su momento, ya que es una de las originalidades del hombre moderno. La de los estrepsirrinos es una nariz húmeda, como la del resto de los mamíferos, y la de los haplorrinos es seca (como la nuestra). Pero ahora podemos olvidarnos de ese detalle.

La recta de los estrepsirrinos cae por debajo de la de los haplorrinos, así que están menos encefalizados. En esta, el punto que corresponde al ser humano queda muy por encima de los puntos de los simios, incluidos los antropomorfos. Eso quiere decir que en nuestra evolución nos hemos desviado de la tendencia. No somos unos grandes simios más, sino que hemos dado un verdadero y gran salto hacia arriba en la escala de encefalización, que es también la de inteligencia. Pero ¿cuándo dimos ese salto portentoso? ¿Fue un cambio brusco o más bien una deriva lenta? ¿Y *para qué*?

Ya sabemos que esta última pregunta no está bien formulada, aunque no cabe duda de que surge espontáneamente, porque las adaptaciones no obedecen a un propósito (deliberado, con intención) al no responder a un diseño previo «de alguien». Pero sí que cumplen una función, «sirven para algo», y representan soluciones a problemas que ocurren en la vida de los individuos (ellos, los individuos, son quienes experimentan las adaptaciones, no las especies).

Tradicionalmente se pensaba que debía de haber surgido alguna función nueva en nuestra evolución para que el cerebro aumentase tanto de tamaño, seguramente la confección de herramientas de piedra. Pero se olvidaba que los grandes simios están ya muy encefalizados en relación con el resto de los mamíferos. Así que podemos empezar por preguntarles «a ellos»: ¿cuál es la función de un cerebro tan grande?; ¿para qué sirve?

Hace falta inteligencia para moverse por el territorio, escapar de los peligros y localizar el alimento, sin duda. Los primates comedores de frutos (los frugívoros) tienden a estar más encefalizados que los comedores de hojas (o folívoros), ya que este último alimento, rico en fibra y pobre en calorías, está por todas partes y es fácil de conseguir (si bien tiene el inconveniente de que es poco alimenticio).

Pero también se cree que la inteligencia de los grandes simios tiene mucho que ver con su compleja vida social (en general, los primates sociales están más encefalizados que los solitarios). La materia gris les es muy útil para ocupar una posición alta en la jerarquía del grupo, y eso es vital para el individuo y tiene consecuencias evolutivas para la especie. Los líderes (o, si lo prefiere, jefes) reciben menos agresiones y amenazas, viven por ello más tranquilos, se alimentan mejor, mueren más tarde y tienen más hijos, y estos a su vez crecen en mejores condiciones, sufren menos molestias y están más nutridos, con lo que de adultos llegan más fácilmente a ocupar una posición elevada en el grupo. En resumen, los líderes aportan más genes al acervo de la población. Se ha dicho que en los chimpancés los dos sentidos del término *poseer* (el sexual, «poseer a una hembra», y el de propiedad, «ser su dueño») están estrechamente relacionados.

Como en los primates superiores los grupos sociales son muy complejos, no basta la fuerza para imponerse, hay que aliarse con otros individuos, y por eso la inteligencia social es muy importante. El órgano que procesa esa información tan elaborada, cambiante y vital, es el cerebro. Este es un «instrumento» muy caro, pues consume una parte muy importante de los recursos energéticos del cuerpo. Su participación en el metabolismo basal (las calorías que gastamos en reposo y a una temperatura agradable) es muy elevada en los chimpancés. Ni más ni menos que el 9 por ciento de la energía. Pero en nuestra especie el cerebro necesita todavía más combustible, el 20 por ciento más o menos. Si nos piden que expliquemos con una sola variable las diferencias de capacidad mental que existen entre humanos y chimpancés, sin duda estos son los números que daríamos.

Australopitecos gigantes

Queda claro que el volumen del encéfalo, y en particular el del cerebro (con sus dos hemisferios), que constituye en los humanos la mayor parte del espacio «que está dentro del cráneo», no es por sí mismo la medida de la inteligencia, el psiquismo o como queramos llamar a la función principal que realiza ese órgano. Hay que tener en cuenta también el tamaño del cuerpo, o, como suele decirse, cuántos gramos de materia gris corresponden a cada kilogramo de peso corporal (en realidad, la materia gris se concentra mayoritariamente en la capa superficial, la corteza, de los hemisferios cerebrales, pero cuanto más grandes sean y más plegados estén, más materia gris habrá). Por eso, cuando se estudia la espectacular expansión del cerebro en la evolución humana hay que considerar que el volumen corporal también ha crecido mucho.

Los australopitecos tenían un tamaño comparable al de los chimpancés. La famosa hembra apodada Lucy, que vivió en Etiopía hace 3,25 millones de años, medía un metro y pesaba unos treinta kilogramos. Ahora nos parece diminuta, pero en realidad tenía el mismo porte que una hembra de chimpancé puesta de pie. Como los chimpancés (de los que hay dos especies) son nuestros parientes más cercanos, la pequeña estatura de los australopitecos no tiene, en realidad, nada de extraordinaria. Lo que ha ocurrido es que los homínidos hemos casi duplicado nuestro tamaño en algún momento de nuestra evolución. Es como si un buen día descubriéramos una especie de chimpancé gigante en la selva africana (de hecho, hay quien dice que la ha visto). Por lo tanto, una de nuestras señas de identidad como especie, un carácter que se suele pasar por alto, pese a lo evidente, es que somos «superaustralopitecos», homínidos gigantes. ¡Estamos orgullosos de nuestro cerebro, pero no de nuestra estatura!

Lucy era pequeña incluso para su especie, *Australopithecus afarensis*, pero no excepcional. Hay restos de otros individuos del mismo tamaño. Tal vez estuviera un poco por debajo del promedio de peso femenino de la especie, pero no mucho. Hay un esqueleto femenino de *Australopithecus africanus* procedente de la cueva de Sterkfontein, en Sudáfrica, de hace unos dos millones y medio de años, de tamaño muy similar; casi parecen gemelas.

La mayor parte de los especialistas piensan que los australopitecos machos eran mucho más corpulentos. En la misma cueva de Sterkfontein, sin ir más lejos, se ha encontrado parte de un esqueleto considerablemente más grande que el que acabamos de citar y de la misma edad geológica. Quizá los machos tuvieran una estatura media en torno a los 135 o 140 centímetros. En términos de peso corporal esa talla se traduciría en 45-55 kilos, es decir, una vez y media (150 por ciento) el peso de una hembra normal de su misma especie. Es difícil, de todos modos, hablar de promedios de peso masculino y femenino en los australopitecos, porque estos homínidos vivieron durante dos millones de años en una gran parte del continente africano; que sepamos, al menos desde Chad hasta Etiopía y desde ahí hasta Sudáfrica, y hubo diversas especies a lo largo de todo ese tiempo y ese espacio inmenso. Pero, en fin, parece que la gran diferencia de tamaño corporal entre los sexos es una constante del grupo, y son pocos los que la discuten.

Como tenemos a los chimpancés tan a mano, es fácil compararlos con los australopitecos para ver el grado de encefalización de los primeros homínidos. El peso de Lucy, como hemos dicho, es similar al de una hembra de chimpancé. El fósil no conserva apenas el cráneo, pero por otros ejemplares sabemos que su cerebro sería más grande que el de una hembra de chimpancé. Deberíamos por lo tanto atribuir una mayor encefalización a los australopitecos, más gramos de materia gris por kilogramo de peso corporal, pero seguramente no muchos más.

Ahora tocaría comparar a los machos. En los chimpancés el *dimorfismo sexual*, o diferencias entre los dos sexos, es bastante menor que en los australopitecos, por lo que algunos autores piensan que para medir la encefalización es mejor usar solo cuerpos de hembras, porque tienen más «valor ecológico». En las especies con sexos de tamaños muy diferentes, como los orangutanes, gorilas y australopitecos, los machos crecen más tiempo para hacerse grandes y fuertes, ya que de mayores tendrán que luchar con otros adultos de su mismo sexo, y ese plus de volumen no debería contar cuando se comparan especies con diferentes grados de dimorfismo sexual.

En los orangutanes y los gorilas, el macho pesa bastante más del doble que la hembra. La diferencia es mucho menor en las dos especies de chimpancés; en el común, el peso del macho representa casi un 130 por ciento del de la hembra, y en el bonobo la proporción está cerca del 120 por ciento. Los pequeños gibones del Sudeste Asiático y de Indonesia son muy poco dimórficos, y el macho solo es un 10 por ciento mayor (proporción de 110 por ciento). En el caso de nuestra especie, varía con las poblaciones entre un 110 y un 120 por ciento, así que estamos entre los gibones y los chimpancés, una posición intermedia que hace difícil la interpretación de nuestro dimorfismo.

Conviene decir en este momento que no se puede establecer una relación directa y unívoca entre dimorfismo sexual y tipo de vida social. En los primates con mucha diferencia entre los sexos se dan distintos modelos de conducta grupal. Los orangutanes son solitarios, pero cuando una hembra entra en celo hay disputas entre los machos más cercanos. Y los gorilas forman sociedades con un solo macho adulto y varias hembras (cuando el grupo es muy grande puede haber más de un macho reproductor).

Si vamos a otros primates superiores y nos fijamos en los monos del Viejo Mundo, observaremos que hay ejemplos de sociedades formadas por muchos machos y muchas hembras con grandes diferencias sexuales. ¿De qué les sirve entonces a los machos ser tan fuertes si no pueden monopolizar a un grupo de hembras e impedir que otros machos accedan a ellas? Pues para ocupar un lugar lo más alto posible en la jerarquía social. Como ya se ha comentado, «los de arriba» se alimentan mejor, viven más cómodamente y durante más años, y seguramente tienen más oportunidades de copular. El resultado es que procrean más, y eso es lo que cuenta para la evolución: el número de genes transmitidos.

Pero también hay jerarquías en las hembras, y las dominantes tienen su primer hijo antes porque maduran sexualmente más temprano, ya que están bien alimentadas, y el intervalo de tiempo entre dos partos es menor (por la misma razón), así que al final también legan más genes a la siguiente generación, la de los hijos. Y también a la generación que viene a continuación (los nietos), porque se ha visto en los chimpancés que los hijos de las hembras dominantes suelen ocupar puestos elevados en las escalas jerárquicas masculina y femenina.

Dejando aparte el caso de los orangutanes, que son unos primates solitarios, en las demás especies donde hay mucho dimorfismo pasa una de estas dos cosas: o son polígamas, como los gorilas, o son fuertemente jerárquicas, como los macacos y los babuinos (en estos últimos el dimorfismo en peso corporal es del 180 por ciento). En cambio, las especies poco dimórficas siguen dos patrones: o son monógamas y cada pareja defiende un territorio, como los gibones, o son promiscuas, como los chimpancés y los bonobos. Solo se puede hablar de familias en el caso de los gibones y de los gorilas, pero en ellos familia y grupo son la misma cosa. El nuestro es un caso único, en el que los grupos están formados, permanentemente, por varias familias. Por esa razón, seguramente, los machos —los varones— no compiten entre sí, sino que cooperan, y el dimorfismo sexual se ha reducido mucho desde los australopitecos.

El *Homo habilis* tenía, por lo que sabemos, el mismo cuerpo que los australopitecos, y algo más de cerebro, así que eran más inteligentes. Lo cierto es que solo conocemos un esqueleto, procedente de la garganta de Olduvai, en Tanzania, que podamos asignar con ciertas garantías a esta especie (tiene unos 1,8 millones de años). Es posible que fuera tan dimórfica como los australopitecos, si es que los cráneos más grandes (en tamaño del cerebro y también del esqueleto facial, de la mandíbula y de las muelas) pertenecen a los machos. Algunos autores piensan que son de otra especie (*Homo rudolfensis*) de la misma época con la que, sorprendentemente, convivían a pesar de su estrecho parentesco.

Un esqueleto muy importante para este problema de la encefalización es el del muchacho del lago Turkana (Kenia), perteneciente a la especie *Homo erectus* (hay autores que prefieren usar otro nombre: *Homo ergaster*). Se trata de un preadolescente, de sexo masculino, que murió hace 1,6 millones de años aproximadamente. Para su edad era muy alto, de unos 160 centímetros. Si dicha especie tuviera un tipo de crecimiento como el nuestro, aún le faltaría dar el estirón de la pubertad, y de adulto pasaría holgadamente de los 180 centímetros. Pero hay razones para pensar que su crecimiento podría ser más continuo, sin la aceleración típica de la adolescencia humana (que no se da en los chimpancés), y entonces no habría llegado a ser tan alto.

En cualquier caso, por este y otros fósiles pensamos que la talla del *Homo ergaster* ya era la nuestra. Hay discrepancias respecto de la anchura del cuerpo del *Turkana Boy*, sin embargo. Algunos piensan que era como la del humano moderno, pero otros opinamos que era bastante más ancho. No es fácil de saber porque los huesos de la cadera aún no estaban soldados y, además, se han conservado mal. Esta discusión es importante a la hora de calcular el peso del cuerpo. Los partidarios del cuerpo estrecho piensan que el *Homo ergaster* debía de pesar como nosotros. Los que defendemos que las caderas eran más anchas los imaginamos más voluminosos.

En cualquier caso, tanto la talla como el peso del cuerpo se habían vuelto mucho mayores que en Lucy. Se habían convertido en superaustralopitecos.

Forma y función

¿Cómo era el cerebro del *Turkana Boy*? Su volumen, que a su edad ya era el definitivo, supera largamente el de los australopitecos en términos absolutos. Sin embargo, no lo hace en términos relativos, porque mantiene, más o menos, la proporción con el cuerpo, o incluso es menor. ¿Quiere eso decir que no era más inteligente que un australopiteco? Cualquiera de las reconstrucciones que se hacen de un *Homo ergaster* nos recuerdan intensamente a un humano actual, hasta el punto de que nos sentimos inclinados a aceptarlo enseguida en nuestra «familia», mientras que los pequeños australopitecos tienen un aire que podría describirse como de «chimpancé bípedo». ¿Cómo aceptar que tenían las mismas habilidades cognitivas?

Ya hemos visto que al comparar especies animales de diferente tamaño se produce un fenómeno, llamado técnicamente de *alometría*, que consiste en que la forma cambia con el tamaño, para que todo (el funcionamiento) siga igual. Eso es lo predecible, y lo contrario, que se mantenga la forma a diferentes escalas, es lo raro. En pocas palabras, lo que está dentro del cráneo crece (en un conjunto de especies del mismo grupo) más despacio que el cuerpo y, en consecuencia, nos ganan los pequeños mamíferos en tamaño proporcional del encéfalo. La diferencia de tamaño encefálico entre los chimpancés y los gorilas (a los que se les supone una «inteligencia similar») es pequeña, mucho menor que la que hay en peso corporal, que es enorme. Lo que cabría esperar en la comparación entre Lucy y el *Turkana Boy*, si la inteligencia fuera la misma, es que cambiara la proporción, la forma, para que se mantuviera la función, el psiquismo (o sea, el *Turkana Boy* tendría que tener un cerebro poco mayor que el de un australopiteco). Pero la proporción varía poco, y la conclusión es que ha cambiado la función. Por eso creemos firmemente que las facultades mentales del *Turkana Boy* eran muy superiores a las de los australopitecos.

En homínidos posteriores el análisis es más sencillo. El

cuerpo se mantiene y el cerebro se amplía, luego aumenta la potencia del órgano. Los neandertales y el *Homo sapiens* son las dos especies en las que más ha crecido el cerebro. Si estamos en lo cierto y el cuerpo de caderas estrechas es exclusivo del *Homo sapiens*, en nosotros el efecto es doble, porque la cerebralización ha coincidido con la disminución del peso del cuerpo, por lo que el saldo es todavía más positivo en favor de la materia gris. Los neandertales eran seguramente más bajitos que sus antepasados —como vimos, tenían las tibias cortas, aunque seguían siendo muy anchos—, así que también perdieron peso mientras su cerebro se volvía tan grande como el nuestro o más.

En la Sima de los Huesos de Atapuerca se han recuperado hasta la fecha restos de diecisiete cráneos humanos de hace entre un cuarto de millón y medio millón de años (la especie es *Homo heidelbergensis*, concebida en un sentido muy amplio que incluye sobre todo a los antepasados de los neandertales). Ningún yacimiento del mundo se ha mostrado nunca tan espléndido. Los dos más completos, el cráneo número 4 y el número 5, se encuentran en los dos extremos de la variación del tamaño cerebral de la muestra. El cráneo 5 tiene unos 1.100 cm^3 de volumen endocraneal y el cráneo 4 llega a 1.380 cm^3. El mayor de los dos está en torno a la media humana actual, pero el tamaño encefálico del menor es muy poco frecuente en las poblaciones modernas. Podríamos decir que la especie de la Sima de los Huesos tenía una capacidad promedio claramente inferior a la de hoy; como además pensamos que ellos y ellas eran bastante más anchos y musculosos que nosotros y sus esqueletos, más pesados, les tocaban sin duda menos gramos de materia gris por kilogramo de peso corporal.

Pasemos ahora a comparar directamente los cerebros de estos dos ejemplares con los de individuos actuales de sus mismas capacidades craneales. Los encéfalos de unos y de otros no son reales, sino que los obtenemos a partir de sus cráneos, donde queda el hueco que ocuparon en vida. Hoy en día se utilizan escáneres que hacen tomografías de los cráneos y se trabaja virtualmente en el ordenador, donde vemos el encéfalo flotando y girando en la pantalla.

Los humanos actuales tenemos la frente muy levantada, mucho más que en los otros homínidos y que en el resto de los mamíferos, y eso nos hace pensar que la parte del cerebro que está detrás, el lóbulo frontal, se ha desarrollado mucho. La corteza de la mayor parte del mismo, la materia gris, corresponde al llamado *córtex prefrontal*, que se reconoce cuando se estudia al microscopio su histología, o sea, la disposición de las células del tejido cortical. Al córtex prefrontal se le atribuyen funciones directivas muy importantes, como la capacidad para hacer proyectos de futuro (la planificación) y la voluntad para llevarlos a cabo. Ya sabemos que la consciencia, como la inteligencia, es una idea difícil de explicar, pero está claro que una de sus manifestaciones es la facultad de imaginar el futuro a largo plazo y la de poner los medios para que se produzca.

Cuando comparamos los cerebros del *Homo heidelbergensis* y del *Homo sapiens*, sin embargo, las cosas no salen como esperábamos, ya que no hay diferencias en las proporciones del lóbulo frontal. Los cerebros modernos son ligeramente más altos y más globosos, algo que también podemos ver «desde fuera» —en el cráneo—, pero la diferencia principal radica en una medida llamada «cuerda parietal», que es la distancia en línea recta entre el límite superior de la *cisura de Rolando* (que separa los lóbulos frontal y parietal) y el de la *cisura perpendicular* (que separa los lóbulos parietal y occipital). Para compensar esta gran diferencia, otras medidas son menores en el humano moderno, como, especialmente, la anchura máxima de la parte posterior del cerebro, en la cisura perpendicular. ¿Qué significa que nosotros tengamos un lóbulo parietal especialmente largo en su borde superior? ¿Quieren una respuesta sincera? Pues allá va: no tenemos ni idea.

Mover la voz a ti debida

Y aun no se me figura que me toca
aqueste oficio solamente en vida,
mas con la lengua muerta y fría en la boca
pienso mover la voz a ti debida;
libre mi alma de su estrecha roca,
por el Estigio lago conducida,
celebrando t'irá, y aquel sonido
hará parar las aguas del olvido.

Así dicen los profundos versos de Garcilaso de la Vega. Y además de por su belleza, vienen ahora a cuento porque de mover lengua y de la voz *hablaremos* aquí.

Y hablando de poesía, también Darwin —que era más sensible y culto de lo que aparentaba— citaba a un poeta, el alemán Richter, cuando decía: «El sueño es un arte poético involuntario». En *El origen del hombre*, Darwin trata, obviamente, la cuestión del lenguaje. Ya que toda su estrategia en el libro consiste en demostrar que no hay una brecha insalvable entre el hombre y los animales, tiende a ver más lo que nos aproxima que lo que nos separa. El perro, dice, tiene varios ladridos diferentes, con los que expresa «sentimientos». Como los humanos, hay aves que no nacen sabiendo (de forma innata) el canto de la especie, sino que lo tienen que aprender, y se conocen auténticos dialectos regionales. El hombre, por otro lado, utiliza interjecciones —más expresivas que las palabras— de amor, dolor, miedo, sorpresa, furia, etc., que acompaña de gesticulaciones. Pero, con todo, hay una gran diferencia: «No es simplemente el poder de articular lo que distingue al hombre de los demás animales, porque todos sabemos que el loro puede hablar, sino su gran fuerza en aplicar a ideas definidas sonidos determinados, capacidad que depende evidentemente del desarrollo de sus aptitudes mentales».

Y es que, efectivamente, el lenguaje humano es único. Se trata de un sistema de comunicación que utiliza símbolos, y en eso, justamente en eso, se diferencia de los otros sistemas de comunicación del reino animal. Y tan lenguaje humano es el hablado como el escrito y como el de los sordomudos, por señas. Todos ellos se valen de signos arbitrarios, esto es, de símbolos. No son, por tanto, signos comunes para toda la especie humana, y solo pueden ser entendidos por quienes conocen cada lenguaje en particular (pensábamos que por lo menos el de los sordomudos era un idioma mundial, pero resulta que hay varios). Si el lenguaje fuera universal no habría que aprenderlo, naceríamos —o creceríamos— con él, pero solo podríamos expresar estados de ánimo —que son necesariamente subjetivos, personales—, al modo de los animales.

El lenguaje hablado pertenece, claro está, a nuestra *humanidad*. Nacemos con la capacidad de aprender uno, cualquiera, pero necesitamos que nos lo enseñen y solo nos es útil en el ámbito de nuestra cultura. Sin embargo, el lenguaje corporal tiene en general mucho más de *animalidad*, es más espontáneo, aunque no todas las culturas usen siempre los mismos gestos para expresarse, de modo que también el idioma del cuerpo tiene un componente cultural. Quizá todos interpretemos igual la sonrisa y el llanto o el ceño fruncido, pero posiblemente no está en nuestros genes que se afirme moviendo la cabeza de arriba abajo y se niegue haciéndolo de lado a lado.

Para comunicarnos oralmente necesitamos un aparato fonador, una máquina anatómica que produzca ruidos a los que se les puedan asignar significados, dotándolos de una carga semántica. Todos los mamíferos tienen un aparato fonador que funciona de manera parecida. El aire expulsado por los pulmones hace vibrar las cuerdas vocales de la laringe y el sonido producido ahí es modulado más arriba, en la faringe y la boca sobre todo. Se trata de un tubo acodado, con un tramo vertical (el del cuello) y otro horizontal (la cavidad oral).

Sin embargo, oímos comunicarse a los chimpancés y nos parece que lo hacen con vocalizaciones diferentes de las nuestras, es decir, en otras frecuencias. Podemos imitar más o menos bien las voces de los chimpancés, pero ellos son incapaces de pronunciar una palabra humana, en cualquier idioma (y eso que son muy listos y aprenden cualquier cosa que se les enseñe). ¿Quiere eso decir que su aparato fonador es diferente, o quizá es el mismo y solo lo utilizan de otra manera? Se lee en todos los libros de evolución humana de los últimos años, incluidos los nuestros, que la laringe del chimpancé adulto está situada más arriba que la nuestra en el cuello y que eso les permite beber y respirar al mismo tiempo. Ahora, con nuevos estudios, ya no es indiscutible que la laringe esté más arriba en los chimpancés, o sea, que el tramo vertical del aparato fonador sea más corto, pero nos sigue pareciendo que el segmento horizontal, formado sobre todo por la cavidad oral (la boca), es más largo, como también lo era en los primeros homínidos, incluidos los australopitecos.

Es difícil estudiar en los fósiles una estructura formada por tejidos blandos. Sin embargo, se ha dicho que una laringe baja se corresponde con una base del cráneo flexionada (como un tejado) y una laringe alta, con una base del cráneo plana. Esta asociación, sin embargo, no está tan clara, porque no es estructural, sino que se basa en la observación de que, conforme la laringe desciende en los niños humanos, la base del cráneo se va angulando. Se ha argumentado que los neandertales tenían la base del cráneo plana y que eso indica que la laringe no habría descendido tanto como en nosotros, pero ninguna de estas dos afirmaciones está ahora libre de sospecha.

Por otro lado, el hueso hioides, situado en la base de la lengua, es anatómicamente distinto en el hombre y en el chimpancé. Hay muy pocos fósiles de este hueso: presentan el modelo humano dos neandertales (uno de ellos «español», del yacimiento asturiano de El Sidrón) y dos antepasados suyos de la Sima de los Huesos en Atapuerca, mientras que el hioides de un australopiteco de Etiopía (la Niña de Dikika) se parece más al del chimpancé. El dato es interesante, pero es exagerado deducir de la morfología del hioides que los australopitecos vocalizaban como los chimpancés, y que desde hace medio millón de años, por lo menos, lo hacemos como ahora.

Por eso, Ignacio Martínez está liderando un proyecto que aborda el problema desde otro lado del cráneo: el del oído. En casos excepcionales de buena conservación, como en la Sima de los Huesos de Atapuerca, todas las estructuras óseas del oído han llegado intactas. Es posible entonces «ver matemáticamente» cómo se transmite el sonido por ellas, o al menos comparar la anatomía con la de especies vivientes.

El punto de partida en este razonamiento es que las frecuencias a las que está más sensibilizado el oído son distintas en los chimpancés y los humanos. Entre dos y cuatro kilohercios, parece que cualquiera de nosotros oye mejor que un chimpancé, aunque hay que seguir investigando, experimentando, porque no es nada fácil saber cuál es la curva de sensibilidad del oído de un chimpancé. No nos va a contar si oye bien o mal un sonido que se emite con cierto volumen a una determinada frecuencia, como hacemos nosotros cuando vamos al otorrino. El estudio de las estructuras óseas del oído indica claramente que los humanos de la Sima de los Huesos eran mucho más parecidos a la especie actual que a los chimpancés, de donde se deduce, en principio, que seguramente se comunicaban por medio de vocalizaciones como las nuestras.

Esta nueva línea de investigación es muy difícil, pero su base anatómica es mucho más sólida que la ya prácticamente desprestigiada reconstrucción de la posición de la laringe. Además, por el camino vamos aprendiendo muchas cosas acerca de cómo se comunican los distintos primates vivientes, y de qué dependen sus frecuencias vocales. Seguramente, intervienen factores de su biología tan interesantes como su vida social y el ecosistema al que pertenecen.

Ya dijimos que este libro pasa revista a los problemas a los que nos enfrentamos en relación con el origen y significado de la naturaleza humana, y de esta forma vamos comprobando, quizá con sorpresa, todo lo que ignorábamos que ignorábamos.

La ceremonia

Una manera de averiguar desde cuándo hay mente simbólica, capaz de elaborar un lenguaje humano codificando la información, es rastrear la prehistoria de los objetos y de los comportamientos simbólicos. Unos y otros tienen en común que representaban algo, esto es, porque tenían algún significado para una comunidad. Obviamente, el arte —rupestre o transportable— y los adornos pertenecen a esa categoría. Existe el problema, sin duda, de que la ausencia de arte o de adorno perdurable, es decir, el que no haya llegado hasta nosotros, el que no haya «fosilizado», no indica necesariamente que no existiera en un pueblo remotamente ancestral. Pudo no haberse conservado.

Los más antiguos colgantes conocidos son unas conchas perforadas de caracoles marinos encontradas en la cueva de Blombos, en Sudáfrica. Tienen unos 80.000 años y las hicieron gentes de nuestra especie. En aquella época había seres humanos, de diferentes especies, viviendo en todo el Viejo Mundo, pero no se conocen objetos de adorno como estos en ningún otro lugar.

El arte, en forma de pequeñas esculturas o de pinturas parietales, es mucho más moderno. Las representaciones de animales más antiguas se encuentran en Europa, y tienen unos 35.000 años. Las realizaron humanos como nosotros, que no mucho antes habían llegado al continente, donde se encontraron con los neandertales que vivían en él. A estos últimos no se les atribuyen tales obras de arte, pero algunos grupos, pocos, confeccionaron colgantes con huesos, astas o dientes. No está claro si esto ocurrió cuando aparecieron nuestros antepasados, y por influencia de estos, o inmediatamente antes. Pero como las primeras pinturas rupestres, datadas en 40.000 años (por cierto, en el norte de España), pertenecen a una época en la que los neandertales todavía vivían, siempre cabe la posibilidad —y la sospecha— de que las hicieran ellos; no son figuras animales, sino manos humanas impresas en la pared y signos.

Enterrar a los muertos es, en principio, una conducta ritual, una ceremonia. Como pasa con el arte y los adornos, pertenece exclusivamente a nuestra *humanidad*, ya que no se ve en los animales. Los enterramientos más antiguos se han encontrado en Galilea (Israel). Hay dos lugares, el abrigo de Skhul y la cueva de Qafzeh, donde hace unos 100.000 años fueron sepultados muchos humanos de nuestra misma especie. En otra cueva de la zona (Tabun) hay un esqueleto de mujer neandertal, que podría ser coetáneo de los otros. En cualquier caso, los neandertales enterraron muchos cadáveres en Oriente Próximo y en Europa, y aquí lo hicieron sin duda milenios antes de la llegada del *Homo sapiens*, así que fue idea suya. Con todo, hay colegas que piensan que los enterramientos no demuestran que los neandertales tuvieran una mente racional y lingüística, pero nosotros creemos que sí.

Antes de los primeros enterramientos, varios cientos de miles de años antes, unos humanos acumularon treinta cadáveres en una sima de la sierra de Atapuerca (la Sima de los Huesos). Sus esqueletos están llegando, intactos, a nuestras manos; con ellos había un hacha de mano. Al menos esta es la explicación más simple (y en ciencia lo más simple es siempre lo preferible) para tal amontonamiento de cuerpos. Si los fósiles no fueran tan antiguos (y de una especie diferente de la nuestra), nadie dudaría de que el depósito es intencional. No sabemos por qué lo hicieron, pero pensamos que se trata de una conducta simbólica (es decir, dotada de significado), practicada por un grupo de «personas» que ya tenían una mente humana.

PRESENTE

4

UN MONO MUY LAMPIÑO

> Hay ciento noventa y tres especies vivientes de simios y monos. Ciento noventa y dos de ellas están cubiertas de pelo. La excepción la constituye un mono desnudo que se ha puesto a sí mismo el nombre de *Homo sapiens.*
>
> Desmond Morris, *El mono desnudo* (1967)

Por qué los humanos desarrollaron una inteligencia extraordinaria

El inventor de la clasificación biológica moderna fue un botánico sueco llamado Carl von Linnée (Carl Linnaeus), o Linneo para nosotros (1707-1778), quien ingenió un método para sistematizar los múltiples tipos de animales y plantas de la biosfera, agrupándolos en categorías que se incluían unas dentro de otras, es decir, que estaban jerarquizadas.

En la décima edición (de 1758) de su libro *Systema Naturae* creó la especie *Homo sapiens*, la nuestra, que dividió en cuatro subespecies geográficas: *Homo sapiens europaeus*, *Homo sapiens afer*, *Homo sapiens asiaticus* y *Homo sapiens americanus* (incluyó dos subespecies más, pero que no eran geográficas y no hacen ahora al caso).

Cuando se crea (se nombra) modernamente una nueva especie, se elige un ejemplar tipo como representante de la misma (el *holotipo*, se dice técnicamente). En los tiempos de Linneo no existía esa costumbre, así que nuestra especie no tenía en principio un ejemplar tipo; carecía de representante oficial. En estos casos se suele seleccionar, *a posteriori*, un ejemplar tipo, y eso fue lo que alguien hizo en 1958, eligiendo al propio Linneo como *lectotipo*. Cuando se designa un lectotipo, se escoge uno de los ejemplares que el autor de la especie utilizó para crear la nueva especie, es decir, uno de los individuos que estudió. ¡Y no cabe duda de que Linneo se conocía a sí mismo mejor que a ningún otro miembro de la especie humana!

Las definiciones de las especies sirven para clasificar a los individuos, y aunque no hay peligro de que nos equivoquemos con un «ejemplar humano» —y lo tomemos por otra cosa—, elaborar una diagnosis de la especie humana nos ayudará a saber mejor quiénes somos. En esa definición *taxonómica* del *Homo sapiens* solo entran los rasgos que son únicos de la especie. Cualquiera de ellos —por separado— bastaría para reconocer a un ser humano y distinguirlo de las especies más cercanas y parecidas.

Las descripciones que hacía Linneo de las diferentes subespecies humanas no tienen gran valor biológico en el día de hoy (introducía supuestos rasgos de carácter de los pueblos —estereotipos— y otras anécdotas), por lo que se necesita una versión moderna. A fin de cuentas, es de esperar que algo hayamos aprendido sobre el ser humano desde 1758.

Hemos elegido como punto de partida la lista de caracteres elaborada, a partir de los trabajos de muchos autores anteriores (es decir, se trata de una recopilación), por Mark V. Flinn, David G. Geary y Carol V. Ward.[1]

El propósito de Flinn, Geary y Ward es defender la tesis propuesta por Richard Alexander de que, a partir de cierto momento de la evolución humana, la ecología —«la lucha por la vida contra las fuerzas hostiles de la naturaleza», como diría un darwinista clásico— dejó de ser un factor decisivo gracias al dominio que alcanzaron nuestros antepasados sobre el medio.

La competencia se estableció entonces en el seno de la especie, dentro del grupo y entre grupos, es decir, en el medio social (que sería la nueva «naturaleza hostil»). En otras palabras: una vez conseguido el dominio ecológico, sería la competencia social la fuerza que crearía las presiones de selección que impulsarían la aparición y el desarrollo de muchas de nuestras características, incluidos la consciencia de uno mismo, el lenguaje y la inteligencia general. Obviamente, las habilidades *cognitivas* (mentales) desarrolladas para resolver problemas sociales también resultaron útiles para solucionar complicaciones planteadas por el ambiente y aumentar el dominio ecológico. El subtítulo del trabajo de Flinn *et al.* no puede dejarlo más claro: «Por qué en los humanos se desarrolló por evolución una inteligencia extraordinaria».

Pero, según Alexander, otros aspectos de nuestra etología y fisiología estarían también relacionados con la competición social, como la monogamia, la curiosísima sexualidad humana (con ocultamiento de la ovulación, por ejemplo), la menopausia, la cooperación entre machos, la prolongación del desarrollo y más rasgos que iremos analizando.

1. Publicada en 2005 en la revista *Evolution and Human Behavior* (n.º 26, pp. 10-46).

Flinn, Geary y Ward concluyen que el dominio ecológico que abrió paso a la segunda etapa de la evolución humana es posterior a los australopitecos, y que empieza con el nacimiento del género *Homo*. Los australopitecos y sus antepasados eran, en cuanto al tipo de presiones de selección que sufrían, como los demás animales. Básicamente, la selección natural se ejercía desde fuera de la especie y no tanto en el medio social, aunque ya estaban sentadas las bases para la segunda fase, porque los chimpancés, por ejemplo, son muy sociales (viven en grupos y estos compiten entre sí), y también lo serían los australopitecos.

Según los autores citados, que se apoyan en las tesis neodarwinistas de evolución anagenética (en línea más o menos recta) del género *Homo*, la primera característica destacada de la especie humana (véase la lista que se adjunta con la recopilación de atributos humanos en las pp. 133-138) sería nuestro extraño aislamiento filogenético, es decir, que estamos solos en la biosfera, que no tenemos parientes cercanos, monos de nuestra misma estirpe, y que los más próximos —las dos especies de chimpancés— son claramente diferentes. Estamos muy lejos de ser «el tercer chimpancé» (como se ha dicho) y no existen otras humanidades con las que compararnos. Y así habría sido siempre, porque solo una especie humana habría habitado todo el planeta en cada momento de nuestra evolución, por lo que no se habría dado competencia ecológica entre varias especies de homínidos. Solo competiríamos con nosotros mismos, a escala individual o de grupo.

Pero, por desgracia, es difícil saber si las variantes geográficas que se observan en el registro fósil merecen o no la categoría de especies diferentes (ese problema lo tienen incluso los zoólogos que trabajan con formas vivientes). En todo caso, las variaciones son mayores que las que se encuentran en los esqueletos de las poblaciones humanas actuales de los diferentes continentes. ¿Eran los neandertales y los «humanos modernos» (es decir, como nosotros, al menos en el esqueleto) dos especies diferentes o solo dos razas de la misma especie? La competencia que se estableció entre una y otra y que acabó con la extinción de los neandertales, ¿fue un caso de lucha por los recursos del medio (o de *exclusión ecológica*, como se dice técnicamente) entre especies o entre grupos de la misma especie?

¿Qué es una especie?

Puesto que este libro está dedicado a la especie humana —que tiene una historia evolutiva, y por lo tanto desciende de especies extinguidas, que posee unas características propias y que, esperemos, tendrá un futuro—, habrá que preguntarse alguna vez qué es una especie.

Aunque la cuestión parezca muy simple —ya que a fin de cuentas todas las especies visibles tienen un nombre, lo que indica que las reconoce cualquiera—, es difícil de contestar científicamente. Quien más ha trabajado sobre este problema, en la teoría y en la práctica, ha sido sin duda Ernst Mayr, que en este libro aparece con mucha frecuencia. Y es que la definición de *especie* es importantísima para la biología evolutiva, puesto que se trata de la unidad básica de la evolución. En un artículo de 1996,[2] Mayr se describe a sí mismo como alguien que ha publicado libros y artículos a lo largo de más de medio siglo sobre la especie biológica, y que ha estudiado con detalle más de quinientas especies de aves, así como muchas especies de otros grupos de organismos.

2. «What is a species, and what is not?», *Philosophy of Science*, n.º 63, pp. 262-277.

El concepto de especie que Mayr defiende es el de un conjunto de poblaciones que se reproducen entre sí, pero que están aisladas reproductivamente de otros conjuntos. En otras palabras: las especies están formadas por poblaciones que pueden intercambiar genes unas con otras, pero no con las poblaciones de las otras especies.

Lo que de verdad impide que dos especies se crucen entre sí no es un obstáculo geográfico, como cuando hay una barrera física que las separa —una cordillera, un desierto, una selva, un gran río, un mar—, sino biológico, y se basa en propiedades de los individuos que hacen que no puedan intercambiar genes con los miembros de las otras especies. No es que las especies «quieran» estar aisladas genéticamente, ya que la ciencia no acepta la existencia de propósito en la naturaleza. Lo que pasa es que el aislamiento genético es un subproducto —algo que inevitablemente sobreviene con el tiempo— del aislamiento geográfico, de la separación de las poblaciones y de su evolución independiente, que tienen que darse previamente para que se construyan las murallas que impiden el intercambio de genes entre especies.

Pero a menudo ocurre que especies reconocidas como diferentes por todos los biólogos intercambian genes en la práctica, aunque sea en pequeñas cantidades. Los lobos y los coyotes, por ejemplo, lo hacen, y en plantas es muy frecuente la aparición de híbridos (diferentes especies de robles hibridan en nuestro territorio). Mayr, en consecuencia, se vio obligado a admitir que el aislamiento genético no tiene por qué ser absoluto —cuando dos especies viven juntas— y que puede admitirse un cierto grado de *introgresión clandestina*. Las especies siguen siendo válidas, sentenció Mayr, si la hibridación no conduce a la fusión de las dos poblaciones. Los coyotes y los lobos, pese al intercambio de genes, se mantienen como especies separadas.

Recientemente se ha secuenciado una parte muy amplia del genoma neandertal y, como se ha dicho ya, hay datos que apuntan a que los humanos modernos que salieron de África por Oriente Próximo pudieron haber absorbido —cruzándose, claro— una muy pequeña cantidad de genes de los neandertales que vivían por la zona. Eso ha hecho que algunos científicos y los medios de comunicación anuncien que nosotros y los neandertales somos la misma especie. Pero, como diría el gran Mayr, puesto que no se ha producido la fusión completa de los neandertales y los cromañones para dar origen a una población híbrida, con genes y rasgos de unos y otros, sino todo lo contrario —la extinción de los neandertales y la prevalencia de los *sapiens*—, podemos concluir que somos especies distintas. La prueba de que no ha habido fusión es que los *sapiens* que salieron son iguales, tienen los mismos caracteres distintivos de especie, que los que se quedaron en África.

Nosotros pensamos que ha habido siempre más de una especie de homínido en la biosfera, justamente hasta que nos quedamos solos, y eso ocurrió recientemente. Pero que la competencia se estableciese entre especies —mejor que entre subespecies de la misma especie— no es algo que invalide el razonamiento de Richard Alexander, por lo que podemos seguir adelante con la lista de Flinn, Geary y Ward.

Atinar con puntería

Empezaremos por los caracteres anatómicos, los que *saltan a la vista*. Algunos existían ya en los australopitecos, como son los relacionados con la locomoción bípeda (complejo de rasgos número 5 en la lista): curvatura lumbar (5a), una pelvis muy modificada —remodelada—, fémures que se aproximan el uno al otro desde la cadera hasta converger en las rodillas (lo que se llama técnicamente *ángulo condilar*), arco plantar en el pie (5b) y dedo gordo no prensil ni separado (divergente) de los otros (*abducido*, es como se denomina técnicamente), y, en fin, una notable pérdida de capacidades para trepar por los árboles (5c), que aunque subsisten —desde luego más desarrolladas que en los mamíferos cuadrúpedos— están muy disminuidas.

Hay muchos más caracteres relacionados con la postura erguida en todo el esqueleto, como la posición inferior y adelantada del *foramen magnum* en la base del cráneo, que es útil para mantener la cabeza vertical al ponerse de pie y caminar.

Los antebrazos se encogieron en nuestra evolución (6a en la lista) y las piernas se alargaron considerablemente. Las manos se volvieron muy hábiles (6c) y con gran capacidad para manipular objetos pequeños al acortarse las palmas —es decir, los huesos metacarpianos— y también los dedos que van del segundo al quinto —o sea, del índice al meñique—, y reforzarse el pulgar.

Al mismo tiempo, los homínidos —seguramente ya desde los australopitecos— tenemos una capacidad asombrosa para arrojar con puntería proyectiles (6b) y, a la vez, para esquivarlos (especialmente los machos, dicen algunos autores). La arquitectura muscular y ósea y la coordinación nerviosa necesaria para lanzar con acierto un canto o un venablo seguramente son también imprescindibles para tallar la piedra y confeccionar utensilios.

Los chimpancés están muy limitados en este aspecto, aunque su problema es, seguramente, más de tipo biomecánico y neuromotor que cognitivo, ya que emplean las manos en la locomoción, tanto en los árboles —se cuelgan de ellas— como en el suelo —se apoyan en los «nudillos»—, y por eso no están bien dotados para el manejo de precisión. Los australopitecos se parecían mucho más en los brazos y en las manos a nosotros, y algunos —como el *A. garhi*— podrían haber desarrollado una tecnología lítica incipiente.

La dentición humana también es curiosa: los caninos son pequeños (3a) —comparados con los de otros primates cercanos, se entiende—, también los incisivos (3b) y, en definitiva, toda la dentadura (3d), especialmente si se relaciona con el tamaño del cuerpo. El esmalte dental es grueso (3c). En general toda la «máquina de masticar» es bastante débil, y por eso la cara no se proyecta (3e) en un morro (se dice que es vertical u *ortognata* en vez de *prognata*). La mandíbula del *Homo sapiens* tiene mentón por primera vez en toda nuestra historia evolutiva. Por otro lado, nuestra nariz destaca mucho en la cara (3f). Este es un rasgo sorprendente, porque aunque todos los mamíferos —y los monos entre ellos— tienen nariz, no sobresale en el perfil de la cara como un relieve independiente. Tampoco lo hacía en los australopitecos, y empezó a proyectarse en los primeros representantes del género *Homo*. Tanto que es un rasgo diagnóstico para todo el género, pero los neandertales y nosotros somos los más narizotas.

Otro aspecto interesante, y directamente relacionado con la biología social, es el dimorfismo sexual o variación entre los sexos (dejando aparte los órganos de la reproducción), que ya se ha mencionado. En los chimpancés, los caninos son más grandes en los machos que en las hembras, y también esa diferencia es mayor en los gorilas y los orangutanes. En los homínidos los caninos se redujeron pronto (2a), ya lo estaban en los australopitecos y seguramente antes en los ardipitecos. En cambio, las diferencias entre machos y hembras en volumen corporal (2b) duraron más tiempo y parece ser que fueron muy importantes. No se aproximaron las tallas de los dos sexos hasta que el cuerpo creció, y eso ocurrió ya en el género *Homo*. Ambos sexos se volvieron muy grandes, pero las hembras —que eran comparativamente muy pequeñas— crecieron más que los machos, con lo que se acortaron las diferencias (aunque no se debe ignorar que todavía hoy subsisten).

Comedores de pan

El filósofo griego Hesíodo definía al hombre como el animal que come pan. Efectivamente, desde el Neolítico producimos el alimento en lugar de extraerlo de la naturaleza, y somos realmente únicos en la biosfera, pero esa es una definición cultural de nuestra especie que no incluiría a nuestros recientes antepasados paleolíticos, también *Homo sapiens*, y a los pueblos cazadores y recolectores modernos.

La alimentación humana es muy interesante para el biólogo, entre otras cosas porque la dieta es un elemento esencial del nicho ecológico (conjunto 4 de atributos). Podemos describirnos como omnívoros (4a). Hay muchos más mamíferos y primates que lo son, pero no es el caso de nuestros parientes más cercanos, los grandes monos.

Algunos grupos de chimpancés consumen termitas de forma regular y los machos a veces cazan pequeñas presas —monos en los árboles y crías de antílopes y suídos en el suelo—, pero los animales no constituyen una parte importante de sus ingresos de calorías.

La caza, el «carroñeo» y el correspondiente consumo de carne han sido, en cambio, fundamentales en nuestra evolución, aunque seguramente no en las primeras fases, sino más bien cuando aumentamos el tamaño de nuestro cuerpo y de nuestro cerebro (4c y 4d). Ha habido poblaciones humanas, como los esquimales, que prácticamente solo han consumido carne y pescado, y gracias a los estudios basados en los isótopos estables de las proteínas del hueso, sabemos que los neandertales eran grandes carnívoros. No hay, desde luego, ningún mono que sea un cazador y consumidor sistemático de mamíferos (y menos aún de peces), o que sobreviva en los ecosistemas y climas más variados. Nuestra sorprendente —sobre todo para ser primates— plasticidad ecológica y nuestra enorme dispersión geográfica tienen que entrar, desde luego, en nuestra definición como especie (4b).

Pero además, y desde la época de los australopitecos, los homínidos incorporamos a nuestra dieta ciertos productos vegetales que no son los frutos maduros o las hojas y tallos tiernos de la pluvisilva que comen los chimpancés y los gorilas. Entre estos nuevos alimentos se encuentran las nueces, que hay que partir, y los tubérculos y otros órganos de reserva de las plantas, que hay que desenterrar (4e). Todos estos importantes recursos alimenticios que proporcionan la caza y la recolección fuera del bosque habrían propiciado la aparición de las adecuadas capacidades cognitivas, que no tienen los simios. Nos referimos a las facultades necesarias para confeccionar instrumentos y para localizar y obtener presas animales y plantas comestibles (4f).

Retrasados y precoces a la vez

Los humanos también somos muy «raros» en nuestro desarrollo. Para empezar —y nunca mejor dicho— nacemos tremendamente desvalidos (*altriciales*, se dice técnicamente), mientras que las crías de los chimpancés y otros simios son muy precoces (12a). No les queda más remedio, porque no tienen otro refugio que el cuerpo de su madre, a la que tienen que aferrarse como sea mientras ella trepa por los árboles. Los chimpancés recién nacidos no tienen hogar, ni nido, ni madriguera, ni cuna. Lo excepcional de nuestra altricialidad («retraso del recién nacido») llama mucho más la atención por nuestra pertenencia a un grupo de mamíferos (los primates) que, debido a su modo de vida en los árboles, se caracteriza por todo lo contrario: la precocidad.

Es curioso, pero, pese a que nacemos con mucho retraso (y necesitados de cuidados) respecto de los grandes simios (todavía más si nos comparamos con los «monos con cola») y dependemos enormemente de nuestros padres hasta los tres años (más o menos), desarrollamos enseguida (sobre el año de vida) unas capacidades para comunicarnos con los demás seres humanos que no admiten comparación con las de los chimpancés y demás primates, por muy listos que sean (12e). La comunicación es una de nuestras grandes especializaciones.

Una vez parido, el cerebro de un niño continúa creciendo a un ritmo muy vivo durante un año —un ritmo fetal— y luego lo sigue haciendo, aunque más despacio (12b). Lo más interesante es que el cerebro completa prácticamente la totalidad de su desarrollo años antes de que lo haga el cuerpo, es decir, durante la infancia, que se prolonga mucho (12f). Luego viene el estirón de la pubertad (12c), que se produce antes en las chicas que en los chicos, y el cuerpo recupera el terreno perdido y se alcanza la madurez sexual.

No se sabe cuándo se llegó a este modelo de desarrollo, pero es posible que no se completara hasta hace un millón de años, más o menos. Ahora bien, algunos estudios recientes apuntan a que todavía los neandertales —aunque el patrón fuera parecido— tenían una tasa de crecimiento mayor que la nuestra y, por lo tanto, un período de inmadurez algo más corto.

Otra forma de practicar el sexo

Cuando en 2003 visitamos el Parque Nacional del Gombe, en Tanzania, alcanzamos a conocer a una hembra de rango alto (Fifí) que era a su vez hija de otra hembra (Flo) también de categoría superior dentro de la jerarquía femenina. Fifí tenía por aquel entonces la respetable edad de cuarenta y cinco años y llevaba consigo a su último descendiente, una hija llamada —por los investigadores, claro— Furaha, de un año de existencia. Fifí había tenido mucho éxito reproductor: nueve hijos de los que le vivían ocho. Al año siguiente Fifí desapareció con su cría. Muy parecida sería la historia vital (o ciclo vital) de los australopitecos.

Pero cuando se prolongó la longevidad de los homínidos, en etapas posteriores de la evolución —y algunos afortunados vivían más años—, no lo hizo la vida fértil de las mujeres —no continuaron teniendo hijos— y sobrevino la menopausia (12d). Los últimos años de las mujeres no son fértiles y los pueden dedicar a cooperar en la reproducción de los parientes más directos, con los que comparten muchos genes. Los nietos, en particular, llevan la cuarta parte de su sangre. No por ello el sexo desaparece de la vida de los abuelos (13b).

Ya hemos dicho que la sexualidad humana es muy especial, e interesantísima para un zoólogo. Para empezar, la ovulación no se pregona, sino que se mantiene oculta a la vista (13a). En los chimpancés, en cambio —pero no en los gorilas—, se anuncia por medio de una muy conspicua tumefacción o hinchazón rosa de la piel que rodea el ano y los genitales. Todos los machos del grupo saben entonces que hay una hembra dispuesta (tremendamente dispuesta) a copular y se sienten atraídos como por un imán por el mismo ejemplar al que antes no habían prestado mayor atención.

Naturalmente, eso desata una fuerte competencia entre los machos. Las hembras de los chimpancés son extraordinariamente promiscuas (pueden copular muchas veces al día con diversos galanes), pero al final son los machos de rango más alto los que acaban teniendo más hijos. Eso se puede saber ahora gracias a los estudios genéticos, que identifican al padre. En el grupo más investigado del Gombe, un macho llamado Frodo, también hijo de Fifí y que fue en sus mejores tiempos el número uno —o alfa— de la línea jerárquica, es el que ha resultado tener más descendientes: se le han «reconocido» genéticamente ocho. Frodo era un líder enorme, el chimpancé más grande conocido en el Gombe, de 55 kilos.

De todos modos, como son varios los machos que copulan, más o menos frecuentemente, con las hembras en celo, se establece una carrera entre los espermatozoides por fecundar el óvulo, por lo que producir muchos gametos es una ventaja considerable. Por eso los chimpancés tienen grandes testículos. Los de nuestra especie, en cambio, son de tamaño moderado (13g). Por el contrario, el pene humano es considerablemente más grande (13f) y carece del hueso pénico que tienen los demás primates y otros muchos mamíferos.

Además, la cópula es normalmente frontal, algo muy raro en los simios (13c). Las hembras tienen orgasmo (13d; aunque es difícil saber qué pasa en otras especies) y pechos grandes de forma permanente, aunque no estén lactando (13e), y existe un repliegue membranoso en la vagina llamado «himen» o «virgo» (13h). Por otro lado, los humanos nos besamos, nos acariciamos y practicamos juegos sexuales como preámbulo del coito. Los chimpancés y demás monos son, según los autores que estamos siguiendo, más directos.

El color de la mirada

La especie humana es muy variable en apariencia, aunque en realidad sea muy homogénea genéticamente, como comentamos en su momento. Las famosas «razas» se reconocen por caracteres externos fácilmente identificables. Para Carleton S. Coon —ya lo vimos—, casi todas las diferencias entre los pueblos de la Tierra responden a adaptaciones a los ambientes particulares de cada «raza», pero Darwin —en su libro *El origen del hombre*— atribuía los rasgos raciales a la acción de la selección sexual, por lo que no les daba ningún valor adaptativo. Del mismo modo que las diferentes culturas humanas han ido creando a lo largo del tiempo formas originales de arreglarse y de vestirse —sin razón alguna, solo por una cuestión de gusto—, así habrían ido apareciendo los caracteres raciales. A la hora de ser elegido para procrear, el portador de un tipo de cabello o de una forma de la nariz tendría más o menos éxito según en qué pueblo de la Tierra viviera.

A escala individual, dentro de una misma población, también se observa una gran variabilidad (14a), o por lo menos eso nos parece a nosotros, que prestamos una gran atención a la cara y el pelo cuando llega la hora de elegir pareja. Encontramos grandes diferencias entre las personas y le damos mucha importancia al aspecto (14d).

Somos monos desnudos, pero no por completo (14e). La distribución del pelo por el cuerpo varía con el sexo, ya que sin duda es el resultado de la acción de la selección sexual, pero Darwin se equivocaba al pensar que el color de la piel y la desnudez general tienen ese mismo origen. Ambos caracteres son adaptativos. Debajo del espeso pelaje, la piel de los chimpancés es clara (no así la cara, que está pigmentada), mientras que nuestra piel era originalmente oscura (14b) a causa de la melanina (un pigmento de las células de la epidermis). Al salir de África, la piel de los humanos palideció, pero ya hablaremos del tema más extensamente en su momento.

Hay, además, un aspecto interesante en el pelo de la cabeza (el cabello y la barba). Crece continuamente, algo que no ocurre en otras especies. Los monos no van a la peluquería.

La mirada humana se distingue de la de otros primates en que la esclerótica del globo ocular es blanca (14c). ¿Qué valor tiene que haya blanco en el ojo? Desde luego, es útil a la hora de saber hacia dónde mira otra persona, pero ¿en qué se beneficia ella de que los demás estén al corriente de lo que le interesa?

Es como apuntar con el dedo índice, algo que solo hacemos —cuando queremos— los seres humanos, con la diferencia de que no podemos evitar «apuntar» con la mirada. Este es uno de los atributos de nuestra especie que han dado pie a pensar que hay rasgos humanos que solo existen por el bien del grupo, y no del individuo. Otros creen que la selección natural solo actúa sobre los individuos (y no promueve rasgos físicos o de la conducta que beneficien al grupo y perjudiquen al individuo que los exhibe), pero este actualísimo debate cae fuera del propósito del libro.

Y, por supuesto, tenemos un cerebro increíblemente grande, una mente consciente y una serie de capacidades cognitivas que no han evolucionado solas, sino en relación con algunos de los caracteres a los que acabamos de dar un rápido vistazo (lo que hemos escrito se ha reducido casi a una simple enumeración), y que se merecen una reflexión más profunda y tranquila. A temas tan apasionantes estamos obligados a dedicarles muchas páginas, siete capítulos en total.

El mono desnudo, de Desmond Morris, empieza con las

frases que hemos citado en el encabezamiento de este capítulo. Las que le siguen son un inmejorable prólogo para la tarea que tenemos por delante:

> Esta rara y floreciente especie pasa una gran parte de su tiempo estudiando sus más altas motivaciones, y una cantidad de tiempo igual ignorando concienzudamente las fundamentales. Se muestra orgulloso de poseer el mayor cerebro de todos los primates, pero procura ignorar la circunstancia de que tiene también el mayor pene, y prefiere atribuir injustamente este honor al vigoroso gorila. Es un mono muy parlanchín, sumamente curioso y multitudinario, y ya es hora de que estudiemos su comportamiento básico.

ATRIBUTOS HUMANOS QUE PUEDEN PROPORCIONAR CLAVES PARA NUESTRA EVOLUCIÓN

(Con letra negrita se destacan los rasgos que están especialmente relacionados con el modelo evolutivo «Dominio ecológico, competencia social», de Richard D. Alexander.)

1. *Un patrón inusual de especiación y extinción.*
   a. **Ausencia de especies antepasadas o de ramas laterales en la actualidad. No se ha producido radiación adaptativa en el género *Homo* a pesar de la gran velocidad del cambio evolutivo.**

2. *Reducción rápida del dimorfismo sexual (DS).*
   a. **El DS se reduce pronto en el canino (*Australopithecus*).**
   b. **En tamaño corporal, el DS se reduce más tarde (*Homo erectus*).**

3. *Dentición atípica.*
   a. Canino de reducida talla.
   b. Incisivos pequeños.
   c. Esmalte grueso.
   d. Reducción general de la dentición.
   e. Cara ortognata (vertical).
   f. Nariz saliente.

4. *Nicho ecológico.*
   a. Dieta universalmente omnívora.
   b. Variedad de ambientes.
   c. Consumo de carne.
   d. Caza.
   e. Obtención de tubérculos, nueces y otros alimentos de mucha calidad alimenticia.
   f. Una panoplia de especializaciones cognitivas y cerebrales relacionadas con lo anterior (a, b, c, d, e), incluidas aquellas que permiten la confección de instrumentos y el desarrollo de un conocimiento biológico práctico.

5. *Postura bípeda habitual.*
   a. Curvatura lumbar, ángulo bicondilar de la rodilla (y forma de esta), morfología muy modificada de la pelvis.
   b. Forma del pie, existencia de arco plantar, dedo gordo no oponible (no forma pinza con los demás).
   c. Pérdida de habilidades trepadoras.

6. *Miembros superiores atípicos.*
   a. Acortados y modificados.
   b. Lanzamiento de proyectiles con puntería y fuerza, y destreza para evitarlos, especialmente en los machos.

c. Capacidad para manipular con precisión objetos con los dedos de las manos, proporciones de los dedos, inervación.

7. *Extraordinarias capacidades mentales.*

a. Grandes cerebros, con alto coste metabólico.

b. Aspectos únicos en la expresión de genes y proteínas, así como en su transcripción en las células cerebrales.

c. **Neuroanatomía**; neocorteza expandida; presencia de un tipo de células grandes en forma de huso y agrupadas en la corteza cingulada anterior; posible expansión de las áreas neocorticales relacionadas con el lenguaje; expansión de algunas regiones específicas de la corteza prefrontal y su posible reorganización, al margen de un aumento general del tamaño del cerebro; desarrollo del área de Broca y otras particularidades del cerebro. Mayor lateralización y aumento de la girificación.

d. Consciencia de uno mismo como ser social.

e. Teoría de la mente y un conjunto suplementario de competencias sociocognitivas.

f. Previsión, planificación, imaginación de situaciones posibles, capacidad para viajar en el tiempo mentalmente; aspectos relacionados con el funcionamiento de áreas de la corteza prefrontal.

g. Una psique compleja, habilidades cognitivas integradoras, aprendizaje flexible y relativamente abierto.

h. Emociones sociales, culpa, vergüenza, orgullo, moderación, secretismo.

i. Humor.

j. Engaño complejo y detección del engaño.

k. Razonamiento de orden múltiple.

l. Imaginación, fantasía.

m. Creatividad.
n. Sentidos (de la vista, del oído) similares a otros hominoideos, cierta reducción del olfato.
o. Expresiones faciales complejas.
p. Patologías específicas, p. ej., autismo.

8. *Lenguaje, capacidades lingüísticas específicas.*
a. Adquisición precoz del lenguaje.
b. Sintaxis abierta, infinitas combinaciones y creatividad.

9. *Cultura.*
a. Tradiciones, acumulación de información.
b. Surgimiento de tecnología por evolución del uso de herramientas y dominancia ecológica.
c. Aprendizaje social, imitación compleja, emulación, enseñanza. Los sistemas de memoria operativa y control atencional que permiten la imaginación de situaciones posibles también pueden utilizarse para la enseñanza y el aprendizaje de habilidades académicas específicas, tales como leer y escribir.

10. *Grupos sociales complejos.*
a. Coaliciones masculinas entre parientes y no parientes.
b. Sistemas complejos de reciprocidad (indirecta y directa).
c. Amistades.
d. Leyes.
e. Sistemas éticos y morales.
f. Omnipresencia de conflictos intra e intergrupales, saqueos, guerra.
g. Juego social complejo, deportes de equipo.

11. *Patrones inusuales de parentesco, crianza de los hijos y de los nietos.*
   a. Extensas redes de parentesco.
   b. Filopatría masculina.
   c. Extenso cuidado parental, incluyendo la protección por parte de los machos.
   d. Vínculos complejos, apego, pena.
   e. Relaciones de emparejamiento a largo plazo, vínculos de pareja.
   f. Sistemas de emparejamiento variables.
   g. Influencia parental y familiar en la elección de la pareja.
   h. División del trabajo en función de la edad y el sexo, diferentes actividades.

12. *Excepcional ciclo vital.*
   a. Altricialidad.
   b. Crecimiento cerebral rápido al principio, que se continúa a lo largo de la infancia.
   c. Patrón de crecimiento y de desarrollo especial (por ejemplo, con el estirón puberal).
   d. Menopausia.
   e. Habilidades comunicativas tempranas.
   f. Infancia prolongada.
   g. Adrenarquia.

13. *Extraña sexualidad.*
   a. Ovulación oculta.
   b. Sexualidad posreproductiva.
   c. Cópula frontal, besos, caricias.
   d. Orgasmo femenino.
   e. Pechos abultados permanentemente en las hembras.
   f. Pene grande, ausencia de hueso pénico (báculo).
   g. Testículos de tamaño moderado.
   h. Himen (virgo).

14. *Otras características físicas inusuales.*
   a. Variación en piel, pelo y cara.
   b. Pigmentación de la piel por medio de la melanina.
   c. Esclerótica del ojo de color claro.
   d. Importancia del aspecto facial en la elección de la pareja.
   e. Desaparición general del pelo del cuerpo, con patrones de pilosidad diferentes en los dos sexos, pelo de la cabeza de crecimiento continuo.

15. *Rasgos demográficos y poblacionales atípicos.*
   a. Distribución geográfica muy amplia, tamaño muy grande de las poblaciones, capacidad de crecimiento rápido.

5

LA MENTE ADAPTADA

La psicología tendrá una nueva base, la de la adquisición gradual de cada facultad mental y capacidad.

CHARLES DARWIN, *El origen de las especies* (1859)

PENSAMOS Y ACTUAMOS COMO ANIMALES

Terminábamos el capítulo anterior con unas palabras de Desmond Morris según las cuales es hora ya de que estudiemos el comportamiento básico de nuestra «rara y floreciente» especie. Aquellas palabras de Morris fueron publicadas en 1967 y precedían el trabajo pionero del estudio del comportamiento humano que su autor iba a acometer en *El mono desnudo*, una visión del ser humano desde un punto de vista natural, donde nuestro comportamiento le debería más a nuestro origen animal que a razones más insondables y recónditas. Tuvo que transcurrir más de un siglo desde que Darwin escribiera las líneas premonitorias que encabezan este capítulo —y que aparecen por segunda vez en este libro— para que la ciencia se aproximara a la conducta humana, a los entresijos de nuestro comportamiento, desde el punto de vista de la teoría de la evolución por selección natural. Este enfoque, esta forma de explicar nuestra conducta, se había hecho de rogar; pero, cuando llegó, el resultado fue impactante, y el libro de Morris, un auténtico éxito.

Sin embargo, la ciencia más «oficial», la más académica, aún habría de demorarse unos años más antes de aceptar definitivamente la enorme validez y utilidad de las ideas darwinistas para el estudio de la mente humana. La psicología, la ciencia de la mente y el comportamiento humanos, siguió durante bastante tiempo en una especie de «limbo» en el que la biología y nuestra historia evolutiva quedaban excluidas como aspectos esenciales a la hora de explicar nuestras capacidades mentales.

No fue sino hasta el año 1992 cuando el matrimonio formado por los psicólogos Leda Cosmides y John Tooby sentó las bases de la psicología evolucionista en su libro, publicado junto con Jerome Barkow, *The Adapted Mind: Evolutionary Psychology and the Generation of Culture* («La mente adaptada: psicología evolucionista y la génesis de la cultura»). Cosmides y Tooby establecían los cimientos del estudio del comportamiento humano considerando sus orígenes evolutivos, y fundaban el primer Centro de Psicología Evolucionista del mundo.

Para Cosmides y Tooby, la mente humana consistiría en un conjunto de mecanismos adaptativos de procesamiento de la información asentados en el sistema nervioso humano. Estos mecanismos y sus programas de desarrollo individual serían, así, adaptaciones producidas por selección natural a lo largo de nuestra evolución en ambientes ancestrales. Hoy día, una gran parte de lo que se produce en psicología tiene en cuenta, directa o indirectamente, la idea de que nuestros procesos mentales son adaptaciones que tienen un origen remoto y que cobran sentido en la supervivencia y la reproducción del individuo. Gracias a esto hemos podido empezar a entender muchísimas cosas.

El experimento que vino del frío

En 1959, el genetista ruso Dimitri K. Belyaev inició un experimento que duraría varias décadas y que demostró no solo lo enraizado que está el comportamiento de las distintas especies en su biología, especialmente en sus genes, sino la tremenda versatilidad con la que los diferentes tipos de comportamiento pueden ser característicos de una especie en función de una selección sistemática, que puede ser artificial, como la realizada por el hombre con el perro y otros animales domésticos, o natural. Belyaev no comulgaba con la doctrina genética lamarckiana que imponía el régimen soviético por aquella época, por lo que fue enviado a Siberia, donde se le encomendó la tarea de domesticar especímenes de zorro plateado para su uso comercial por el alto valor de sus pieles. Belyaev partió de la hipótesis de que el comportamiento se basa, en última instancia, en la biología, por lo que una selección de los zorros en función de la mansedumbre o la agresividad de los individuos daría lugar a cambios hormonales y neuroquímicos, de base genética, que constituirían la razón del predominio de uno u otro tipo de comportamiento en las sucesivas generaciones. Como buen científico, Belyaev utilizó dos grupos, uno experimental y otro de control, y mientras que en este último no se realizó ningún tipo de selección sistemática, sino que simplemente se mantuvo a los animales en cautividad, en el primero solo se permitía la reproducción de aquellos ejemplares que mostraban un comportamiento más pacífico ante el ser humano o que eran menos agresivos. Al cabo de cuarenta generaciones de zorros (el experimento duró más de cuarenta y cinco años), Belyaev consiguió una raza de zorros plateados totalmente mansos y sin miedo a los seres humanos. Lo curioso del caso es que, además de este cambio tan fundamental en el carácter, los zorros mansos presentaban una serie de rasgos morfológicos que Belyaev no había buscado, pero que parecían ir unidos de algún modo a esos cambios de comportamiento. Los zorros del grupo experimental tenían con más frecuencia las orejas caídas, la cola corta y rizada —que movían, como los perros, en presencia de los seres humanos—, períodos de reproducción más extensos, así como cambios en la forma de los cráneos —que eran más anchos y redondeados—, las mandíbulas y los dientes. Curiosamente, Darwin ya había hecho notar la frecuencia con que se apreciaban este tipo de rasgos en los animales domesticados, que indicaban de algún modo la conservación en los ejemplares adultos de los rasgos juveniles de las especies originarias, y de sus escritos se desprende que esto mismo podría haber ocurrido en cierto modo con el ser humano. En realidad, y como vamos a ver a lo largo de estas páginas, muchos de los rasgos de comportamiento del ser humano actual podrían verse como el resultado de su propia domesticación inconsciente.

Enemigos de sí mismos

Es probable que la palabra que mejor explique al ser humano actual sea *sociedad*. Efectivamente, parece que en la evolución humana hubo un momento, hace cientos de miles de años, quizá más, a partir del cual la principal «naturaleza hostil» contra la que había que luchar para poder sobrevivir y dejar descendencia habría sido la propia especie. Por paradójico que parezca, contra ella había que competir, contra los demás miembros de nuestra especie. Una lucha dentro del grupo y entre grupos. El ser humano actual, el único que queda en la biosfera, sería en gran medida el resultado de una evolución bajo la guía continua, inexorable y cada vez más preponderante de la competición social. Esta es la idea del naturalista Richard Alexander, desarrollada después por numerosos autores, entre otros por Flinn, Geary y Ward, creadores de la lista de atributos humanos que pueden proporcionar claves para nuestra evolución que aparece en el capítulo anterior.

Cierto es que algunos rasgos anatómicos y fisiológicos peculiares del ser humano aparecieron mucho antes de ese cambio de presión selectiva que fue tan relevante en nuestra evolución. La postura bípeda fue uno de ellos. Otros muchos rasgos biológicos importantes, y sin los que no podríamos haber evolucionado de la manera en que lo hemos hecho, se habían producido incluso mucho antes de separarnos genéticamente de los grandes simios. Estaban ya presentes en el antepasado común de los gorilas, chimpancés, orangutanes, gibones y seres humanos. La visión tridimensional y cromática o las manos prensiles son solo algunos de ellos. Pero muchos otros, como el blanco de los ojos, el grado de expresividad de nuestro rostro, nuestro largo ciclo vital e incluso nuestra menopausia, habrían llegado después y serían causa y efecto, directa o indirectamente, de la competencia social.

Donde más se va a dejar sentir la competencia social como principal fuente de selección natural no es, sin embargo, en nuestros rasgos físicos o anatómicos, sino en nuestro comportamiento y en nuestra mente; es decir, en lo que en términos más académicos se denominan *comportamiento externo* y *comportamiento interno*, respectivamente, y que en el fondo no son sino las dos caras de una misma moneda. Si nos fijamos bien, veremos que lo social aparece por todas partes, aquí y allá, como explicación, convincente unas veces y muy probable otras, del porqué de muchos de nuestros rasgos comportamentales más extraños y extravagantes. El arte, la religión o la misma ciencia probablemente se lo deben todo a ese carácter tan social del ser humano.

El hecho de que durante muchos miles —quizá millones— de años el ser humano fuera su propia presión de selección significa que, de entre las múltiples mutaciones genéticas que por azar se produjeron durante todo este tiempo, aquellas que implicaran que el fenotipo de su portador fuera más exitoso en la competencia social serían las que se habrían seleccionado especialmente. Así de simple. Las mutaciones que facilitaran que su portador escalara a los mejores puestos dentro de la jerarquía social aumentarían también su probabilidad de dejar más descendencia y, además, con los mejores miembros del grupo. Llegó un momento en que ya no era tan necesario mejorar nuestras adaptaciones para la caza, poseer mejores mecanismos de regulación térmica o disponer de formas más eficaces de huir de los predadores. A partir de ese momento los organismos humanos siguieron evolucionando, pero esta vez guiados por factores mucho menos naturales, quizá algo más caprichosos, más sociales; más humanos.

Hay que decir que el mismo Darwin ya vislumbró la existencia de un cambio de fuerza de presión selectiva en el ser humano; intuyó la importancia de una selección basada cada vez más en la propia especie. En su libro más específicamente dedicado al origen del ser humano, *El origen del hombre*, casi la mitad del texto está dedicada a desarrollar los mecanismos de la selección sexual en el reino animal. El subtítulo de la obra («y la selección en relación al sexo») es bastante explícito en este sentido. Desde organismos muy alejados de nuestra propia línea evolutiva, como los insectos o los peces, hasta los primates más cercanos, la profundidad y extensión con que Darwin aborda el tema de la selección sexual no dejan lugar a dudas respecto a la importancia que para él tenía este tipo de presión selectiva en nuestra evolución. Parecía tener claro que, en el ser humano, la supervivencia en el medio natural habría dado paso a una adaptación basada en otros criterios más alejados del mero acceso a los recursos naturales. Aunque para Darwin quizá fuera estrictamente la selección sexual la principal fuerza selectiva, muchas de sus afirmaciones respecto al origen de nuestras peculiaridades se enmarcarían, de un modo más preciso, dentro de la idea más amplia de la competencia social. Tendremos ocasión de comprobarlo.

En cualquier caso, lo cierto es que en la especie humana parecen haberse producido multitud de adaptaciones cuyo carácter, cuya naturaleza, es puramente social. No somos la única especie dentro del reino animal con este tipo de adaptaciones, ni mucho menos. De hecho, que seamos tan sociales no nos viene de la nada, sino que es un rasgo característico de muchas especies de primates, orden al cual pertenecemos. Pero sí somos la especie que muestra esas adaptaciones de una manera extrema, tanto en calidad como en cantidad. La gran mayoría de estas adaptaciones son muy sutiles, y en ellas el peso de lo orgánico parece haber pasado a un segundo plano para dejar paso a adaptaciones centradas principalmente en el comportamiento. Lo más definitorio de la humanidad es, pues, toda una plétora de adaptaciones de carácter mental o del comportamiento. Aun así, no cabe duda de que lo mental, lo comportamental, de lo que depende en última instancia es de algo tan estrictamente biológico como el cerebro. Muchas de nuestras adaptaciones han supuesto pequeñas y a veces aparentemente insignificantes modificaciones de la «maquinaria biológica» que es el cerebro.

Partamos, por lo tanto, de la base de que la mayor parte

de los rasgos más definitorios de nuestra especie han sido originados principalmente por la competencia social. Sin embargo, y aun siendo originalmente sociales, muchos de esos rasgos pueden conllevar consecuencias y aplicaciones importantes en otros ámbitos mucho menos sociales, como la explotación de los recursos naturales del medio. El pensamiento jerárquico y recursivo —del que ya tendremos ocasión de hablar— es un buen ejemplo, pues nos ha permitido comprender muchos de los más enrevesados fenómenos de la naturaleza. Admitamos también que no todos nuestros rasgos más distintivos son de origen social. Sirvan como ejemplo de ello la postura bípeda o la anatomía de nuestros brazos, que nos permite lanzar objetos con precisión. Pero creemos que la idea de Richard Alexander sí que explicaría la gran mayoría de ellos, especialmente los que tienen que ver con nuestro comportamiento, y por eso nos va a servir de hilo conductor, de horizonte o guía, para organizar esos rasgos a lo largo de las páginas que siguen.

Los dos extremos de una misma realidad

Efectivamente, desde la mente individual, con sus sentimientos más íntimos y privados, hasta el universo entero, infinito e inabarcable, el carácter social del cerebro del *Homo sapiens* parece impregnarlo todo. En el primero de estos dos extremos, el cerebro se ha inventado un «yo» —«el alma», como lo llaman algunos—, ilusoriamente unitario y dueño de sus actos. Ese «yo» es lo que nos permite distinguirnos de «los otros», o formar un «nosotros». Su origen social no puede ser más evidente. En el otro extremo, el universo ha sido —y aún es— representado como la manifestación más asombrosa de un Dios omnipotente e inescrutable. Pero, curiosamente, ese Dios es muy semejante a nosotros mismos, pues se enfada o perdona, como lo haría un padre, u ordena y organiza, como lo haría alguien en lo más alto de una jerarquía. La idea de Dios como explicación del universo también le debe mucho a las jerarquías y organizaciones sociales.

El carácter preponderantemente social de nuestro cerebro es lo que hace que este sea capaz de moverse, con mecanismos y principios muy parecidos, entre dos extremos tan diametralmente opuestos de nuestra realidad como son lo más íntimo y lo más universal. Es lo que hace también que todo lo que se encuentra entre ambos extremos esté igualmente mediatizado y teñido de lo social. Por eso vamos a ver que ningún rasgo se entiende por sí solo, que lo más íntimo, por un lado, y lo más público y universal, por otro, se necesitan mutuamente. La especie humana se mueve a niveles planetarios e incluso interplanetarios (pues es capaz de imaginar otros mundos habitados, y relaciones y hasta luchas entre ellos y con ellos), y también a niveles claramente individuales e íntimos (pues de nadie más que de uno mismo son la vergüenza, la culpa o los remordimientos que uno siente). Y sin embargo, como vamos a ver, unos y otros extremos se tocan, son la cara y la cruz de una misma realidad; unos y otros, a lo largo de un continuo, están estrechamente entrelazados.

En los siguientes seis capítulos vamos a describir en profundidad los rasgos comportamentales más peculiares de nuestra especie, y lo vamos a hacer empezando por un extremo, acabando por el otro y pasando, sucesiva y paulatinamente, por todas las posibles realidades intermedias que componen el mundo del ser humano. Pero, en lugar de empezar por lo más íntimo, y en honor a la importancia de lo social para explicar cómo es nuestra especie, vamos a comenzar por lo más universal; por lo que todo el mundo entendería como lo más propiamente social, por las sociedades más extensas.

No perderemos de vista la lista de atributos humanos de Flinn, Geary y Ward, y será ahora cuando hablaremos de todos aquellos rasgos que se quedaron fuera en el capítulo anterior. Son los rasgos más comportamentales y mentales, aquellos que, para nosotros, merecen una reflexión más profunda y tranquila si queremos entender de verdad cómo es el ser humano. Pero también tendrán que volver a aparecer algunos de esos rasgos físicos y anatómicos que ya han sido comentados, pues buena parte de nuestro comportamiento se explica y se entiende solo si consideramos de forma integral nuestra biología y nuestra psicología.

Comenzaremos, por tanto, por las sociedades humanas más extensas, que pueden estar formadas por varias decenas o algunos cientos de individuos, pero que también pueden abarcar el planeta entero (conjuntos de rasgos números 10 y 15 de la lista). Este tipo de sociedades las describiremos en el próximo capítulo, y por eso lo hemos titulado «La sociedad más grande y compleja del mundo». De ahí pasaremos, en el capítulo que le sigue («Lazos de sangre»), a hablar de grupos más reducidos y cercanos, como los constituidos por la familia o, a un nivel más básico y elemental, por una pareja que, sin que sus miembros tengan lazos de consanguinidad, ha decidido unir sus vidas por muchos muchos años. Esta parte correspondería a los conjuntos de rasgos números 11 y 13 de la lista, pero sin olvidar que muchos de esos rasgos no se entenderían si no fuera por el conjunto de rasgos número 12, como veremos en su momento.

Llegaremos así al ámbito del individuo, que será el tema de otro capítulo («Instrucciones para dominar el mundo»), donde podremos apreciar algunas de las adaptaciones menos sociales (por ejemplo, algunas de las incluidas en los conjuntos de rasgos números 4 y 6, principalmente), pero también muchas otras con un marcado origen social, incluso aunque no siempre se apliquen al ámbito de las relaciones sociales (algunos de los rasgos incluidos en el conjunto número 7). En este capítulo también resultará pertinente hablar de la cultura (conjunto número 9), pues el individuo, aun aislado y lejos de su lugar de origen, será siempre un producto de su cultura.

Estos tres primeros capítulos de los seis que vamos a dedicar a la mente y el comportamiento humanos podrían entenderse mejor si utilizamos como metáfora el uso de un *zoom* (o *zum*, según la expresión castellanizada aprobada por la RAE). Empezando por una perspectiva estratosférica del ser humano, iremos ajustando sucesivamente nuestra lente para poder ver cada vez más de cerca lo que le ocurre a un ser humano; iremos pasando por grupos sucesivamente más pequeños y cercanos hasta que lleguemos al individuo mismo. Pero si seguimos utilizando el símil del zoom, el siguiente paso conllevará que nos adentremos en el cerebro de ese ser humano, y este será precisamente el tema de otro capítulo («El cerebro y su mente»), donde analizaremos extensamente muchos de los rasgos del conjunto número 7 de la lista. También en este ámbito será evidente la huella de la competencia social como fuerza selectiva en nuestra especie.

Los dos últimos de los capítulos dedicados al comportamiento humano también se pueden entender sin abandonar la metáfora del zoom, pues hablaremos de los productos más inmediatos de nuestro cerebro, la mayoría de ellos también incluidos en el conjunto de rasgos número 7. De hecho, la metáfora sigue siendo muy oportuna, porque el lugar donde ocurren estos fenómenos es, principalmente, *dentro* de nuestro cerebro. Así, tras haber conocido la maquinaria cerebral del ser humano, empezaremos a desentrañar algunos de sus frutos más elementales y, a la vez, fundamentales, como el lenguaje y el pensamiento (en el capítulo titulado «Al servicio de los demás»). Estos productos de nuestro cerebro (que incluirían también rasgos del conjunto número 8) presentan unas características muy peculiares, y serían realmente muy difíciles de entender si no tuviéramos en cuenta la omnipresencia de lo social. Es lo mismo que ocurrirá cuando, en el último capítulo («Intimidad»), aumentemos al máximo el alcance de nuestra lente y nos adentremos en lo más íntimo, en los sentimientos y emociones más profundos de una persona (7h), y en su identidad, única e irrepetible (basada en parte en el rasgo 7d y en algunos de los rasgos del conjunto número 14). El carácter tan específicamente humano que presentan estos rasgos se debe precisamente a su naturaleza social, sobre todo en lo relativo a los sentimientos y las emociones.

Pero no olvidemos que el mundo exterior penetra hasta lo más profundo de nuestro cerebro, y que lo que surge en él, a su vez, repercute necesariamente en nuestro mundo exterior. El mundo en el que vive el ser humano es en gran medida una consecuencia de su cerebro, tanto como su cerebro lo es de ese mundo exterior. Los designios de la humanidad a escala planetaria serán consecuencia de lo que ocurra en los pequeños mundos interiores e íntimos de sus miembros. Este entrelazamiento entre lo público y lo privado del comportamiento humano hará que, en las páginas que siguen, muchos rasgos aparezcan mencionados en varios y diversos lugares, aunque alcanzarán su máximo protagonismo en el capítulo que les corresponda.

Comencemos, pues, nuestro recorrido por ese continuo que va desde los grupos sociales más extensos hasta lo más íntimo del ser humano.

6

LA SOCIEDAD MÁS GRANDE Y COMPLEJA DEL MUNDO

> Acepto por completo la opinión de los escritores que sostienen que entre todas las diferencias existentes entre el hombre y los animales inferiores el sentido moral o consciencia es la más importante.
>
> CHARLES DARWIN, *El origen del hombre* (1871)

DE AMIGOS Y ENEMIGOS

Una de las imágenes más bellas y llamativas de nuestro planeta desde la estratosfera son las luces nocturnas de las ciudades y poblaciones que el ser humano tiene dispuestas a lo largo y ancho de la corteza terrestre. Estamos viendo, de primera mano, la colonización de un planeta por parte de una especie, la humanidad (15a). El número de individuos que la componen es de varios miles de millones, y sigue creciendo. Pero aun así, y hoy día, las relaciones entre todos sus miembros son posibles, y de hecho estamos asistiendo a un creciente fenómeno de globalización sin precedentes.

La evolución ha moldeado nuestros cerebros para manejarnos perfectamente en grupos extensos, los grupos de primates más grandes del planeta. Pero, por supuesto, no tan extensos como el de la humanidad entera actual; nuestro cerebro se mueve mucho mejor dividiéndola en grupos más pequeños.

En este capítulo empezaremos hablando de las *coaliciones* (10a en la lista). Esta forma de colaboración acontece entre individuos que ni son ni tienen por qué ser parientes, pero de cuya acción conjunta se derivarán beneficios evidentes para todos sus integrantes. En nuestra especie, las coaliciones son algo frecuente y cotidiano, y suelen producirse dentro de los diversos grupos en los que pueda estar inmerso un ser humano. Estos grupos se rigen por leyes que regulan la forma de comportarse (10d); algunas serán implícitas, como la moral o la ética (10e), pero otras serán más explícitas y deberán dejarse por escrito, especialmente cuando el número de individuos del grupo sobrepase cierta cantidad. Una curiosidad de los grupos humanos es, precisamente, que estos pueden abarcar cientos, miles o incluso millones de individuos, algo sin parangón en el reino animal. Pero nuestro instinto animal, nuestro «sello indeleble», también estará inevitablemente presente a todos estos niveles; de ahí que haya guerras, conflictos entre grupos y dentro del grupo, muchas veces teñidos de una crueldad y un ensañamiento extremos (10f). Todo ello, sin embargo, también dará lugar a resultados tan curiosos y singulares como la competitividad, el juego social complejo o los deportes de equipo (10g), con sus héroes y sus villanos. Podría decirse que la vida del ser humano no es otra cosa que un gran juego.

Redes sociales

Los autores del libro que el lector tiene en las manos han formado una coalición para poder llevar a cabo el objetivo, común a ambos, de hacerlo realidad. Esta coalición es específica, pues tiene un objetivo definido, pero también es transitoria, ya que ha durado lo que se ha tardado en escribirlo. Una vez cumplido el objetivo, la coalición desaparece. Esta coalición, sin embargo, no es ni ha sido incompatible con otros tipos de coaliciones que los autores mantienen entre sí desde hace años, establecidas para alcanzar objetivos a más largo plazo y de mayor alcance. Tampoco son incompatibles con las que, a su vez, tenga cada uno de los autores con otras personas, las cuales, de nuevo, tendrán coaliciones con otras, y así sucesivamente.

En general, las coaliciones que formamos los seres humanos se realizan en grupos relativamente pequeños. En este sentido, quizá no sean muy diferentes de las que pueden llegar a formar algunos animales para crear grupos estables a lo largo del tiempo, o para alcanzar objetivos más concretos y transitorios, como puedan ser la caza o el orden jerárquico de la manada. Sin embargo, en nuestra especie destacan la facilidad y la frecuencia con que formamos estas coaliciones, basadas unas veces en la amistad (10c) y otras en la necesidad de alcanzar muy variados objetivos. Las coaliciones entre machos, por un lado, y entre hembras, por otro, parecen estar presentes desde los primeros tiempos de nuestra especie, como algo habitual y probablemente necesario.

Los humanos, además, forman coaliciones que van más allá de los miembros del grupo más cercano o familiar. En este sentido, somos capaces de contener e incluso de anular muchos de los impulsos agresivos que en otras especies surgen por competencias territoriales o de otra índole, y todo ello con tal de conseguir otros objetivos quizá menos inmediatos pero a los que nuestra mente, nuestro cerebro, ha decidido otorgarles un gran valor. El intercambio de materias primas entre grupos separados por grandes distancias viene produciéndose desde hace cerca de 150.000 años, quizá más. Curiosamente, algunas de las materias intercambiadas, como determinados pigmentos, tenían nulo o escaso valor para la supervivencia en el medio natural. Su valor social debió de darles sentido y hacerlas merecedoras del esfuerzo.

Pero donde las diferencias entre el ser humano y otros seres vivos van a ser aún más radicales es en el hecho de que nosotros también formamos grupos de gran tamaño. Cada uno de los seres humanos del mundo actual tiene una cantidad relativamente grande de amigos y conocidos, a los que les unen una mayor o menor confianza, una mayor o menor amistad, pero con los que, al menos alguna vez en la vida, ha tenido un contacto directo y ha establecido un conocimiento mutuo, por mínimo que sea. Son lo que podemos llamar *grupos basados en el individuo*, pues suelen existir como tales en relación con una persona, con un individuo. Sus integrantes suelen ser conocidos del entorno profesional, familiar o local, vecinos del barrio, de la ciudad, gente que antes o después se ha cruzado en nuestros caminos. La proximidad física es un factor importante, aunque no necesariamente determinante en nuestros tiempos, en los que las comunicaciones y los viajes se han vuelto tan fáciles.

En muchas ocasiones, en especial para los humanos que vivimos en las ciudades, estos grupos de conocidos, amigos y familiares no existirían físicamente, sino que solo existen en las mentes de sus individuos constituyentes o, para ser más precisos, solo en la mente del individuo que sirve de referencia para ese grupo. A lo largo del día nos cruzamos con decenas, quizá cientos, de otras personas con las que formamos un grupo, sí, pero que no conocemos y que nos suelen pasar desapercibidas. No son parte de nuestros grupos más cercanos.

Por otro lado, los miembros de nuestro grupo individual lo son muchas veces de una manera solo nominal. Podemos tener amigos de la infancia, primos lejanos, tíos e incluso hermanos con los que hayamos tenido contacto quizá solo una vez. De algunos puede que solo hayamos oído hablar. Y sin embargo, al cabo de los años, siguen siendo miembros de nuestro propio grupo cercano. Aunque jamás se hayan visto entre sí, ni siquiera sepan que forman parte de él ni se los haya visto físicamente juntos al completo, son integrantes de un mismo grupo. Solo están juntos en la mente de un individuo... o en su agenda.

Este tipo de grupos, centrados principalmente en un individuo de referencia —en que cada individuo tendría, además, el suyo propio—, solo los vamos a ver en su máxima expresión en el ser humano. A estas diferencias cualitativas aún podemos añadir otra diferencia fundamental, esta vez cuantitativa: el número de integrantes.

En nuestros tiempos de agendas, teléfonos, correos electrónicos y otras muchas formas de comunicación, estos grupos individuales son más virtuales que reales. Como hemos dicho, tienen «más realidad» en la mente del individuo de referencia (el dueño de la agenda) que en el mundo real. Pero son una modificación, una traducción al lenguaje moderno, de lo que un día fueron los grupos naturales de humanos, las redes sociales que estaban más de moda hace decenas de miles de años. Y aún hoy las podemos encontrar en algunos contextos, como diversas sociedades nómadas o poblados de agricultores y ganaderos. Pero incluso en estos grupos ya se manifiesta esa diferencia cuantitativa respecto a los de otras especies. Su número límite parece rondar, según el antropólogo británico Robin Dunbar, los 150 individuos, con un número máximo, generalmente, de unos 200.

Siendo así, superaríamos ampliamente en unos tres órdenes de magnitud el límite máximo que, en general, pueden alcanzar los grupos de chimpancés, que se sitúa en torno a los 55 individuos. La explicación es probablemente muy sencilla: la cantidad de *corteza cerebral*, esa fina capa de unos tres milímetros de espesor que nos recubre el cerebro, es un factor determinante para la cantidad de individuos que un cerebro puede considerar como integrantes de un mismo grupo cercano. Para que un cerebro pueda guardar y manejar información respecto a la identidad individual de cada uno de esos integrantes de su grupo (sus personalidades, sus funciones, sus relaciones, sus actos pasados, o anticipar sus posibles actos futuros), debe poseer una gran cantidad de corteza cerebral. Con una corteza cerebral cuya superficie prácticamente cuadruplica la de un chimpancé, el ser humano puede al menos aumentar otro tanto el límite de sus amigos y conocidos o de personas con las que establece algún tipo de coalición y vínculo. Lo que más ha aumentado proporcionalmente de tamaño en nuestro cerebro con el proceso de encefalización (el exceso de tamaño del cerebro con relación al del cuerpo de la mayoría de los mamíferos de un peso similar) ha sido precisamente la corteza cerebral.

Pero la corteza cerebral no está aislada. El tamaño del grupo también está muy relacionado con el tamaño de algunos otros centros cerebrales que se encuentran fuera de la corteza y que controlan nuestro comportamiento social, básicamente porque regulan nuestras emociones, en especial nuestra agresividad. Es el caso de la *amígdala* (particularmente una de sus porciones, la *amígdala basolateral*). Ni la dieta, ni la extensión del territorio, ni otros factores que podrían parecer igualmente importantes, se correlacionan tan bien con el tamaño de ciertas partes del cerebro como el tamaño habitual del grupo social cercano de una especie. Tengamos en cuenta que en los grandes simios el índice de encefalización está en torno a 2, lo que significa que, ya en términos relativos, poseen un gran cerebro, pues es el doble de grande de lo esperado, mientras que en los seres humanos esa cifra ronda el 7 (alcanzando el número máximo de todo el reino animal). Con esa inmensa cantidad de tejido neuronal «extra» podemos entender la notable facilidad que muestra nuestra especie para manejarse en grupos mucho más numerosos que los que podamos encontrar en cualquier otra especie que se defina por su complejo carácter social.

Monos chismosos y manipuladores

Al ser humano le gusta mucho hablar. Para ser más exactos, parece que lo que le gusta especialmente es chismorrear, cotillear, si entendemos por esto hablar de cosas banales y de poca importancia. Este fenómeno es universal, se da en todas las sociedades humanas, y aprendemos que esto debe ser así durante nuestro desarrollo social. Hay autores que indican que lo normal en el ser humano es que emplee entre seis y doce horas diarias en conversaciones con otras personas, al menos en sociedades menos condicionadas por la presencia de entretenimientos alternativos y más tecnológicos como la televisión. Son conversaciones informales y que versan sobre todo tipo de cuestiones, la gran mayoría de las veces sin ninguna utilidad conocida, o al menos evidente. Gran parte del tiempo versan sobre los demás o sobre las relaciones entre ellos, y muchas veces también sobre uno mismo.

Está claro que somos la única especie con un lenguaje lo suficientemente rico y complejo como para mantener una larga conversación. Pero, según parece, no sería esta la principal razón de nuestro gusto por el chismorreo. El sentido de este comportamiento parece estar enraizado en las mismas relaciones de interacción social que se dan en numerosos mamíferos, especialmente en los primates. En otras especies de primates, los miembros de los grupos se relacionan individualmente entre sí de manera personal, directa, calladamente, sin lenguaje, y el principal modo de hacerlo es acicalándose mutuamente. Yo te limpio el pelaje a ti de parásitos y otras inmundicias, y luego tú me lo haces a mí. Incluso aunque en realidad no lo necesitemos. Con esto me deberás una limpieza. Así se establecen y se fundamentan las relaciones sociales: un intercambio mutuo de servicios que se convierte en un negocio de deudas y reciprocidades. El que no cumple con este juego pronto es rechazado por el grupo, algo que podría llegar a costarle la vida en algunos casos.

Pero el acicalamiento mutuo solo permite la interacción entre dos individuos a un tiempo: el que limpia y el que es limpiado. La relación directa solo puede ser de uno en uno. Nosotros, sin embargo, tenemos el lenguaje. Chismorrear es divertido y agradable, y lo podemos hacer con tres o cuatro personas a la vez sin que cada una de ellas se sienta menos atendida. Por supuesto, se puede mantener una conversación con un grupo más numeroso de personas, pero su calidad y cercanía mermarían exponencialmente. De tres a cuatro parece ser, pues, la cifra ideal de individuos con los que nos podemos relacionar directamente al mismo tiempo. Quizá no sea ajena esta cifra al hecho de que nuestros grupos, como acabamos de ver, suelan triplicar en cantidad a los de otros simios. Es más, y siguiendo de nuevo a Dunbar, si se transmite cualquier idea a tres o cuatro individuos, su extensión a la totalidad del grupo, a ese grupo de alrededor de 150 miembros, será muy rápida y eficaz. Podemos decir que cada miembro del grupo puede influir sobre todos los demás de manera más o menos directa por medio de estos pequeños corrillos. Nuestro lenguaje estaría marcando, por tanto, una gran diferencia respecto a las posibilidades de otros primates en cuanto a la cantidad de individuos con los que poder tener una interacción social directa. Y de hecho no está claro si, como propone Dunbar, no sería esta la causa, la razón de ser primigenia, de nuestro rico lenguaje.

Lo bueno que tiene nuestro lenguaje, además, es que mientras mantenemos relaciones sociales nos permite tener las manos ocupadas en otra cosa. Podemos recolectar alimentos, construir herramientas o encender el fuego mientras hablamos o escuchamos. Y, a la vez, tenemos a nuestros interlocutores ocupados tanto en lo que les decimos como en aquello que puedan estar haciendo con las manos. Con el lenguaje no podemos acicalar la piel de nuestros semejantes, pero sí podemos tranquilizar, adular y conseguir una serie de objetivos interpersonales que pueden ser más importantes aún que la limpieza corporal; al menos para lo que el cerebro humano considera más importante y para lo que en realidad está más especialmente preparado: pensar socialmente —sobre los demás, o sobre uno mismo en relación con los demás—, una actividad en la que estamos ocupados intensa y permanentemente.

Dada la importancia del lenguaje (con independencia de su contenido) y de los grandes beneficios que se pueden obtener de este comportamiento, no resulta extraño que más de una vez se haya sucumbido a la tentación de conseguir más de lo que se debe a través de él. Una de las peculiaridades más destacables de nuestro lenguaje es que con él resulta muy fácil engañar, pues nos podemos referir a acontecimientos, objetos o personas que no tienen por qué estar presentes. Podemos así tergiversar la realidad a nuestro antojo con el fin último de adular a los demás, de ganárnoslos, diciendo lo que quieren oír o lo que queremos que oigan. Este aspecto de nuestro comportamiento podría haber estado presente en el ser humano desde tiempos muy remotos, pues a lo largo de los milenios también hemos desarrollado mecanismos cerebrales para detectar a los mentirosos (7j). Tanto en el tono de voz como en los gestos faciales y corporales de un interlocutor tenemos indicios que nos ayudan a decidir, muchas veces inconscientemente, si lo que nos está diciendo es creíble o tiene algún añadido. Todavía no se han desarrollado a la perfección unos mecanismos que nos permitan ocultar eficazmente esos mensajes que enviamos a los demás de manera inconsciente y que permiten delatarnos, al menos no en la mayoría de los miembros de nuestra especie.

Y es que siempre hay, ha habido y habrá individuos capaces de ocultar con éxito sus verdaderas intenciones y pensamientos. Al menos a primera vista. No en vano existe toda una serie de técnicas, algunas de ellas muy antiguas, nacidas con el único propósito de que unos seres humanos sean capaces de convencer de casi cualquier cosa a otros, incluso a los grupos más grandes, mediante el lenguaje. La retórica, el «arte de bien decir, de dar al lenguaje escrito o hablado eficacia bastante para deleitar, persuadir o conmover» (según el diccionario de la RAE), es una disciplina en la que los antiguos griegos fueron maestros. La retórica demuestra la existencia de verdaderos ejercicios mentales realizados por numerosos pensadores de todos los tiempos con el fin último, y explícito, de conocer en profundidad al ser humano hasta el punto de saber qué puede moverle a actuar de una determinada manera, incluso aunque inicialmente no quiera. Supone la prueba tácita de que la voluntad humana es bastante frágil y maleable, vulnerable a estímulos externos, especialmente si esos estímulos son otras personas.

Cualquier manual de retórica contendrá en sus páginas muchos de los ardides que vienen usándose con fines persuasivos desde la Antigüedad e incluirá términos tan explícitos como «adjetivo disuasivo», un adjetivo que no admite réplica por ser contundente (decir que algo es *incuestionable* o *insoslayable* produce el efecto de dejar desarmado al interlocutor). En otros casos podemos ver que se habla de «términos de efecto placebo», mentiras que de tanto ser repetidas acaban pareciendo verdad (en palabras de Goebbels, «una mentira repetida mil veces se convierte en verdad»). La retórica nos enseña que a lo largo de un discurso hay momentos más importantes que otros para convencer a quienes nos escuchan, de manera que los argumentos más flojos deben aparecer en posiciones intermedias del mismo, mientras que los más convincentes deben aparecer al principio y, sobre todo, al final. Si los argumentos flojos lo son mucho, no hay problema, ya que siempre podemos utilizar ciertas licencias, intensificaciones, desinformaciones (por ejemplo, silenciando interesadamente parte de la verdad) y otros «recursos estilísticos» que ayudarán a hacerlos más digeribles para los demás. Por supuesto, demonizar, parodiar y modular el tono de voz de determinadas maneras son solo algunos de los otros muchos trucos y artificios que nos enseña la retórica desde hace miles de años. La retórica es realmente una de las más antiguas ciencias del comportamiento humano, y se sigue utilizando —y se utilizará durante mucho tiempo—, con este u otros nombres, en multitud de ámbitos humanos, desde la política hasta las relaciones más personales.

Algunos autores como Stanley Ambrose piensan que la diplomacia sería una de las más importantes novedades cognitivas que surgieron con la llegada de la mente humana moderna. El lenguaje indirecto, decir «por favor» al pedir algo, la amabilidad y, en definitiva, saber cómo conseguir las cosas de los demás sin recurrir a la violencia son parte de nuestros rasgos más distintivos. La diplomacia, así como la retórica y tantas otras formas de persuasión, pueden existir gracias a la capacidad de nuestra mente para manipular gran cantidad de información simultáneamente, lo que nos permite, por ejemplo, poder llegar a una conclusión acerca del contenido de la mente y el punto de vista de otras personas y de cómo van cambiando ante nuestros propios ojos.

Grupos, grupos y más grupos

La retórica y la diplomacia son dos de tantas técnicas, procedimientos y argucias que utilizan y han utilizado los líderes de todos los tiempos para ganar adeptos y seguidores. Su existencia parece algo intrínseco a nuestra especie, una especie con una alta capacidad para razonar objetivamente, aunque la utilice muy poco, y definitivamente menos aún a la hora de relacionarse con un líder. Sin embargo, los líderes son necesarios. Los ha habido en todas las sociedades conocidas, en sus distintas variantes (a veces es un grupo de ancianos), y su necesidad se vuelve más evidente aún a medida que sobrepasamos más y más esa cifra de 150 individuos que nuestra mente es capaz de asimilar como grupo más inmediato, que en principio es manejable y asumible incluso sin necesidad de una jerarquía estricta.

Curiosamente, los grupos cohesionados alrededor de un individuo de referencia existen junto con otro tipo de grupos, mucho más abstractos y numerosos, en los que la cantidad de miembros puede llegar a ser tal que sería realmente imposible verlos a todos físicamente juntos. Su existencia, además, se fundamenta por lo general en una serie de símbolos observables externamente, perceptibles para todo el mundo, se trate o no de miembros del mismo grupo. Un nombre, una bandera, un escudo o un himno, a veces todo junto, son la única parte material y tangible de muchos grupos humanos. Efectivamente, para facilitar la definición de los grupos grandes de humanos (ya sea, por ejemplo, la de «ciudad», «país» o «continente», o cualquier otro de tamaño mayor que el del grupo más cercano de un individuo), se construyen emblemas o símbolos que los identifican. Gran parte de ellos son visuales, puesto que el ser humano, como buen primate, es preponderantemente visual (7n). Nuestra especie es la única cuyos miembros morirían y matarían por «defender sus colores».

Esos «colores» son, más que otra cosa, *conceptos* que unidos a una imagen forman lo que sería propiamente un *símbolo*. Dicho de otra manera, no son otra cosa que productos de nuestra mente, y es esta una de las peculiaridades más llamativas de nuestra especie. El hecho de que sean conceptos hace que a nuestra mente le resulte más fácil trabajar con ellos, y de numerosas maneras; especialmente para entender su naturaleza jerárquica y *recursiva*. Es decir, existen muchos grupos, pero, como ya se ha dicho, unos pueden estar dentro de otros más amplios y superiores, que a su vez estarían dentro de unos terceros más numerosos y por encima de los anteriores. Y así sucesivamente hasta llegar al que llamamos *humanidad*, un grupo que nadie ha visto ni verá jamás como tal, pero al que todos sabemos que pertenecemos. Hay grupos de todo tipo y tamaño, en absoluto excluyentes, muchos de ellos delimitados geográficamente. Por ejemplo, tenemos el de los madrileños, el de los españoles o el de los europeos; o el de los orientales y los occidentales. La especie humana muestra entre sus rasgos más distintivos el de estar desperdigada ampliamente por la Tierra, con mucha población y un crecimiento muy rápido. No queda, además, ninguna otra especie de nuestro género en todo el planeta, y esta es otra peculiaridad nuestra (1a). La enorme eficacia de la mente del *Homo sapiens* para explotar el medio natural ha podido ser la causa de que otras especies de humanos dependientes de los mismos recursos no hayan logrado sobrevivir.

Pero en nuestra especie no todos los grupos están delimitados geográficamente. Están, pongamos por caso, los de los instruidos, los analfabetos, los licenciados en derecho o los amigos de las pinturas rupestres, y tantos y tantos otros. La inmensa mayoría de estos grupos deben su existencia a que, en ellos, las relaciones individuales se reducen a solo algunas características básicas. Sus miembros no están definidos personalmente, sino por un rol, una función, por el nombre de una categoría. No sabemos nada de ellos como individuos, nada de su vida, nada de sus nombres; solo su etiqueta. Cuando nos sentamos en la terraza de una cafetería, ya sabemos que lo más probable es que venga un camarero al que puede que jamás hayamos visto, pero que tendrá claro lo que espera de nosotros, y nosotros de él. No podría una mente humana abarcar ninguno de esos grupos tan numerosos de no ser por esta estrategia de simplificación, tan eficiente como para que sepamos cómo movernos óptimamente dentro de ellos.

Es al llegar a este grado de impersonalidad cuando más necesario se hace plasmar por escrito las leyes que todo miembro de un grupo debe cumplir y hacer cumplir, y que facilitan, entre otras cosas, la convivencia. En grupos pequeños, las leyes pueden estar solamente en la cabeza de sus miembros. Pero, cuando con la distancia se diluyen las relaciones personales, conviene dejar muy claras las reglas de juego, y los castigos que se recibirán en caso de que se incumplan.

En los grupos humanos que tienen como referencia un individuo, los más frecuentes y cotidianos en nuestra existencia como especie, las leyes explícitas y escritas son generalmente sustituidas por normas morales, que son las que dictan automáticamente si algo está bien o está mal; o, dicho de otro modo, si es ético o no. Estas normas morales, además de ser *heurísticas* —reglas no demasiado rigurosas—, son implícitas; es decir, todo el mundo las conocemos, pero la mayoría de las veces no sabríamos explicar ni su razón de ser más profunda ni su dinámica interna, sencillamente porque no somos conscientes de ellas. Son instintivas. En efecto, el comportamiento moral del ser humano parece ser uno de sus instintos más universales.

De lo que está bien y lo que está mal

Nacemos con un instinto para enjuiciar las acciones como buenas o malas. En su libro *La mente moral* (2006), Marc D. Hauser propone que hay universales humanos de la moral, al igual que se han propuesto para el lenguaje. Dicho de otra manera, los miembros de nuestra especie llegan preparados para evaluar y juzgar, de manera inevitable, el comportamiento propio y el de los demás. Es un instinto con una gran fuerza, que nos lleva a clasificar el comportamiento propio y el ajeno como bueno o malo, como justo o injusto, apropiado o inapropiado. Ahora bien, qué es bueno o malo viene determinado principalmente por cada cultura, por la sociedad concreta en la que el individuo se desarrolle. En este sentido, efectivamente, la moral sería como el lenguaje: todos nacemos con esta capacidad, pero aprendemos a hablar el idioma con el que nos haya tocado convivir. Los universales humanos determinan, por ejemplo, que el lenguaje debe expresar qué acción se realiza, quién la realiza y quién o qué se ve afectado; pero cada lengua utiliza sus normas para determinar cómo se especifican cada uno de esos elementos y sus relaciones entre sí. Con la moral pasaría algo parecido, pues sería cada sociedad la que determina la ética del comportamiento humano.

Aun así, existen algunos aspectos de la moral que parecen estar por encima de sociedades concretas, como si hubiera algunos patrones que se repiten en todas ellas, con independencia de su historia particular. Uno de ellos es, curiosamente, el de sentir más compasión por los individuos cercanos físicamente, es decir, por aquellos respecto de los que nos encontramos a una distancia apropiada como para que se pueda dar una relación más personal, aunque no los conozcamos de nada. Así, por ejemplo, si vamos conduciendo por una carretera solitaria y vemos un accidente, socorreremos inmediatamente a las posibles víctimas. La razón es que el accidente ha ocurrido al alcance de nuestra vista, y actuaremos de esta manera incluso aunque dicha acción implique una pérdida para nosotros, como no llegar a un evento importante, estropear nuestra ropa o manchar la tapicería del coche. Y, sin embargo, los costes económicos de estos pequeños y triviales contratiempos estarían muy por encima de las cantidades que nos puede pedir cualquier organización humanitaria para, por ejemplo, salvar la vida de varios niños del tercer mundo. Pero las donaciones para estos fines son más bien escasas, y la razón parece ser la distancia física.

Según algunos autores, en nuestra mente habría unos *módulos* de carácter universal, algo así como unos «dispositivos mentales» especializados en determinadas operaciones. En este caso, en el comportamiento moral. Su universalidad a través de las distintas culturas y sociedades parece indicar su alto grado de asentamiento en la biología de nuestro cerebro.

Lo curioso de estos dispositivos es que nos permiten determinar si algo es bueno o malo moralmente de manera rápida y eficaz, de forma totalmente automática. De hecho, la mayoría de las decisiones morales se tomarían «sin pensarlas», por medio de unos mecanismos tan opacos a nuestra consciencia como lo puedan ser las reglas gramaticales de nuestro lenguaje, que aprendemos y utilizamos de manera correcta, pero del todo automática, sin un control voluntario y consciente. El origen del comportamiento moral estaría así, evidentemente, en la selección natural, que es la que sin duda habría hecho que nuestro sistema de evaluación moral sea instintivo, con el fin de poder tomar decisiones de esa forma tan rápida y eficaz, y sin esfuerzo. Gracias a los circuitos cerebrales de las emociones, que nos hacen sentirnos inmediatamente bien o mal ante ciertos comportamientos, propios o ajenos, decidimos si algo es aceptable o no en una fracción de segundo, sin apenas pensar. Si después alguien nos pidiera explicaciones sobre las razones que nos llevaron a enjuiciar un comportamiento de una determinada manera, nos podríamos ver en un aprieto. En estos casos probablemente saldríamos del paso gracias a la gran capacidad de nuestro cerebro (sobre todo del hemisferio izquierdo) para inventarse explicaciones y justificaciones, por muy increíbles que estas puedan llegar a ser. Con esta capacidad tan típicamente humana podemos darle una explicación a casi todo, incluso a lo que no la tiene. Más adelante volveremos a hablar de esta especial forma de proceder de nuestro cerebro.

Uno de esos módulos morales estaría dedicado a la reciprocidad (10b). Y es que el instinto social del ser humano se basa en gran medida en esta ley implícita del «hoy por ti, mañana por mí». La confianza que todos tenemos en que aquellos con los que nos relacionamos se van a comportar de forma recíproca facilita la cohesión social. Es similar a lo que ocurre con la conducta de acicalamiento en los primates, y de hecho es probable que tenga su origen en ella. Pero la reciprocidad entre seres humanos se da normalmente en grupos muy grandes, de unos 150 individuos, de manera que, para evitar que el intercambio recíproco se convierta en un caos, necesitamos una gran memoria; esto es posible gracias a nuestro gran cerebro. Hay que recordar quién ha dado algo y a quién, y por tanto quién debe algo y a quién. Manejar toda esta información respecto a un grupo de 150 individuos desbordaría con creces las posibilidades del cerebro de cualquier otro primate. En el caso del ser humano, además, el comportamiento recíproco se complica mucho no solo porque hay muchos individuos implicados, sino también porque la satisfacción de la deuda puede producirse pasado mucho tiempo —podemos hablar de años—. Y no solo eso, sino que lo intercambiado puede ser de muy variada naturaleza. En nuestra especie, la mercancía no solo no se limita al acicalamiento, sino que puede consistir en cosas tan diversas como objetos, trabajos, ideas e información, y en un largo y complejo etcétera.

Otro módulo moral nos haría sufrir por los demás. La compasión o el perdón, entre otros, serían sus comportamientos derivados, y su origen habría que buscarlo en el hecho de que nuestro cerebro es una máquina volcada permanentemente en los demás. Como tendremos ocasión de ver más adelante, reproduce todo aquello que observamos que hacen y sienten los demás, de manera que sus sentimientos se convierten en los nuestros. Esto nos mueve a actuar automáticamente para aliviarlos cuando son negativos, pero también a alegrarnos o a conmovernos cuando son positivos.

Según parece, otro de esos módulos morales nos permite entender lo que es la jerarquía y, además, desempeñar nuestro papel correspondiente dentro de este tipo de organización, que se repite en mayor o menor grado en todos los grupos humanos. En relación con este módulo habría otro dedicado al reconocimiento de las coaliciones y alianzas existentes en un grupo, y los límites dentro y fuera de ellas. Es decir, que nuestro propio instinto moral nos indicaría, por ejemplo, no solo que las alianzas deben ser respetadas, que no se debe romper un compromiso de manera unilateral, sino que además no debemos inmiscuirnos en otras alianzas o coaliciones donde no hayamos sido invitados.

Por último, también se ha propuesto la existencia de un módulo moral de «pureza», según el cual es preferible lo limpio, lo sano y lo higiénico. Aquellos que transgreden esta norma moral tan útil desde el punto de vista natural, efectivamente, suelen ser mal vistos en todas las sociedades.

Como vemos, los *módulos morales* son muy naturales, es decir, están muy enraizados en nuestra pertenencia al orden de los primates y encaminados principalmente a facilitar nuestra supervivencia. Es más, dada su ventaja adaptativa, la regulación del comportamiento social por normas implícitas se encuentra también en especies muy alejadas de la nuestra. Algunos peces, como el *Labroides dimidiatus* (el lábrido limpiador azul de los acuarios), parecen ser capaces de cooperar o mostrar reciprocidad, pero también de emplear estrategias maquiavélicas, y se organizan socialmente en estructuras jerárquicas. Es más, su estatus social sería muy importante, hasta el punto de llegar a afectar a su crecimiento físico.

Experimentar con la moral

Para poder avanzar en su conocimiento acerca de la realidad del mundo, la ciencia necesita experimentos realizados con rigor y meticulosidad. Por increíble que parezca, aspectos tan aparentemente esquivos como la moral humana pueden ser, y son de hecho, objeto de la investigación más rigurosa. La inventiva y la gran capacidad de imaginación de algunos autores han dado lugar a procedimientos que permiten evaluar los juicios morales de las personas mientras manipulamos una serie de factores importantes y que podrían estar en juego en el resultado final de esos juicios. Uno de estos procedimientos es el conocido como *problema del tranvía*, que debemos a las filósofas Philippa Foot y Judith J. Thomson.

En el problema del tranvía se plantean dos dilemas morales ante los que la mayoría de las personas dan respuestas diametralmente opuestas, a pesar de que en términos de eficacia, de utilidad, ambos dilemas son totalmente equiparables. En uno de estos dilemas se muestra la imagen de un tranvía al que no le funcionan los frenos y que se dirige inevitablemente hacia cinco operarios que trabajan en la vía; sin embargo, antes de alcanzar a dichos operarios, el tranvía puede ser desviado mediante una palanca hacia una vía alternativa donde trabaja un solo operario. La gran mayoría de las personas responden que es perfectamente aceptable desviar el tranvía hacia la vía alternativa, ya que de esta manera salvamos cinco vidas aun a costa de perder una. Este acto voluntario de sacrificar una vida en favor de otras cinco se considera moralmente aceptable por parte de casi todo el mundo, y así parece que los actos morales podrían seguir un patrón «lógico» de costes y beneficios. Pero la cosa se complica ante el otro dilema. En este, el tranvía se dirige asimismo hacia los cinco operarios, pero en esta ocasión no hay vía alternativa; la única posibilidad consiste en detener el tranvía arrojando a los raíles a una persona muy voluminosa que se encuentra sobre un puente, encima de la vía. El resultado sería el mismo: sacrificamos una vida pero salvamos cinco; los costes y los beneficios serán idénticos a los del dilema anterior. Curiosamente, la gran mayoría de las personas encuentra que es moralmente reprobable empujar a alguien y prefieren el sacrificio de los cinco operarios. La lógica ya no funciona.

Problemas como los del tranvía traen de cabeza a filósofos y científicos del comportamiento. Aún no queda claro qué mecanismos mentales determinan las respuestas de los sujetos. La cercanía física, el hecho de que haya que tocar directamente a la persona cuya vida salvaría la de otras cinco, puede ser uno de los factores que hacen que el segundo dilema sea inaceptable. Mientras llegamos a respuestas más concluyentes, este tipo de procedimientos están sirviendo al menos para saber qué áreas del cerebro humano participan en los juicios morales.

Anatomía de la moral

El cerebro humano posee una serie de circuitos especializados en llevar a cabo esos comportamientos sociales; serían el sustrato neuronal de los módulos mentales morales. Algunas regiones de nuestro cerebro, como el *córtex prefrontal ventrolateral* —que incluye la llamada *corteza orbitofrontal*, situada justo encima de las cuencas de los ojos, de ahí su nombre—, parecen contener una especie de «lista de normas sociales», de reglas que determinan qué está bien y qué está mal para una determinada sociedad. Esta parte de nuestro cerebro se necesita para ajustar nuestra conducta hacia un comportamiento altruista o maquiavélico, dependiendo de las circunstancias; es decir, que, como todos sabemos, las normas se pueden cambiar, flexibilizar o quebrantar. Otras áreas cerebrales, como el *córtex prefrontal dorsolateral* (situado, aproximadamente, a la altura de la sien), evaluarían el grado de permisibilidad de una acción; no siempre es cuestión de todo o nada. Curiosamente, parte de estas zonas cerebrales son también el sustrato neuronal de las normas gramaticales del lenguaje. La identificación de indicios que nos avisan de la presencia de una conducta que hay que valorar moralmente necesita de zonas del cerebro situadas justo detrás de la frente, zonas relacionadas con una alta capacidad intelectual general y en las que el ser humano destaca por poseer las de mayor tamaño relativo de entre todos los primates. Hablamos del *área 10* del *mapa citoarquitectónico de Brodmann*, un mapa de la capa más superficial del cerebro —la corteza cerebral— realizado por Korbinian Brodmann en 1909. Distingue 52 áreas en función de las proporciones de los distintos tipos de células nerviosas que contiene cada una de ellas. Nos servirá de guía ocasional a lo largo de estas páginas. Al mapa de Brodmann añadimos otro clásico, el del atlas de anatomía del cuerpo humano de Henry Gray, más conocido como la *Anatomía de Gray*, que a pesar de su terminología mixta latina e inglesa ayudará también a ubicar algunas de las regiones anatómicas que mencionemos.

Todos estos circuitos permitirían evaluar de manera automática las circunstancias de un hecho que pueda enjuiciarse moralmente. Es curioso que, además, si el resultado de dicha evaluación es que ese hecho es bueno, es éticamente aceptable, los sistemas emocionales del cerebro nos premian. Esto funciona así con independencia de que el hecho evaluado haya sido realizado por nosotros mismos o por otras personas. Se ha comprobado, por ejemplo, que los actos de reciprocidad provocan la activación de circuitos cerebrales de recompensa, incluido el *núcleo accumbens*, situado bajo la corteza frontal.

Cuando, sin embargo, la reciprocidad no se cumple, se activan partes de nuestro cerebro que tienen que ver con el sistema de castigos, como la *ínsula anterior*, una región de nuestra corteza cerebral escondida entre los lóbulos temporal, parietal y frontal, y que se ha visto también implicada en el odio. Pero, cuidado, si lo que vemos es cómo castigan a aquellos que han transgredido una norma, entonces el cerebro se nos llenará de placer, porque se activan los circuitos de recompensa. Así es como nos regulamos a

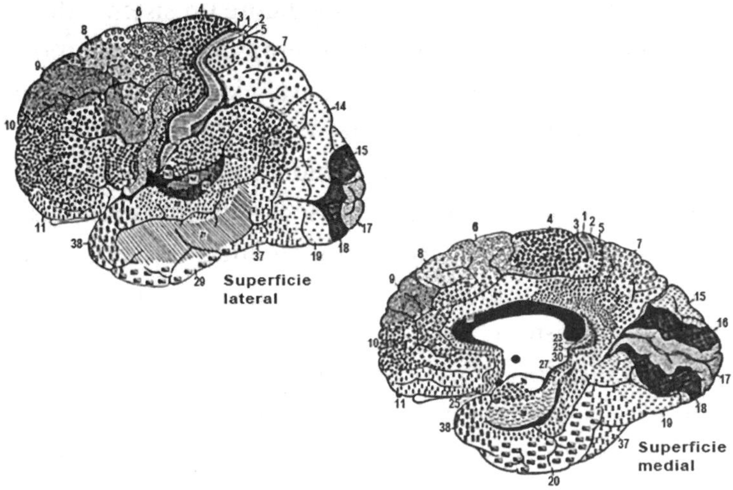

Las conocidas como «áreas de Brodmann», según el mapa citoarquitectónico publicado por Korbinian Brodmann en 1909 y que aún hoy se sigue utilizando para localizar las distintas funciones del cerebro.

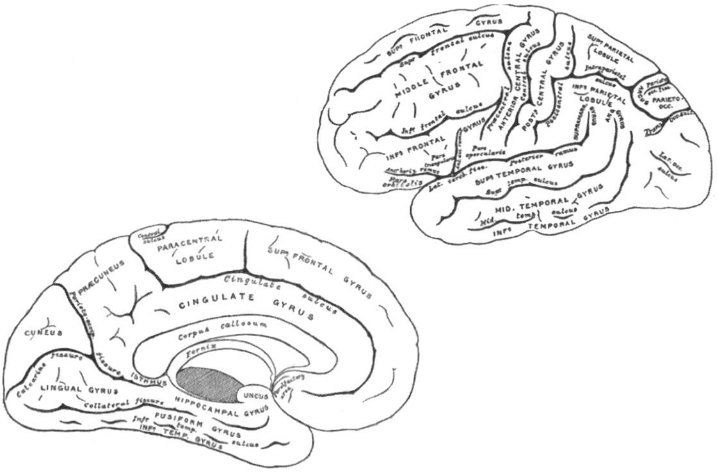

Vistas lateral y sagital (medial) del cerebro, extraídas de la edición de 1918 de la *Anatomía de Gray*, con las principales divisiones de la corteza cerebral según una nomenclatura anatómica alternativa a las áreas de Brodmann.

nosotros mismos en sociedad, mediante un sistema de autopremios y autocastigos. Un sistema que, aunque no es exclusivamente humano, sí que está extraordinariamente desarrollado en nuestra especie. Y hay que decir que, aunque tradicionalmente se ha venido considerando que la moral humana es consecuencia de las creencias religiosas, lo cierto es que aquella es totalmente independiente de estas. Existen multitud de personas en las que una moral intachable coexiste con un total ateísmo.

La evaluación moral, sin embargo, no es cuestión de todo o nada, y por tanto no siempre puede ser totalmente automática. En estos casos se ponen en marcha circuitos en los que lo emocional deja de ser el criterio más importante (aunque no deje de estar presente). Estos circuitos más «racionales» y menos automáticos incluyen al córtex prefrontal dorsolateral, que mencionábamos antes por ser necesario para evaluar hasta qué punto resulta aceptable una determinada acción. En estos casos también interviene el llamado *cíngulo anterior* (o *giro cingulado anterior*), que presenta algunos rasgos destacables en nuestra especie. Esta parte de nuestro cerebro situada en la línea media de los lóbulos frontales —que se corresponde con las áreas 24, 32 y 33 del mapa de Brodmann— pertenece al sistema de las emociones, el sistema límbico; aunque lo más correcto sería considerarla un intermediario entre lo emocional y lo racional. El cíngulo anterior interviene en todas las situaciones de conflicto, especialmente si son sociales. No parece ser ajeno a esta función que el cíngulo anterior contenga neuronas en huso o *células Von Economo*, que solo se han encontrado en los seres humanos, en los grandes simios, en los elefantes e, increíblemente —o no—, en algunas especies sociales de cetáceos. Sin embargo, esta tendencia a evaluar los conflictos morales mediante circuitos menos emocionales y automáticos en caso de conflicto se rompe cuando debemos enjuiciar a gente conocida. En estas circunstancias vuelve a dominar plenamente el cerebro emocional. Somos humanos.

Amor y odio

En *El origen del hombre*, Darwin sugiere que el comportamiento moral habría surgido por selección natural de la solidaridad con los miembros del grupo, un comportamiento que traería muchos beneficios adaptativos. Entre otros, cohesionaría más a los grupos cuyos miembros son solidarios, y por tanto les daría más agresividad a la hora de defenderse de otros grupos. Esto, a su vez, daría una cierta ventaja en la lucha cuerpo a cuerpo. No se defienden igual los intereses de un grupo del que uno se siente parte en cuerpo y alma que los de un grupo más disperso. El sentimiento de pertenencia a un grupo añade valor y fuerza a la hora de defenderlo.

Con frecuencia, el ser humano dirige su agresividad tanto contra sus congéneres como contra otras especies. Sin embargo, no es necesariamente de las más agresivas, ni siquiera entre los grandes simios. Un gen, el AVPR1a, relacionado con la hormona *arginina vasopresina* (la hormona antidiurética), es idéntico en los humanos, los bonobos (chimpancés pigmeos) y los ratones sociales. Sin embargo, chimpancés comunes y especies de ratones no cooperativas muestran una variante distinta de ese gen. La relación entre la cantidad de arginina vasopresina circulando en sangre y una mayor agresividad parece estar bien establecida. En torno a un 30 por ciento de los chimpancés en estado salvaje mueren por agresiones de semejantes. Nuestra variante implicaría que estamos en unos niveles relativamente moderados de agresividad. Además, existen otras hormonas que, por el contrario, propician el contacto con los demás. Es el caso de la *oxitocina*, que facilita nuestras relaciones sociales, especialmente con los seres más queridos. La llaman la «hormona del amor» y se dispara durante el coito, pero también durante el parto (ya que ayuda a las contracciones uterinas). Sin embargo, no todo son bondades, porque uno de sus efectos secundarios es un deterioro de la memoria. En cualquier caso, nuestra especie es especialmente sensible a la oxitocina, y esto determina sensiblemente nuestro carácter. Resulta curioso que la arginina vasopresina y la oxitocina sean dos hormonas que tienen su más remoto origen en la regulación de la micción y el equilibrio homeostático.

Pero, aunque algunas hormonas indiquen que nuestros niveles de agresividad pueden ser moderados, no somos en absoluto unos santos. Nuestra especie muestra entre sus comportamientos más característicos el de la existencia de conflictos generalizados tanto entre grupos como dentro de ellos. Cuando hablamos del ser humano podemos hacerlo sin vacilar de la existencia de guerras, asaltos, extorsiones, pillaje, violaciones y un largo e infausto etcétera de comportamientos muchas veces teñidos de extrema crueldad. Mostramos también otros comportamientos relacionados, como la *curiosidad mórbida* —o morbosa; es decir, un cierto gusto por lo macabro—. Los seres humanos nos sentimos atraídos poderosamente por las desgracias ajenas, especialmente si quien las sufre no es un familiar cercano o un buen amigo. Buscamos contemplar escenas grotescas o restos humanos. Un buen ejemplo es el llamado *síndrome del accidente de tráfico*, curioso fenómeno por el que los conductores no pueden evitar dirigir su mirada hacia el lugar donde se acaba de producir un accidente, reduciendo la velocidad y dirigiendo la atención a los vehículos siniestrados en busca de un asomo de humanidad entre los hierros retorcidos. La mayoría de los conductores se comportan así aun a pesar de las indicaciones en contra de las autoridades de tráfico y a sabiendas de que con su impulso, con su instinto, pueden estar causando un grave atasco. Los informativos y muchos otros programas de televisión invaden nuestra mirada con desgracias ajenas, y sus responsables se recrean frecuentemente con primeros planos de gestos de desesperación, de llanto; el ser humano se siente atraído por las penas ajenas.

Sí, los humanos somos una especie con ciertas dosis de agresividad como otra de nuestras características definitorias. En caso contrario, la historia de la humanidad no sería sinónimo de la historia de las grandes guerras y batallas. No sabemos si las hubo en la más lejana prehistoria, aunque, dada la ubicuidad de este rasgo a lo largo de la historia conocida, es muy probable que su origen se remonte muy atrás en el tiempo. La especie humana sin duda es una especie guerrera.

La especie de los guerreros

Pero ni la agresividad ni las guerras son un fenómeno exclusivamente humano. La primatóloga Jane Goodall, que tantos datos ha aportado a favor de desterrar como únicamente humanos muchos de nuestros comportamientos, ha dado noticia también de verdaderas guerras entre grupos de chimpancés, guerras que frecuentemente se saldan con varias muertes. Sin embargo, en el humano las guerras trascienden con creces los límites de lo que podamos encontrarnos en el reino animal, tanto en calidad como en cantidad.

Al contrario de lo que se suele creer, la guerra no es una forma de regular la cantidad de población. En los grupos de cazadores-recolectores parece que las guerras sí que aumentarían el número de infanticidios femeninos, ya que hacen falta más guerreros y este papel ha venido siendo tradicionalmente asumido por los individuos del sexo masculino. Pero a medio plazo los índices poblacionales vuelven a su cauce, siendo las guerras menos eficaces en la regulación del tamaño de la población que otros factores realmente más dramáticos, como puedan ser las epidemias, las hambrunas o los desastres naturales. Entonces, ¿por qué hay guerras?

Puede que hayan confluido varios factores para explicar la relativa frecuencia de nuestra conducta más belicosa. En principio, según plantea el antropólogo Marvin Harris en su libro *Nuestra especie* (1990), es posible que a lo largo de nuestros primeros tiempos las guerras fueran fenómenos aislados, no tan frecuentes como lo han sido posteriormente. Aunque no cabe duda de que la lucha por los recursos siempre habría sido una razón para el enfrentamiento, la densidad de población no era tan grande como para que pudiera llegarse a una verdadera guerra, al menos no muy a menudo. Pero con el paso del tiempo las guerras se habrían convertido en un fenómeno habitual, altamente organizado, de violencia extrema y alta mortalidad. Esto ocurrió especialmente con la llegada de esa forma de organizarse los grupos humanos que los antropólogos denominan *jefaturas*, lideradas por verdaderos jefes. En concreto, y según Harris, jefes supremos y todopoderosos.

Como ya sabemos, los grupos de hasta 150 o 200 individuos son perfectamente manejables para nuestra mente y pueden llevar una convivencia en relativa armonía sin necesidad de una jerarquía estricta. Cada uno desempeñaría su papel, sin ser necesariamente mucho más que nadie. Los bosquimanos !kung tienen algo parecido a líderes, pero solo lo son por persuasión. Son líderes de grupo, líderes sociales, no autoridades supremas; todos los miembros del grupo serían en realidad cabecillas del mismo. Este tipo de organización se puede considerar jerárquica, aunque la autoridad sea ejercida más por medio de la seducción que de la fuerza; si fuéramos griegos clásicos, podríamos decir que por las técnicas de la retórica. Algo parecido a esto pudo haber sido lo habitual en las sociedades humanas primigenias, aunque sospechamos que la violencia tenía más protagonismo del que parece tener entre los bosquimanos. Somos primates sociales, y la existencia de relaciones jerárquicas dentro de los grupos parece algo intrínseco a nuestra especie; nuestro cerebro está especialmente preparado para ello. En cualquier caso, estos líderes de grupos pequeños no serían jefes en el sentido estricto del término.

Con el surgimiento de las jefaturas, sociedades con una jerarquía estricta, el fenómeno de la guerra parece que se volvió más exagerado y frecuente. Fue el momento en el que surgieron los jefes intocables y todopoderosos, verdadero caldo de cultivo para las guerras. A este fenómeno debió de contribuir el hecho de que en los grupos más numerosos, con una cantidad de individuos superior a 200 y, por tanto, más difíciles de manejar mentalmente, las relaciones entre sus miembros debían de quedar definidas por una función, por una categoría. Cuando se alcanza esta situación de impersonalidad es cuando pueden aparecer muchos de los fenómenos mentales y sociales de los grupos grandes de humanos mencionados anteriormente. La categoría de «jefe» se aplicaría así a un rol, a una función, y, sobre todo, a unas características que pueden perfectamente alejarse del verdadero personaje que asuma ese papel en un momento dado. La lejanía entre los miembros del grupo es suficiente también como para que la mayoría de ellos no haya tenido un trato cercano y directo con el líder y, por lo tanto, lo ignoren todo de él. Es entonces cuando se puede llenar ese vacío de conocimiento real con unos cometidos y unas capacidades, a veces incluso sobrenaturales, que se le suponen al líder solo por el hecho de ser la persona que ostenta ese título. Efectivamente, el jefe acaba siendo alguien muy especial, incluso una divinidad, alguien a quien hay que obedecer ciegamente, alguien por quien merece la pena luchar y matar y, si hace falta, morir.

El fenómeno debió de volverse cada vez más complejo a medida que los grupos aumentaban cada vez más de tamaño. Especialmente complejo, para nuestra limitada mente, cuando los grupos superaron los 10.000 individuos y empezaron a surgir los *estados*. Los estados son, según Marvin Harris, una forma exclusivamente humana de agrupación a la que tiende naturalmente nuestra especie, como lo demostraría el hecho de que hayan surgido de manera independiente en diversas partes del mundo.

Pero las guerras, como los estados y tantas otras cosas, en el fondo no son más que un juego; un gran juego. El ser humano lucha por conceptos, por ideas, sean estas una nación, un dios o unos ideales. A veces, todo junto. Todos ellos no son otra cosa que meros conceptos mentales, sin más realidad material que la que les otorga nuestro cerebro. Cuando hacemos la guerra, puede que solo estemos jugando, aunque lo que nos juguemos sea la vida.

Homo ludens

El ser humano destaca por ser tremendamente propicio al juego. El historiador holandés Johan Huizinga sugirió que nuestra especie podría llamarse *Homo ludens* (este es, de hecho, el título de su libro publicado en 1950). Para Huizinga, todas las culturas no son más que un mero juego, y cumplen una función lúdica. Es probable que la cultura humana tenga su origen y gran parte de su razón de ser en los mismos mecanismos que el juego.

El juego no es un fenómeno exclusivo de nuestra especie; muchas otras lo practican durante su infancia. Es una actividad muy destacada en los primates, especialmente en algunos grandes simios, como los chimpancés. El juego parece ser una actividad muy preponderante en especies con un marcado carácter social y que en la edad adulta presentan un comportamiento más flexible. Sin embargo, en nuestra especie se daría el curioso fenómeno de que el juego no disminuye su intensidad con el inicio de la edad adulta, llegando en ocasiones a invadir nuestras vidas hasta sus más íntimos rincones. Jugar es divertido, o al menos gratificante. El juego llena el cerebro de opiáceos naturales, que refuerzan y motivan las acciones que estemos llevando a cabo. Esta liberación de sustancias similares a algunas drogas, pero producidas por el propio cerebro y de mucha menor potencia, no solo facilita el trabajo coordinado de diversas acciones de nuestro cerebro, sino que además atenúa y minimiza los conflictos sociales.

Somos primates altamente sociales y, gracias al juego, principalmente durante la infancia, desarrollamos nuestra capacidad para entender lo que es una jerarquía y lo que esta implica. Jugar nos ayuda a desarrollar nuestro lenguaje y nuestra capacidad de comunicación, a aprender y a seguir unas reglas que determinan la convivencia. Con el juego aprendemos a ser humanos. Lo curioso en nuestro caso es que no dejamos de jugar durante el resto de nuestras vidas. El ser humano adulto realiza un juego social muy complejo, con numerosas normas, roles, derechos y obligaciones, con multitud de interrelaciones que hay que entender y memorizar, por lo que ejercitar estas habilidades mediante la actividad lúdica durante el desarrollo resulta absolutamente imprescindible. Entre otras cosas, porque el juego nos permite reconocer la posibilidad de que otros individuos tengan ideas y pensamientos distintos de los nuestros. Y, lo que es muy importante, también nos permite reconocer que puede (y suele) haber tramposos. Con el juego infantil, que de alguna forma reflejará lo que será el juego de la vida adulta, el niño humano aprende que no todo son buenas intenciones, que hay competencia y que unos ganan y otros pierden. Podría decirse que el ser humano vive inmerso en un gran juego durante toda su vida.

Que incluso la guerra se pueda entender como un juego y que la especie humana sea propensa a ella, especialmente si vive en grupos muy grandes, explicaría algunos fenómenos humanos aparentemente muy extraños, pero a la vez tan cotidianos, como la pasión de las masas por los deportes, especialmente si se juegan en equipo.

Para algunos autores, el ser humano es único en exhibir las más variadas y sorprendentes formas de demostrar que se está bien adaptado, que se está en forma y que se es un candidato idóneo y preferible con quien tener descendencia. La guerra puede haber sido de algún modo una de esas formas de exhibirse, de mostrar que se es de los mejores física y mentalmente. Además, en la guerra hay no solo un jefe supremo y otros tantos mandos organizados jerárquicamente; también hay combatientes, guerreros valientes y héroes. Curiosamente, en el deporte se dan muchos paralelismos con la guerra. La pasión y el entusiasmo con que una gran parte de la población humana de todo el planeta se relaciona con el mundo del deporte nos tienen que poner sobre aviso de que es probable que estemos ante algo que verdaderamente forma parte de lo más esencial de nuestra naturaleza. En la afición al deporte, muchos seres humanos se ponen de parte de un equipo, lo siguen con sumo interés en todas sus batallas e implican de lleno a su sistema emocional. Si el equipo pierde, sufren, y si gana, estallan de alegría. Los seguidores celebran en masa las victorias de su equipo de una manera muy poco discreta, y se produce una verdadera orgía de hormonas en sus cerebros. Sí, se puede vivir pasionalmente el deporte incluso sin ser deportista. Es más, se suelen destinar al deporte enormes sumas de dinero, cantidades que por sí mismas podrían ayudar a paliar de manera notable muchos de los problemas más básicos y acuciantes del tercer mundo. Sin embargo, se están invirtiendo en el hecho de que, por ejemplo, grupos de personas adultas en pantalón corto den patadas a una pelota que tienen que meter entre tres palos. Así es el sistema moral de nuestra especie; y así es el ser humano, imperdonablemente amante del juego. Si queremos realmente definir y entender a nuestra especie, no nos debemos olvidar de este tipo de cosas.

El deporte, en especial el deporte en equipo, es un buen sinónimo y sustituto de la guerra. El deporte llena el vacío que necesitan colmar nuestros instintos guerreros, y esta es posiblemente una de las principales razones de su tremendo éxito. Entre el deporte y la guerra, como decíamos, existen numerosos y sospechosos paralelismos. En la guerra hay naciones, estados, reyes, príncipes, héroes y soldados; estrategias, objetivos y batallas; himnos, banderas, colores (que se defienden con la vida), vencedores, vencidos y premios; campos de batalla y, sobre todo, un impresionante baño de nuestros órganos en adrenalina y una tremenda demostración de fuerza física llevada al límite de nuestras capacidades. Pues bien, más allá de la mera práctica del deporte, del ejercicio para mantenerse en forma, toda la parafernalia que lo rodea hace un uso demasiado evidente de todos estos conceptos guerreros. Hay quien dirá que el deporte no es más que un juego. Sí, es cierto, pero un juego que muchos seres humanos parecen tomarse muy en serio. Así es como jugamos los humanos. Cuando el filósofo Ortega y Gasset hablaba del «sentido deportivo y festival de la vida» no podía mostrarse más acertado.

7

LAZOS DE SANGRE

> ... parece probable [...] que el hábito del matrimonio, en el estricto significado de la palabra, solo se fue desarrollando gradualmente, y que las uniones promiscuas, o de lazo muy poco estrecho, eran en extremo comunes en el mundo. Mas teniendo en cuenta la fuerza del sentimiento de los celos en todo el reino animal, así como por analogía con los animales inferiores, y especialmente con los que en la escala están más inmediatos al hombre, no puedo creer que las uniones promiscuas prevalecieran en absoluto poco tiempo antes de que el hombre alcanzara su presente jerarquía en la escala zoológica.
>
> Charles Darwin, *El origen del hombre* (1871)

Sociedades fundamentales

Hasta aquí hemos hablado de los grupos sociales humanos más amplios, y nos hemos centrado básicamente en dos tipos: los grupos cercanos —o cuya referencia podríamos ubicar en un individuo— y los grupos más extensos, que normalmente superan con creces los 150 o 200 individuos que nuestra mente es capaz de manejar como grupo cercano. Los grupos extensos pueden llegar a ser tan grandes como una nación, un continente o todo el planeta. En nuestro camino hacia lo más íntimo del ser humano, en este capítulo nos vamos a detener en grupos sociales más pequeños. Empezaremos por los que formamos exclusivamente con nuestros parientes, en especial con los más próximos. Hablaremos de la familia humana y las diversas formas de parentesco (11a). También veremos que la forma de organización más común en nuestra especie parece ser la llamada *filopátrida* (11b), lo que en nuestro caso quiere decir que la «patria» se vincula a la familia del padre. Este hecho conllevará algunas consecuencias importantes respecto al modo de organización de las líneas de parentesco.

Aún en este capítulo, seguiremos reduciendo todavía más el número de individuos implicados en un grupo hasta que solo queden los padres y los hijos, la *familia nuclear*. Y aquí tendremos que hablar de mecanismos tan curiosos como el matrimonio, que garantizarían de algún modo que la unión de la pareja humana sea de larga duración (11e). Estos mecanismos estarían muy vinculados con la necesidad de cuidar de una prole con un larguísimo período de desarrollo, que necesita cuidados y atenciones por parte de sus dos progenitores durante muchos años, hasta que llegue a la edad adulta (11c). De acuerdo con este *largo ciclo vital*, que es exclusivo de nuestra especie, tenemos la peculiaridad de poseer dos períodos adicionales de desarrollo, la *niñez* y la *adolescencia*, que se unen a la *infancia* y la *juventud* para prolongar el tiempo necesario para que un cerebro tan grande y que tiene mucho que aprender alcance la plena madurez (12c, 12f). Y para que no se nos quede nada en el tintero, terminaremos el capítulo hablando de sexo, ya que la *sexualidad humana* presenta una serie de características que la hacen única en el reino animal (grupo de rasgos número 13).

La familia humana

El concepto de familia en el ser humano va mucho más lejos de lo que suele ir en cualquier otra especie. Entre nuestros rasgos más definitorios como especie está el tener *extensas redes de parentesco* que implican a muchos más miembros que el padre, la madre y los hijos. Para esas otras posibles y a veces remotas relaciones de parentesco tenemos etiquetas, es decir, nombres que las identifican, con sus correspondientes conceptos. Por ejemplo, los más básicos, como abuelos y hermanos. Pero también están los tíos, los nietos, los bisnietos y los tataranietos, por citar solo algunos otros ejemplos de los innumerables matices que contienen las posibilidades de nuestro parentesco. También incluirían algunos tan etéreos como los primos hermanos, los primos segundos o los cuñados. Con todos esos parientes tenemos «algo», un vínculo; y con muchos de ellos compartimos la «misma sangre». Con estos tenemos, como dirían los antropólogos, una *relación de consanguinidad*.

Una lista tan extensa de parientes más o menos cercanos solo puede abarcarla un cerebro como el nuestro, capaz de entender y manipular una gran cantidad de información. Para poder asimilar estos grados de parentesco resulta necesario comprender exactamente cuáles son los vínculos entre los miembros de nuestra extensa red de parentesco y sus distancias respecto a nosotros. Son grupos que, como nos podíamos imaginar, normalmente no sobrepasan los 150 individuos, y con frecuencia tienen muchos menos. Son perfectamente asimilables, por tanto, para nuestra corteza cerebral, que sería capaz de identificar personalmente a cada uno de sus miembros.

Existen factores que hacen que la comprensión y la memorización de estas redes de individuos, tanto si son parientes como si no, sean más fáciles para nuestro cerebro.

La especie humana es la única que otorga *nombres propios* a cada uno de sus miembros. Los nombres serían de esta manera un elemento más para identificar a un individuo y, por tanto, para diferenciarlo mejor de los demás en nuestra memoria. La universalidad e importancia de este rasgo quedan demostradas por el hecho de que en algunas culturas se piensa que el nombre determina —o al menos influye en— el carácter y la personalidad de quien lo lleva; por increíble que parezca, nuestra cultura occidental aún no se ha librado del todo de este tipo de creencia. Buena parte de los miembros de nuestra especie tiene además la costumbre de ponerse un apellido, y a veces varios, junto al nombre, vinculando así cada persona a una determinada familia; es decir, se considera tan importante la pertenencia a una familia que se incluye en nuestra identificación personal. Este hecho facilitaría aún más la identificación de nuestras relaciones de parentesco con determinados individuos.

La existencia de apellidos, en realidad, no es más que un reflejo de nuestra tendencia a lo que se conoce como *filopatría*. Concretamente, a la *filopatría masculina*. En ecología, la filopatría se entiende como la tendencia de los individuos a permanecer en el lugar habitual, en el lugar de origen, o a volver a él tras haberlo abandonado. Se trata de la existencia de un lugar de referencia. En el caso del ser humano, esta referencia parece tener un carácter marcadamente masculino, pues será la coalición entre los miembros varones del grupo la que marque dicho lugar. Un lugar que, sin embargo, no tiene por qué estar definido por criterios estrictamente geográficos; el grupo puede migrar y seguiría siendo la referencia. Que la filopatría sea mayoritariamente masculina podría basarse en esos instintos guerreros que comentábamos en el capítulo anterior, pues son los varones los que mayoritariamente han desempeñado este papel.

La filopatría masculina determinaría, a su vez, que la línea de parentesco más frecuente en nuestra especie esté centrada principalmente en los varones; es la denominada *patrilinealidad*. El hecho de que en buena parte de nuestro planeta el apellido haga referencia al padre o a la familia del padre lo corrobora de algún modo. Sin embargo, que el origen de algunos apellidos no haga referencia al padre o a la familia paterna, pero sí a un lugar geográfico determinado, nos indicaría también que la patria y el padre —o la familia del padre— se convierten a veces en conceptos perfectamente intercambiables.

Curiosamente, los chimpancés también son patrilineales. Se organizan asimismo de forma estable alrededor de las coaliciones masculinas, y las hembras generalmente son originarias de otras comunidades de las que migran al llegar a la edad madura. Los machos de esta especie tan cercana a la nuestra también muestran mayores niveles de coalición y cooperación comparados con las hembras.

Unidos para la eternidad

Si algo no se puede negar es que nuestra especie es muy familiar. Entre los seres humanos de distinto sexo se establecen vínculos que pueden durar toda la vida, y todo con el objetivo último y generalmente declarado de procrear y sacar adelante a la prole resultante. Aunque podamos decir que en otras especies se forman vínculos estables y duraderos entre una hembra y un macho que van a criar a su descendencia, solo en el ser humano dicha unión se realiza de manera explícita, y no solo para los dos miembros directamente implicados, sino para toda la comunidad. En nuestra especie existe un concepto, el del *matrimonio*, de marcado carácter social y que no se da en otras.

Para algunos autores, como Terrence Deacon en su libro *The Symbolic Species: The Co-Evolution of Language and the Brain* («La especie simbólica: La coevolución del lenguaje y el cerebro»), de 1997, el matrimonio es uno de los grandes avances cognitivos de nuestra especie, el motor de muchos otros logros. Con el matrimonio se establece un vínculo gracias al cual el macho y la hembra humanos se comprometen públicamente a obtener los recursos necesarios para sacar adelante a su descendencia.

Los espermatozoides son mucho menos costosos de conseguir que los óvulos, en términos de recursos energéticos (el macho produce miles de espermatozoides al día, mientras que la hembra necesita un mes para madurar un óvulo), y tanto la gestación como el parto, con sus riesgos y complicaciones, son un problema de la madre, no del padre. Por tanto, este podría romper sus vínculos fácilmente y dejar sola a la madre en cualquier momento, ya que lo que ha invertido inicialmente en la descendencia es en realidad muy poco. La inversión de la madre, por el contrario, ha sido considerable, lo que garantiza que seguirá invirtiendo en sus cuidados. Ante estas circunstancias, el matrimonio proporcionaría unas mínimas garantías de que el macho se comprometa al mantenimiento y cuidado de la progenie, ya desde antes incluso de que esta venga al mundo. También se compromete a cuidar de la madre, pues ella será la principal y única fuente de alimentación de la prole durante sus primeros años de vida. Gracias al matrimonio, su compromiso será a muy largo plazo, y, como es un compromiso público, el grupo velará por su cumplimiento. Pero el matrimonio es igualmente un compromiso mutuo. También la madre se compromete a garantizar que su descendencia pertenece al macho con quien ha establecido el vínculo matrimonial; es decir, que el macho no va a emplear sus energías en sacar adelante unos genes que no son suyos. Al *himen*, rasgo característico de nuestra especie (13h), siempre se le ha dado un gran valor, precisamente por ser un indicador de que ningún macho ha fecundado a la hembra, al menos hasta el momento en que lo pierde.

La hormona oxitocina, que ya mencionábamos en el capítulo anterior por su influencia en las relaciones sociales y las coaliciones humanas, desempeña también un importante papel en el matrimonio humano. Esta hormona, junto con otros transmisores químicos de nuestro cerebro relacionados con el placer, como los opiáceos endógenos o endorfinas, tiene mucho que ver en que los miembros de nuestra especie se enamoren apasionadamente. Con el amor pasional, tan común e importante en nuestras vidas, se activan circuitos cerebrales del placer, como los que implican al *núcleo accumbens*, situado bajo nuestros lóbulos frontales y objetivo común de todas las drogas que alteran nuestra mente —y cuyo consumo hace desearlas repetidamente—. La gran cantidad de *dopamina* —otro transmisor químico— que se libera en nuestro cerebro como consecuencia del amor tiene como uno de sus principales objetivos a este núcleo —del que también hablamos en el capítulo anterior, por su relación con el placer que sentimos cuando se cumplen las normas morales—. Lo que quizá pueda parecer sorprendente, aunque en el fondo no lo sea tanto, es comprobar que con el amor pasional también se desactivan ciertas áreas de nuestro cerebro; concretamente, partes de nuestra corteza cerebral que tienen que ver con el juicio racional y objetivo. Y es que el amor, como dicen, es ciego. Mecanismos como estos facilitarían la estabilidad del sentimiento amoroso, que no disminuiría incluso ante posibles evidencias adversas sobre la persona objeto de nuestra pasión. Lo que tampoco podemos negar es que estos mecanismos son adaptativos, pues gracias a ellos se establece un vínculo que facilita la supervivencia del individuo y la transmisión de sus genes. Volveremos a hablar de las relaciones de pareja más adelante.

El poder del cerebro sobre la mente

Resulta interesante —y nos puede dar mucho que pensar— que algunas sustancias químicas que segregan determinadas partes del cerebro sean capaces de tener el poder que tienen para el amor entre las personas, las uniones matrimoniales o el amor a los hijos. El núcleo accumbens, tan afín a la dopamina, por ejemplo, es considerado uno de los «centros cerebrales del placer» por excelencia. Está implicado no solo en las relaciones de pareja, las relaciones sexuales, el amor a los hijos o la adicción a las drogas, sino también en la risa, el miedo, la agresividad y el efecto placebo, importante rasgo del comportamiento humano del que hablaremos en otro capítulo y en el que este núcleo desempeña un papel fundamental. Se ha visto también implicado en placeres tan sutiles y variados como el que producen la música o la contemplación de una obra de arte, y se está estudiando la posibilidad de estimular este centro con electrodos para tratar la depresión.

Evidentemente, estimular un centro como el núcleo accumbens sería una fuente inagotable de placer. Lo sabemos, entre otras cosas, por los famosos experimentos de James Olds y Peter Milner de la década de 1950. En estos experimentos lo que se estimulaba no era exactamente el núcleo accumbens, sino un grupo muy próximo de pequeños núcleos, los llamados *núcleos septales*, cuya función es muy similar a la de aquel. Olds y Milner insertaron electrodos en el cerebro de ratas, de manera que ellas mismas podían autoadministrarse el impulso en los núcleos septales cuando quisieran, simplemente apretando una palanca. Lo que estos autores encontraron es que las ratas no dejaban de apretarla continuamente; tanto que se olvidaban de comer y de beber y morían al cabo de unas horas. Los núcleos septales, como el accumbens y otros tantos núcleos del interior de nuestro cerebro, nos muestran hasta qué punto nuestro comportamiento viene determinado por la química del cerebro. No deja de ser sorprendente que realidades como estas sean lo que mantiene unidas a las familias.

Tanto la hormona oxitocina como la dopamina también tienen mucho que ver con el amor a los hijos. Estas sustancias químicas —que sería lo mismo que decir «el amor»— desempeñan un papel importante en la formación del núcleo familiar, lo que se conoce como *familia nuclear*. Es la compuesta exclusivamente por la madre, el padre y los hijos. En nuestra especie la llamada *familia extensa*, que comprende no solo a la nuclear, sino también a toda la larga lista de parientes y familiares que mencionábamos antes, es el patrón más común de parentesco. Sin embargo, la familia nuclear es el grupo mínimo y esencial alrededor del cual gira realmente la organización familiar. En algunas sociedades industrializadas y occidentales, es el único patrón que sobrevive. Podemos decir, por tanto, que la familia nuclear es la unidad funcional básica por excelencia de nuestras relaciones de parentesco.

Nuestra especie cuenta con algunos instintos encaminados a fortalecer los vínculos de ambos padres con su progenie. Por ejemplo, nos vamos a encontrar con que el llanto del niño provoca unas fuertes respuestas fisiológicas en el cerebro de la madre, concretamente en ese detector de conflictos que ya conocemos y que se conoce como *cíngulo anterior*, situado en la línea media de los lóbulos frontales. Esta activación del cíngulo produce un gran desasosiego y persiste en la madre hasta el mismo momento en que esta hace algo por calmar el llanto de su hijo. El mecanismo es muy selectivo, ya que solo se produce con respecto a los propios hijos, nunca para niños ajenos. En el hombre, por su parte, el cíngulo anterior forma parte de un sistema especializado en detectar el parecido de la progenie consigo mismo, con el fin de determinar que, efectivamente, los hijos son suyos y que, por tanto, debe cuidar de ellos.

¿Y quién no se ha fijado en lo atractivas que resultan las caras de los personajes de los cuentos infantiles? Cabezas grandes y redondeadas, con unos ojos enormes que captan gran parte de nuestra atención, una boca y una nariz pequeñas y carrillos generosos. Es, a grandes rasgos, la cara de todo niño pequeño. Es la misma cara de Mickey Mouse, y de tantos personajes infantiles creados bajo el mismo patrón y con el mismo objetivo. Son el tipo de rasgos faciales que despiertan en los adultos —al igual que en los niños— una respuesta inevitable de simpatía y ternura, un instinto que sin duda favorece la supervivencia de sus portadores. Aunque este mecanismo no es exclusivamente humano, sí que se encuentra muy exagerado en nuestra especie.

Como vemos, existen bastantes evidencias de que el cerebro humano, tanto el del padre como el de la madre, posee unos poderosos mecanismos para establecer estrechos vínculos con el cónyuge y la progenie (11d). Gracias a ellos será más fácil que la descendencia reciba los cuidados y atenciones que necesita hasta llegar a la edad adulta y pueda independizarse. Sin embargo, no se puede negar que en muchas culturas y sociedades del planeta se ha dado esa extraña forma de regular el acceso a los escasos recursos naturales que se conoce como *infanticidio*. Pero en este caso no estaríamos ante un rasgo que destaque específicamente en el ser humano, ya que hay infanticidas en todos los grupos animales: aves, peces, insectos y mamíferos.

Sí será distintivo de nuestra especie, sin embargo, que la

madre y el padre puedan contar con una importante ayuda adicional en la crianza de su progenie. En realidad, el desarrollo del ser humano es tan largo y difícil que cualquier ayuda es poca. Esta es una de las posibles razones por las que las mujeres de nuestra especie son las únicas hembras del reino animal que presentan la *menopausia* al superar la edad óptima para la procreación (12d). Al margen del ahorro energético que para el cuerpo de la mujer supone la menopausia, la posibilidad de que las abuelas colaboren en las tareas de cuidado y crianza de la descendencia de su propia descendencia parece haber sido un factor decisivo para el surgimiento de esta peculiaridad de nuestra especie.

El largo camino del ciclo vital

El ser humano posee un cerebro tan grande (7a) que tiene que nacer antes de llegar a una madurez cerebral más óptima, entre otras cosas porque esperar más tiempo haría inviable el parto. A un cerebro grande se une el que tenemos partos difíciles producto de la bipedestación y el estrechamiento de las caderas, y porque prolongar la gestación aún más dejaría extenuada a la madre. En definitiva, no nos queda más remedio que nacer antes de tiempo, antes de que nuestro cerebro crezca más, de manera que llegamos al mundo con un cerebro muy inmaduro si lo comparamos con el de otras especies de primates. Por eso el crecimiento del cerebro es muy rápido durante el primer año de vida (12b), si bien se vuelve posteriormente más lento y prolongado en el tiempo. Si el chimpancé nace con un cerebro ya desarrollado en un 40 o 50 por ciento respecto a lo que será en la edad adulta, en nuestra especie esta cifra baja del 30 por ciento. Este fenómeno parece que comenzó al menos desde los tiempos del *Homo erectus*. Los cuidados a nuestras criaturas recién nacidas se volvieron así más necesarios que en otras especies.

La nuestra es realmente una especie muy *altricial*, es decir, muy inmadura cuando viene al mundo, situación que se mantiene hasta que concluye la etapa juvenil (12a). Junto con esto, y en parte también por su culpa, el ciclo vital del ser humano hasta llegar a la edad adulta es sumamente largo, incluso con etapas de desarrollo que no tienen otros primates.

Concretamente, son dos las etapas que nuestra especie presenta como un añadido al desarrollo normal de los primates. En estos, el ciclo vital comienza en la *infancia*, le sigue la *juventud* y continúa en la edad adulta. En nuestra especie se añaden la *niñez* y la *adolescencia*, ambas entre la infancia y la juventud, prolongando significativamente el tiempo necesario para alcanzar la madurez. Dos etapas más que suponen, de entrada, un período largo de aprendizaje y educación, algo absolutamente necesario para una especie con unas reglas sociales tan complejas y un amplio bagaje cultural que transmitir (7g). Necesitamos muchos años para prepararnos para el gran juego de la vida humana adulta. Aunque los rangos de edad varían mucho de unos autores a otros, podríamos decir, a título orientativo, que la infancia iría desde el nacimiento hasta los 6 o 7 años; la niñez, entre los 6 y los 11 años; la adolescencia comenzaría a los 11 o 12 años en las chicas y a los 13 o 14 en los chicos, y, finalmente, la juventud iría desde los 15 o 16 hasta los 21 años, aproximadamente, aunque siempre unos años antes en las mujeres. Por cierto que, durante la niñez, se produce la *adrenarquia* (12g), un proceso de maduración sexual fruto de la secreción de hormonas sexuales por parte de las glándulas suprarrenales, fenómeno distintivo del ser humano y de solo algunos primates superiores.

Las dos etapas que se han añadido a nuestro ciclo vital

se corresponden, además, con otras tantas etapas importantes del desarrollo cerebral e intelectual. A modo de ejemplo, uno de los cambios más importantes en la maduración del cerebro humano se produce con el paso de la infancia a la niñez. En ese momento el cerebro sufre un cambio que le permite alcanzar capacidades cognitivas muy importantes. Su forma de razonar y de pensar empezará a parecerse mucho a la de un adulto. Pero, a la vez, el cerebro se volverá menos flexible para algunas cosas. Aproximadamente a esa edad, el lenguaje ya estará prácticamente desarrollado —al menos la sintaxis, es decir, sus reglas de funcionamiento—, mientras que comenzará a ser cada vez más difícil aprender nuevos idiomas. Para algunos autores, la sintaxis de nuestro lenguaje no sería posible sin nuestro lento desarrollo cerebral. Sabemos que especies humanas tan antiguas como *Homo antecessor* y *Homo heidelbergensis* ya tenían un ciclo vital bastante prolongado, al menos en cierto grado.

El largo período de nuestro ciclo vital sería también crucial para poder alcanzar el volumen que finalmente adquieren determinadas áreas de nuestro cerebro. Existe una relación directa entre el tiempo que se tarda en llegar a la edad adulta y el tamaño que alcanzan ciertas áreas de la corteza cerebral. Es el caso del área 10 del mapa citoarquitectónico de Brodmann, un área situada justo detrás de la frente y que es una de las últimas en madurar durante el desarrollo individual. Ya fue mencionada por su papel a la hora de detectar actos enjuiciables moralmente. Pero su contribución a que nuestra mente sea significativamente diferente de la de otras especies no se limita a esta función, ni mucho menos, pues está involucrada en otras muchas cosas, desde seguir el hilo conductor de una conversación hasta determinar de manera importante nuestras puntuaciones en un test de inteligencia. Tendremos ocasión de volver a hablar de esta importante parte de nuestro cerebro.

Desde el punto de vista genético, sin embargo, parece que no ha sido muy difícil conseguir que nuestro proceso madurativo sea particularmente largo. En realidad, bastarían unas pocas modificaciones en nuestros genes para extender los períodos de desarrollo previos a la edad adulta; enlentecer o prolongar la acción de determinados genes sería suficiente. Los beneficios de esta sencilla operación, sin embargo, parecen muy evidentes, y por lo que hemos visto serían determinantes para explicar lo que nos hace humanos.

Pero un ciclo vital tan largo tenía que tener alguna desventaja. Ya hemos mencionado el grado de desprotección con el que nacemos, y con el que aún continuamos durante mucho tiempo. Otra de esas desventajas, esta quizá algo más mundana, es que somos la única especie en la que los padres influyen de manera importante en la elección de pareja de sus hijos (11g). En algunas culturas incluso se va más allá de la simple influencia para pasar a ejercer una verdadera y rígida imposición, especialmente en el caso de las hijas, ya que su inversión en la gestación será siempre mucho mayor que la de los varones y, por lo tanto, conviene que la elección sea muy meditada. En general, bastante antes de que nuestro cerebro haya llegado a la plena madurez, comienzan los primeros escarceos amorosos y muchos comportamientos de emparejamiento (11f), así como la capacidad biológica de procrear. Por consiguiente, esta influencia parental propia de nuestra especie aparecería como una forma de regular algo que puede ser de capital importancia para el resto de la vida de un individuo cuyo cerebro aún no ha madurado.

En épocas recientes hemos conseguido prolongar también, y de manera importante, el ciclo vital en las últimas etapas de la vida; al menos en los países desarrollados, gracias a los conocimientos acumulados y especialmente gracias a los avances científicos y la mejora de la infraestructura sanitaria. Así, se produce el caso singular de que grandes grupos de nuestra especie están actualmente compuestos por un elevado número de individuos de edades avanzadas. Si en el Paleolítico la esperanza de vida apenas superaba los treinta años, en el mundo desarrollado actual es mayor de sesenta y cinco, y en algunos países llega a superar los ochenta. No cabe duda de la importancia de esta situación, ya que la experiencia acumulada por estas personas es un auténtico tesoro del que el ser humano se sabe aprovechar. Hace unas líneas mencionábamos las posibles razones evolutivas de la menopausia. Pero al prolongar la vida de los humanos de ambos sexos aumentamos no solo las posibilidades de sacar adelante a la descendencia de nuestra descendencia, sino también de aportar enormes ventajas —en forma de conocimiento y ayuda— al grupo social entero.

El espectacular aumento de la esperanza de vida ha traído consigo, sin embargo, algunos problemas. Uno de los más dramáticos quizá sea la alta frecuencia con que aparecen enfermedades relacionadas con la edad, y especialmente enfermedades degenerativas del sistema nervioso. Es el caso de la *enfermedad de Alzheimer*, un trastorno que conlleva la pérdida progresiva e importante de neuronas. Curiosamente, parece que el origen de esta patología cabe encontrarlo en determinados genes cuya principal razón de ser —la razón por la que fueron seleccionados— es que, en etapas previas de nuestro ciclo vital, nos aportarían grandes beneficios. Hay indicios de que los mismos genes que nos hacen susceptibles de padecer la enfermedad de Alzheimer en edades avanzadas aumentan la cantidad y calidad de las comunicaciones entre neuronas durante la juventud y el comienzo de la edad adulta. La llamada *neuroplasticidad*, o flexibilidad de nuestro cerebro para cambiar sus conexiones en función de la experiencia y el aprendizaje, se ve muy influida por estos mismos genes que, a la larga, pueden llegar a ser perjudiciales. Es interesante observar que solo los seres humanos padecemos esta enfermedad, al menos de una manera importante; sería parte del precio que tenemos que pagar por ser humanos (7p).

La división del trabajo

La familia nuclear, el modelo básico y fundamental de una familia humana, se compone de una madre, un padre y su progenie. En este grupo también podemos incluir a una abuela, que probablemente haya sobrevivido a su marido, ya que la esperanza de vida en la mujer siempre ha sido mayor que en el hombre. Para mejorar la eficacia en el cumplimiento de sus funciones, los miembros de este grupo tan reducido se suelen repartir las tareas necesarias para la obtención de los recursos que ayuden a su supervivencia y bienestar (11h). Cualquier ajuste que permita mejorar la explotación de unos recursos generalmente escasos será favorecido. La *división del trabajo* es un fenómeno muy antiguo, y en la especie humana, al igual que en otras, este reparto se ha basado principalmente en las desigualdades biológicas existentes entre los sexos.

A diferencia de muchas especies de primates, pero a semejanza de nuestros parientes genéticos más cercanos, los chimpancés, el ser humano es una especie con un índice de *dimorfismo sexual* relativamente bajo. Los machos ya no tienen que luchar cuerpo a cuerpo entre ellos para conseguir a las hembras —al menos no con mucha frecuencia—, por lo que resultan innecesarias determinadas señales corporales que indiquen superioridad física. El cuerpo del macho humano es menos robusto (2b), sus dientes caninos no son ostentosos (2a) y su aspecto facial es mucho más suave. La reducción del dimorfismo sexual ya se puso en marcha en tiempos de nuestros antepasados los australopitecos, cuyos machos ya mostraban una sensible reducción de los caninos. Pero las diferencias se volvieron todavía menores con el *Homo erectus*, en cuyo caso no es que el macho se volviera más pequeño, sino que fue la hembra la que aumentó de tamaño. Llevada hasta sus últimas consecuencias, la progresiva disminución del dimorfismo sexual podría conllevar muchísimos beneficios. Y es que parece que, cuanto más igualitarios sean los papeles del hombre y la mujer en las sociedades humanas, menor será la probabilidad de que se desencadenen las guerras.

Sin embargo, que el dimorfismo sexual sea bajo no quiere decir que no exista. A lo largo de la evolución, las mujeres y los hombres han adquirido diferentes grados de especialización a la hora de explotar los recursos del medio, y esas especializaciones se han traducido en algunas mínimas pero apreciables diferencias físicas, cerebrales y mentales, de manera que cada sexo estaría mejor preparado para llevar a cabo determinadas actividades. En las sociedades humanas más primigenias, las cazadoras-recolectoras, las hembras se encargaban principalmente de recoger frutos y otros productos vegetales, insectos o incluso pequeños mamíferos, además de cuidar de los hijos. La movilidad de las mujeres solía ser, así, muy limitada, especialmente durante los primeros años de vida de sus retoños. Las mujeres se moverían por las proximidades del lugar específico de referencia, en busca de alimentos que pudieran ser recolectados.

Los hombres, por su parte, debían abandonar regularmente dicho lugar y recorrer enormes distancias en busca de carne, de proteínas y grasas animales con las que completar la dieta del grupo. Entre las adaptaciones del ser humano se encuentran precisamente la de ser capaz de soportar relativamente bien el calor y, especialmente, la de mostrar una gran resistencia física al esfuerzo de larga duración, lo que le daba una cierta ventaja a la hora de perseguir durante horas a sus presas; hasta que estas quedaban exhaustas. Por esta razón, durante sus actividades cinegéticas, las distancias recorridas por los machos del grupo podían llegar a ser considerables y con trayectos muy enrevesados. Es cierto que hay autores que sostienen que los grupos obtenían más beneficios del trabajo recolector de las mujeres que de la caza de los hombres, pues el primero no solo suponía una fuente de alimentación más segura y estable, sino que a la vez proporcionaba una gran cantidad de energía. Lo más probable, sin embargo, es que ambos tipos de alimentación fueran igualmente útiles y necesarios, pues de lo contrario no se habrían dedicado tantos recursos, esfuerzos y riesgos a la caza. Además, nuestra especie digiere y asimila más fácilmente y con más eficacia los productos animales que los vegetales, y también suponen un suministro excelente de muchas de las sustancias que necesita constantemente nuestro organismo; en especial, nuestro gran cerebro.

Como consecuencia de esta división del trabajo, la naturaleza nos ha dotado también de cerebros que difieren ligeramente entre ambos sexos, diferencias que se adaptan a las necesidades de su uso. La más conocida es la de las habilidades espaciales, que parecen ser ligeramente superiores en los machos en comparación con las hembras. La lógica es que la descendencia de los machos que no fueran capaces de orientarse y encontrar el campamento —o el lugar de referencia—, después de un duro día de trabajo persiguiendo presas, no habría sobrevivido fácilmente. Los machos cazadores debían poder recordar el camino recorrido y la manera de desandarlo, por muy largo y tortuoso que hubiera sido. La *navegación espacial*, pues, es un factor decisivo en el cerebro humano, especialmente en el del macho. Esta parece ser la razón por la que el *hipocampo* (una parte del cerebro con forma de caballito de mar —de ahí su nombre— situada en las profundidades del lóbulo temporal) es algo más grande en los varones que en las mujeres. El hipocampo es la estructura cerebral más importante para el aprendizaje y la memorización de información *declarativa*, es decir, la que se refiere a datos o acontecimientos específicos. Pero no sería por el almacenamiento de este tipo de información por lo que el hipocampo de los varones es mayor. En la gran mayoría de los mamíferos, esta estructura cerebral tiene como misión principal almacenar información espacial con todo lujo de detalles, incluidos puntos de referencia, secuencias de movimientos, recorridos, direcciones y metas. Se ha comprobado que el hipocampo de los taxistas de Londres es más grande de lo normal debido a la gran cantidad de información espacial que deben almacenar en la memoria. Esta función espacial del hipocampo, compartida con la mayoría de los mamíferos, explicaría el dimorfismo sexual que se encuentra en la especie humana respecto a su tamaño.

En el cerebro de las hembras humanas se dan otras especializaciones. Las hembras son excelentes recolectoras, y para este tipo de trabajo lo que se necesita es detectar señales, pistas e indicios sobre elementos singulares dentro de un espacio determinado, no como referencias para el movimiento sino como posibles objetivos que hay que identificar visualmente con precisión. Por esta razón, las hembras de nuestra especie mostrarían unos lóbulos prefrontal y parietal derechos más desarrollados, ya que guardan una estrecha relación con la orientación dentro de un espacio que tiene como principal referencia el propio cuerpo.

Los cerebros de los seres humanos, pues, muestran algunas ligeras diferencias entre los sexos. Estas diferencias tienen su principal fundamento en acontecimientos que ocurren durante el desarrollo embrionario, aunque también ocupan buena parte del ciclo vital previo a la edad adulta. Nos estamos refiriendo a la diferente proporción de hormonas sexuales a las que el cerebro humano se ve expuesto durante su desarrollo dentro del útero materno. La sola presencia del gen SRY, en el cromosoma Y de los machos, determina que su portador será un macho, tanto en su cuerpo como en su cerebro y, por consiguiente, en su mente. Este gen desencadena la activación de toda una serie de otros genes cuya principal función será la de producir una cascada de hormonas que nos bañarán el cuerpo y el cerebro y que harán que seamos de un sexo y no de otro.

Aunque desde luego no podemos decir que los cerebros masculino y femenino sean diferentes en términos generales, sí podemos decir, como acabamos de ver, que existen pequeñas diferencias, inevitables desde un punto de vista evolutivo y biológico. Estas diferencias acaban reflejándose en mayor o menor medida en muchas tendencias de nuestro comportamiento que van más allá de la orientación en el espacio o la recolección de objetos. Los machos son más violentos que las hembras, como ocurre en multitud de especies. Esto es algo en lo que la *testosterona*, la hormona masculina por excelencia, tiene al parecer mucho que ver. La testosterona es también, por cierto, la culpable de la alopecia masculina. El diferente baño de hormonas al que son sometidos nuestros cerebros durante su desarrollo también parece que influye en muchas otras tendencias de nuestro comportamiento, como la personalidad, el cuidado de los hijos, los gustos e incluso, como refiere el psicólogo Steven Pinker en su libro *La tabla rasa. La negación moderna de la naturaleza humana* (2002), en las preferencias laborales.

Pinker sugiere que las sociedades igualitarias actuales no deberían negar sistemáticamente estas diferencias, que es de hecho lo que están haciendo, y menos aún por razones políticas u oportunistas. Las diferencias están ahí, y lo que tenemos que hacer es aprender a reconocerlas e integrarlas en la medida en que, ocasionalmente, puedan ser causa de conflictos. Como diría el zoólogo Matt Ridley, que va aún más allá de las diferencias que puedan estar ligadas al sexo, «las políticas sociales se tienen que adaptar a un mundo en el que todos somos diferentes».

La elección de las hembras

El pilar fundamental sobre el que se asienta prácticamente todo lo que llevamos visto en este capítulo es la unión entre un hombre y una mujer. Cuando hablamos de «unión» nos referimos tanto a la sexual como a la sentimental, ya que en nuestra especie ambas están estrechamente relacionadas. Juntas pueden haber desempeñado un papel sumamente decisivo a la hora de entender muchas de las peculiaridades de ese fruto de la competencia social que es el ser humano actual.

Como ya señalamos anteriormente, para el mismo Charles Darwin la selección sexual habría desempeñado un papel de capital importancia en la especie humana. La selección sexual, en palabras del propio Darwin, consiste en «la lucha entre los individuos de un sexo, generalmente los machos, por la posesión del otro sexo». El ejemplo de las plumas de la cola del macho de pavo real quizá esté muy visto, pero es muy ilustrativo. ¿De qué sirven, desde el punto de vista de la selección natural, unas plumas tan vistosas que son un reclamo estupendo para los predadores y tan grandes que pueden dificultar significativamente la movilidad de su propietario? La respuesta correcta sería que «de nada». Pero las plumas del pavo real son un producto de la selección sexual. Las hembras de esta especie han preferido aparearse con los machos que tenían las plumas más grandes y vistosas, de manera que este rasgo se ha ido volviendo cada vez más acusado a lo largo de las generaciones. Un plumaje grande y vistoso es sinónimo de buena salud, de poseer unos buenos genes. Son dos características deseables en un macho con el que tener descendencia. Probablemente haya multitud de formas alternativas y más prácticas de demostrar que se poseen esas características, pero el carácter frecuentemente caprichoso de la selección sexual hizo que las cosas, en el caso del pavo real, fueran por este camino.

Para Darwin, la selección sexual es muy evidente en el ser humano. Ciertamente, es muy probable que muchos de los rasgos más peculiares y sobresalientes de nuestro cerebro y de nuestro comportamiento se expliquen mucho mejor por los recovecos caprichosos de la selección sexual que por los de la natural. Pero en nuestra especie, mucha de esa selección sexual, si no toda, podría considerarse también como competencia social de pleno derecho. El gusto por escuchar historias, el arte, quizá la religión, el lenguaje y tantas cosas más podrían deber gran parte de su existencia al hecho de que las hembras humanas, y quizá también los machos, hayan estado buscando en sus parejas una serie de características que, si bien en principio no parecen una garantía evidente de una mejor supervivencia para la prole en el medio natural, sí podrían haberlo sido dentro de una especie con una alta competencia social.

Son muchos los autores que opinan que los *bifaces*, esas bellas herramientas líticas con simetría tridimensional que empezó a utilizar el *Homo erectus* hace más de un millón y medio de años —y cuya producción se mantuvo durante más de un millón de años, a lo largo de varias especies humanas—, serían un producto evidente de la selección sexual. Su compleja simetría, hecha con la intención de obtener un objeto bello y armonioso tanto a la vista como al tacto (la simetría es uno de los parámetros que determinan la belleza de los objetos y de las caras de las personas), es en realidad innecesaria para los usos prácticos de esta herramienta. Y, sin embargo, nuestros ancestros emplearon el tiempo y el esfuerzo necesarios para conseguir esas herramientas de elaborado diseño. El bifaz, más allá de su uso práctico cotidiano, demostraría a las hembras lo capaz que era su poseedor —y supuesto fabricante— de esforzarse, de planificar y, por qué no, de ser sensible y apreciar lo bello; su poseedor demostraría, por tanto, lo bien dotado que estaba mentalmente. La descendencia con aquel hombre sería preferible a otras opciones. Los demás miembros del grupo también se percatarían de la presencia de esas habilidades en el poseedor de un buen bifaz, lo que a su vez podría tener consecuencias en la organización jerárquica del grupo.

Al margen de estas posibles especulaciones, sí que parece evidente que las hembras de nuestra especie han estado buscando sistemáticamente determinados tipos de rasgos en sus posibles parejas, y lo mismo podemos decir de los machos. De entre todos los grandes simios, el ser humano parece el más exquisito a la hora de elegir pareja.

Numerosos estudios demuestran que el hombre tiende a buscar en la mujer juventud, belleza, salud, fidelidad y capacidad para sacar adelante a la prole. Desde hace cientos de miles de años, una serie de signos mostrarían si la hembra ante la que nos encontramos presenta estos rasgos y en qué medida. La piel y el cabello son indicadores de juventud y salud, características que aseguran que la madre tendrá más tiempo por delante, el que se necesita para cuidar de unos hijos con un largo ciclo vital. La belleza suele estar relacionada con una alta —aunque no total— simetría facial, y una persona simétrica es vista como portadora de buenos genes. Las posibilidades de sacar adelante a la prole con éxito parecen también mayores si la mujer posee no solo unas caderas anchas, que predicen un parto con más probabilidades de éxito, sino además unos buenos pechos con los que amamantar a la descendencia durante los primeros y más delicados meses de la vida (13e). Una abundante reserva de grasa que permita afrontar largos períodos de escasez es también digna de tener en cuenta, y las formas sinuosas y voluptuosas de las venus del Paleolítico no son más que una representación muy exagerada de este patrón. La fidelidad es más difícil de detectar, aunque los seres humanos venimos a este mundo con una serie de mecanismos especializados en escudriñar la mente de los demás, como veremos más adelante con mayor detalle.

No es de extrañar, por tanto, que el deseo masculino en nuestra especie sea principalmente visual, pues la cara y el cuerpo de las hembras parecen contener la mayor parte de la información más relevante a la hora de elegir pareja. A los hombres se les activan determinadas zonas cerebrales del placer ante la imagen de un cuerpo femenino desnudo, algo que no ocurre en las mujeres al contemplar un cuerpo masculino, al menos no con tanta intensidad. No resultará así tan chocante entender que gran parte de la pornografía esté dirigida al público masculino.

Algunos de los rasgos que el hombre busca en la mujer también los busca la mujer en el hombre. La salud y la fidelidad son dos de ellos, y los mecanismos para detectarlos también son parecidos. Sin embargo, la juventud deja de ser un criterio prioritario para ellas y es sustituida por la fuerza y la superioridad dentro del grupo. Más que uno joven, resulta preferible un hombre fuerte y poseedor de una buena posición social, pues estos rasgos serán una garantía de que podrá proporcionar los recursos necesarios para sacar adelante a la familia. El deseo femenino estaría así menos ligado al sistema visual y más hacia aspectos quizá algo más abstractos. Que la posición dentro del grupo, particularmente dentro de la coalición masculina del mismo, determine en qué medida un hombre es atractivo para el sexo femenino podría a su vez explicar muchas cosas. Para ascender en la jerarquía social hay que estar bien provisto de algunas de las características mentales más distintivas del ser humano, como la capacidad para entender los pensamientos de los demás (*teoría de la mente*) (7e), la capacidad para detectar mentirosos (7j) o un lenguaje fluido. Por tanto, la selección sexual podría explicar al menos parte del desarrollo de estas capacidades mentales tan importantes en la competencia social de nuestra especie. La selección sexual y la competencia social podrían haber ido de la mano en nuestra evolución.

El sexo de los ángeles

Hasta aquí hemos visto qué características pueden hacer a la hembra humana más atractiva para el macho y cuáles son las que busca la hembra en el macho humano. Hemos querido destacar también lo estables que pueden llegar a ser las uniones entre los miembros de una pareja de nuestra especie, gracias a ese compromiso público que es el matrimonio. Ahora vamos a ver que, para que la relación íntima y personal entre el macho y la hembra humanos pueda ser duradera en el tiempo, existen toda una serie de mecanismos que facilitan enormemente la labor. El sexo, una de las mayores y más importantes motivaciones del reino animal y, por tanto, también de los seres humanos, es el factor alrededor del cual giran muchos de esos mecanismos.

En la conducta, la fisiología y la anatomía del ser humano se observan curiosos fenómenos que parecen propiciar que un hombre y una mujer mantengan relaciones sexuales más allá de las necesarias para tener descendencia, algo que muy pocas especies comparten con nosotros. Este sería uno de los mecanismos fundamentales para que la unión de la pareja se mantenga con el paso del tiempo. Entre otras cosas, porque el sexo es un importante e intenso refuerzo positivo —por el inmenso placer que produce—, que nuestra mente asocia a la otra persona. Las más universales leyes del aprendizaje nos hablan de lo atractivo que resulta aquello que relacionamos con un refuerzo positivo.

Dado que el macho de nuestra especie es tan visual en su deseo sexual, en las hembras se da la particularidad de que presentan continuamente las mamas aumentadas sin necesidad de estar en período de lactancia (13e). Este índice visual de la capacidad de una hembra para alimentar a su descendencia resulta muy atractivo para el sexo masculino, en el que despertará deseos de copular independientemente de si es o no el momento más adecuado para hacerlo con fines reproductivos. Es más, las hembras humanas son todavía más especiales en este sentido al no mostrar externamente si se encuentran o no en la fase de ovulación dentro del ciclo menstrual (13a), de manera que no se produce el agrandamiento de sus órganos genitales durante esta fase de mayor fertilidad. En muchas especies, las hembras muestran señales olorosas o visuales durante los momentos más fértiles que incitan a los machos a copular, y solo en esos momentos las hembras aceptarían la cópula —fuera de estos períodos, la rechazan—. Las hembras de nuestra especie, por el contrario, no solo no avisan de sus períodos fértiles, sino que no rechazan el sexo fuera de ellos. Así es como mantienen el deseo sexual del macho y se refuerza la relación de la pareja, incluso mucho más allá de la época reproductiva. Es lo que se llama la *conducta sexual posreproductiva* (13b), lo que viene a querer decir que el ser humano realiza el acto sexual principalmente con otros objetivos además de los de la reproducción.

El deseo sexual es verdaderamente poderoso en nuestra especie. Al convertirse más en una fuente de placer independiente de su función reproductora, el acto sexual permite fortalecer los vínculos de una pareja. La hembra humana, además, tiene la particularidad de poder tener orgasmos (13d), por lo que el sexo también se convierte en un refuerzo altamente positivo para ella. No es que en el reino animal no exista el orgasmo femenino —aunque esto en realidad se discute y no se sabe con total certeza—, sino que en la hembra humana el grado de placer alcanzado es seguramente muchísimo mayor. Que la mujer encuentre el acto sexual muy deseable es una peculiaridad de nuestra especie que, sin embargo, también puede conllevar riesgos. No solo el hombre puede ser infiel; la mujer también puede buscar obtener placer fuera de la pareja estable con la que se ha comprometido a sacar adelante a su descendencia. Para contrarrestar esto, el macho dispone de algunos mecanismos curiosos, como unos testículos de tamaño moderado (13g) y, especialmente, un pene de gran longitud (13f) y forma peculiar. A una temible seta se la conoce como *Amanita phalloides*, pero en realidad es nuestro pene el que tiene la forma de la amanita. La razón de esta forma parece residir en que un pene suficientemente largo y con un glande terminado en punta pero con un ensanchamiento en su base es una máquina eficaz para que, con su movimiento repetido de entrada y salida, funcione como una bomba capaz de extraer el semen que otros machos hayan podido depositar antes en la vagina de una mujer.

Y a todo esto tenemos que añadir esa emoción particular que ya hemos mencionado en otra ocasión y cuyo principal objetivo es que una pareja dedique todas sus energías a mantenerse unida, el *amor*, que en el ser humano surge con una fuerza desmesurada. El amor es sin duda otro de esos mecanismos que estamos revisando ahora y que facilitan que una pareja humana mantenga su unión más allá de la mera satisfacción del instinto de reproducción. La fase más pasional del amor puede durar solo unos meses o unos años, pero en la mayoría de los casos la sigue otra fase menos intensa que puede prolongarse durante muchos años, o incluso toda la vida. En este caso, los niveles de oxitocina son algo más bajos y los de vasopresina, más altos que en la etapa anterior, y los circuitos cerebrales principalmente implicados parecen ser otros; como, por ejemplo, el *globo pálido*, uno de los núcleos que se encuentran debajo de la corteza de nuestro lóbulo frontal.

Del amor cortés y del descortés

Hemos visto, por tanto, que el acto sexual es un objetivo de suma importancia para los miembros de nuestra especie, sean del sexo que sean. Tan importante que no resulta extraño que un teórico de la mente humana tan notable como Sigmund Freud hiciera girar toda su controvertida teoría psicoanalítica alrededor del sexo y los problemas o consecuencias derivados de que no se satisfaga adecuadamente —a veces las consecuencias podrían ser beneficiosas, según Freud, mediante un proceso que denominó *sublimación*—. Estemos o no de acuerdo con Freud, lo que sí es cierto es que el sexo es una faceta muy importante de nuestra vida y de nuestros pensamientos. Y alrededor de él giran también toda una serie de particularidades de nuestro comportamiento. Veámoslas.

Como todo lo que es valioso, el sexo tiene un precio. Como hemos visto, existen algunos mecanismos, como el matrimonio o el amor, que compensan de algún modo lo barato que le resulta al macho producir a diario miles de espermatozoides; pero aún hay más. Como en muchas otras especies, en el ser humano existe eso que llaman *cortejo* y que no es otra cosa que una serie de normas no escritas pero necesarias si se quiere satisfacer adecuadamente el deseo de realizar el acto sexual. Al igual que en otras especies, nuestro cortejo también se compone de momentos de aproximación y relajación que se van sucediendo. Pero nuestras peculiaridades comienzan con el importante papel que desempeña la mirada en el cortejo. Si la especie humana tiene un cerebro que en buena parte es fruto de una fuerte competencia social, no es de extrañar que la mirada y la cara sean protagonistas en el cortejo. El hombre, que es mucho más visual que la mujer en todo lo relacionado con el sexo, experimenta un notable aumento de dopamina en los centros cerebrales del placer cuando recibe la mirada de una mujer que le gusta. La misma cara de la misma mujer, pero mirando a otro sitio, no le produce esa dosis de gratificación. La tremenda importancia de la cara podría ser una de las causas de que en la especie humana sea frecuente algo que, sin embargo, es muy raro en el reino animal: la cópula frontal, el acto sexual cara a cara (13c). Además, en nuestro cortejo goza de un gran protagonismo un gesto que tiene que ver con la cara, especialmente con los labios: el beso, otro de nuestros raros, pero tan apreciados, comportamientos. Al margen de estas vicisitudes relacionadas con el rostro humano, los juegos preliminares del cortejo también sirven para poner a prueba la capacidad del otro para mantener una posible relación a largo plazo, pues sirven para estimar en qué medida es uno comprensivo, receptivo, paciente, cariñoso, simpático y un largo etcétera.

Aunque en nuestra especie el sentido del olfato haya perdido mucha de su importancia respecto a otros sistemas perceptivos (7n), todavía mantiene cierta sensibilidad, y desempeña su papel en nuestro comportamiento sexual. El olor del sudor del hombre activa la ovulación y eleva el estado de ánimo de la mujer, produciendo a veces efectos relajantes. Algo similar ocurre en el hombre. Esto sucede porque junto a las glándulas sudoríparas poseemos las llamadas *glándulas apocrinas*, localizadas especialmente en el pubis y las axilas, y que exudan unas sustancias aromáticas que, entre otras cosas, indican el grado de excitación sexual o de tensión de una persona. La información olfativa se dirige directamente en nuestro cerebro tanto a zonas que tienen que ver con las emociones más primarias e intensas —lo cual es excepcional para un sistema perceptivo— como a zonas que nos permiten separar lo que nos gusta de lo que no nos gusta —la corteza orbitofrontal—. Efectivamente, el olfato no ha perdido del todo su papel en las relaciones humanas. Esta sería la razón del enorme éxito que ha tenido la industria de la perfumería a lo largo de miles de años.

La importancia del olfato en las relaciones humanas también se pone de manifiesto en el hecho de que los olores de las personas del sexo opuesto no nos resulten todos igualmente agradables. El olor que a una persona le puede resultar muy agradable, a otra, en cambio, puede parecerle absolutamente aborrecible. Los olores de las personas que porten genes del *complejo mayor de histocompatibilidad* (MHC) que al mezclarse con los nuestros garanticen una descendencia más sana desde el punto de vista inmunitario son los que nos resultarán especialmente agradables. Con los que nos parezcan desagradables sería mejor no tener descendencia.

El orgasmo en el ser humano produce un inmenso placer, tanto en los varones como en las hembras; ya lo hemos dicho. Son muchos los factores que hacen que en nuestro cerebro se produzca una gran descarga de hormonas y de transmisores químicos relacionados con el placer del orgasmo. La dopamina y la oxitocina, ya mencionadas otras veces por sus relaciones con el placer y el amor, desempeñan precisamente aquí un papel importante, pues facilitan que el acto sexual sea verdaderamente reforzante. Ambas sustancias forman parte también de un sistema de refuerzos del cerebro que se relaciona con el grado de satisfacción general que sintamos con respecto a nuestra supervivencia y nuestra reproducción, las dos principales fuerzas de la selección natural. Aunque este sistema sería común a muchas otras especies, lo curioso en el ser humano es que estos circuitos de la «satisfacción general» pueden verse estimulados por circunstancias que aparentemente se alejan mucho de esas fuerzas naturales. Esta es, de hecho, una de nuestras mayores idiosincrasias. Nuestro sistema de satisfacción general puede verse activado por situaciones tan alejadas de la supervivencia y la reproducción como aprobar un examen o ganar un partido de baloncesto. Muchos autores piensan, sin embargo, que a pesar de las apariencias todas estas causas supuestamente secundarias estarían de algún modo, directa o indirectamente, relacionadas con esos dos factores básicos. En efecto, nuestra educación, nuestra experiencia, nuestra sociedad o nuestra cultura tienen mucho que ver a la hora de determinar qué será importante para la supervivencia y la reproducción.

El sexo es, desde luego, uno de los mayores placeres de la vida; que el hombre y la mujer tengan orgasmos intensos es suficiente para que sea un objetivo importante en sí mismo. Por eso en nuestra especie es muy frecuente que se den también relaciones sexuales cuya probabilidad de dejar descendencia es realmente nula. El ejemplo más conocido es el de la homosexualidad. Se estima que alrededor del 20 por ciento de los seres humanos han tenido, al menos una vez en su vida, algún tipo de relación homosexual. La homosexualidad estuvo bien vista en algunas de las más brillantes culturas, como la griega o la romana, y en muchas sociedades cazadoras-recolectoras los ritos de iniciación han incluido actos de homosexualidad entre el maestro y el aprendiz de guerrero. La conducta sexual posreproductiva —el sexo por el sexo— es un rasgo muy característico y destacable de nuestra especie. Pero en esto no estamos totalmente solos. Nuestros parientes cercanos los bonobos —o chimpancés pigmeos— también practican el sexo por el sexo con bastante frecuencia; no lo hacen con fines reproductivos, sino sociales. Los bonobos utilizan el sexo como moneda de cambio para casi todo: apaciguar a un compañero enfadado, conseguir un suculento bocado o, simplemente, pasar el rato. Se da la circunstancia de que las relaciones homosexuales son también muy frecuentes entre ellos, tanto entre machos como entre hembras; y no son, ni mucho menos, los únicos animales que manifiestan esta conducta. Todo ello no daría sino fe de lo natural de este comportamiento y de la tremenda fuerza del deseo sexual en los seres vivos.

8

INSTRUCCIONES PARA DOMINAR EL MUNDO

> La escasa fuerza y poca agilidad del hombre, su falta de armas naturales, etc., se hallan más que compensadas, primeramente, con las facultades intelectuales que le han enseñado, aun en los tiempos en que ha permanecido en estado de salvajismo, a proporcionarse armas, utensilios, etc., y en segundo lugar, con sus cualidades sociales que lo conducen a prestar auxilio a sus semejantes, recibiéndolo de ellos si es necesario.
>
> CHARLES DARWIN, *El origen del hombre* (1871)

INDIVIDUOS SOCIALES

Tras haber revisado en el capítulo anterior cómo es la familia humana, tanto en su versión extendida como en la correspondiente a la familia nuclear y la pareja, en este capítulo nos toca «aumentar el zoom» y observar al ser humano más de cerca. Aquí vamos a hablar del individuo aislado, del ser humano sin otra compañía que la de uno mismo. Pero no nos engañemos; incluso en estas circunstancias cualquier ser humano está cargado de sociedad, por muy aislado que esté. Lo social construye a los individuos y los moldea hasta en sus más variadas formas de pensar y de actuar. Todo individuo humano es un producto de su *cultura* (grupo de rasgos número 9). Como decía un viejo profesor de psicología, Robinson Crusoe no fue solo a su isla desierta; llevaba consigo toda su cultura (la de la Inglaterra del siglo XVIII). Cada uno lleva su cultura, producto de su sociedad, allá a donde vaya y para toda la vida, aunque esté solo y lejos de su hogar. Por eso tendremos que empezar hablando de la cultura humana.

En los comienzos, la cultura habría surgido como una forma de explotar los recursos naturales de un lugar determinado. Por esta razón, para entender las culturas humanas tendremos que tener en cuenta algunas características biológicas ancestrales que han sido determinantes a la hora de explotar el medio, como la postura bípeda, la longitud de los brazos, la mano prensil o la capacidad para lanzar y esquivar proyectiles (grupos de rasgos 5 y 6). Muchos de estos rasgos no tendrían su origen en la competencia social, evidentemente, pero algunos otros sí. Como caso más evidente de esto último, hablaremos de cómo muchos de los esquemas de pensamiento que encontramos en las relaciones sociales humanas (donde hay agentes, intenciones, causas, consecuencias y organizaciones jerárquicas) se aplican al mundo natural y permiten comprender y predecir con éxito muchos de sus más intrincados fenómenos (7f). La explotación del medio natural se vuelve así mucho más eficaz. El surgimiento de una tecnología cada vez más sofisticada (9b) sería también consecuencia, al menos en parte, de aplicar la forma de pensar que se utiliza en la vida en sociedad. Pero, aunque en sus más incipientes orígenes las culturas echen a andar condicionadas por la biología de la especie y por la disponibilidad de determinados recursos naturales, a medida que se van haciendo más complejas se van incorporando factores mucho más caprichosos e impredecibles. Sería otro ejemplo más de cómo lo social acaba aflorando inevitablemente e impregnándolo todo.

El nicho cultural

Como vimos en el capítulo anterior, el ser humano viene al mundo con un alto grado de inmadurez cerebral, principalmente como consecuencia de la necesidad de hacer pasar una cabeza voluminosa por un estrecho canal del parto. Los miembros de nuestra especie se enfrentan así a grandes retos y dificultades prácticamente desde el mismo momento del nacimiento. Los niños que presentan rasgos estéticamente más atractivos (cabeza redonda, ojos grandes) o que lloran con fuerza cuando tienen hambre y sonríen cuando están a gusto han tenido más probabilidades de sobrevivir. Una parte muy importante de los desafíos a los que se enfrenta el ser humano desde que nace son, como vemos, de carácter social.

Darwin pensaba que nuestra superior inteligencia es consecuencia de que en su evolución el ser humano tuvo que enfrentarse especialmente a tres tipos de problemas: los cambios climáticos, los desafíos de la caza y la competencia intraespecífica —tanto entre grupos como dentro del grupo—. La mente humana, como ocurre con el cuerpo, se desarrolla en interacción con el mundo. En nuestro caso, el mundo es doble, pues se compone no solo del medio material del que obtenemos los recursos naturales necesarios para la supervivencia, sino también de eso que llamamos *cultura*. Las costumbres y tradiciones, los modos de vida, los conocimientos acumulados y las normas de convivencia del grupo o grupos a los que pertenecemos constituyen nuestra cultura (9a). La cultura es un genuino producto social. Curiosamente, para la mente humana el mundo cultural es en muchas ocasiones más importante que el mundo natural. En las sociedades industriales y de economías desarrolladas del mundo actual, donde los recursos básicos son obtenidos por una parte de la población proporcionalmente pequeña, los aspectos sociales y culturales llenan todavía más todo nuestro mundo. Y es en ese mundo en el que hay que sobrevivir y reproducirse.

Como hemos dicho, la cultura surgiría inicialmente como un modo particular de explotar los recursos del medio natural. Pero desde sus mismos orígenes debió de haber sitio también para lo estrictamente social. La cultura tiene una gran importancia en las sociedades humanas, pues determina las posibilidades de aparearse con un individuo del sexo opuesto con quien tener una descendencia sana y exitosa, mejora la cohesión del grupo y suaviza las relaciones dentro de él. También proporciona diferentes maneras de mantener entretenido a un primate siempre ávido de pequeños retos y dificultades. Pero la forma de obtener beneficios naturales y sociales ha ido variando entre los distintos grupos humanos a lo largo del tiempo en función de factores que muchas veces tienen mucho de caprichoso, de antojadizo. Formas de modificación corporal, como los platos labiales de algunas culturas africanas y amazónicas, son un buen ejemplo. Esto se debe a que los comportamientos que forman parte de una cultura tienen mucho que ver con las diferentes soluciones particulares que individuos concretos hayan encontrado en momentos determinados para solventar los retos naturales y sociales. Esos comportamientos particulares habrían ido pasando de un individuo a otro y de generación en generación, dando lugar a tradiciones, información acumulada o tecnología propias de cada cultura. Además, en grupos grandes es más fácil que se conecten ideas de individuos diferentes para dar lugar a otras y así alcanzar una mayor riqueza cultural.

No somos la única especie con cultura. Se sabe que entre los chimpancés en estado salvaje las solicitudes de rascado, por ejemplo, pueden tener este carácter, ya que el mismo gesto tiene un significado diferente dependiendo del grupo. Así, en algunos grupos, pero no en otros, esas solicitudes también significan «sígueme». Los chimpancés también tienen tecnología, utilizan herramientas, y se han observado diferencias entre grupos en cuanto a la forma de construirlas y utilizarlas. Pero no cabe duda de que la cultura en los seres humanos tiene un grado inmensamente mayor de sofisticación y complejidad, y una enorme cantidad de información acumulada que se debe transmitir.

Esta complejidad tan excepcional de las culturas humanas no sería posible si no confluyeran en nuestra especie varios factores que también son excepcionales dentro del mundo animal (9c). Además de ser capaces de entender las enrevesadas y complejas relaciones sociales, también tenemos muy desarrolladas tanto la *imitación compleja* como la *emulación* (esta última, una especie de imitación, pero solo de los objetivos, no de los pasos para alcanzarlos). Ya desde muy temprana edad hacemos lo que hacen la mayoría de nuestros iguales y, especialmente, lo que hacen las figuras importantes y personas de éxito de nuestro grupo social o del grupo al que queremos pertenecer. El lenguaje es otra de esas capacidades que hacen que nuestras culturas sean excepcionales, por la inmensa cantidad de información que permite transmitir de manera fácil, rápida y eficaz. Pero, además de la imitación, la emulación, el lenguaje o el aprendizaje social, a nuestro acervo se han añadido recientemente otros factores igualmente únicos de nuestra especie: la enseñanza reglada —o educación—, la escritura y la lectura, que amplían nuestra memoria individual y colectiva hasta extremos antes inimaginables.

Fruto de todos esos factores, el ser humano ha sido capaz de dar a luz productos tan brillantes como una tecnología sin precedentes en el mundo natural (9b) y una forma científica de ver el mundo; dos resultados altamente positivos del desarrollo de nuestra mente y de nuestro cerebro que probablemente han desempeñado y desempeñarán un papel importante, a su vez, en su propia evolución. Ni la mente ni el cerebro humanos han dejado nunca de evolucionar (en realidad nada lo hace), y parece que en su desarrollo la tecnología y la cultura podrían ser un ejemplo de lo que se conoce como *efecto Baldwin*. Según este, un comportamiento persistente de una especie ejerce un poderoso efecto en la selección de determinadas variantes genéticas. La conducta de una especie se convierte así en un factor de presión selectiva para sí misma que facilita un rápido desarrollo evolutivo en una determinada dirección. Los seres humanos más capaces de asimilar mejor los avances culturales dejarían más descendencia. Se trata de que los genes interactúan directamente con la cultura, y viceversa. La propia competencia social como fuerza de presión selectiva podría considerarse otro caso importante de efecto Baldwin. Sea como sea, lo cierto es que el ser humano ha creado su propio nicho ecológico. Es lo que algunos autores denominan el *nicho cultural*.

La cultura de la adaptación al medio

En otras especies hablamos de cultura cuando nos encontramos ante comportamientos diferentes entre grupos que pertenecen a la misma especie. Estas diferencias de comportamiento responden, en muchas ocasiones, a diferencias ambientales; los recursos, su disponibilidad y su extracción varían de unas regiones a otras. En el caso del ser humano, al igual que en el de otros primates, el nicho ecológico tiene un fuerte componente social, ciertamente, lo que no evita que el componente natural del nicho ecológico humano también haya tenido una gran importancia. De ello se derivan muchas diferencias importantes a la hora de explicar no solo la complejidad de las culturas humanas, sino su gran variabilidad.

Nuestra especie posee un nicho dietético particular, caracterizado por la posibilidad de ingerir eficientemente alimentos de muy variado tipo (4a) obtenidos de una larga lista de ambientes muy diferentes (4b). Desde los trópicos hasta los polos, no hay lugar del planeta donde el ser humano no pueda extraer los recursos mínimos para su subsistencia. Ya el *Homo erectus* presentaba ciertos rasgos que le permitían sobrevivir con éxito en ambientes áridos y calurosos, como la sudoración o la notable reducción del vello corporal, lo cual, desde entonces, ha hecho que nos ganemos el apelativo de «mono desnudo». Añadiendo pieles o grasa corporal, y con la ayuda del fuego, el ser humano puede sobrevivir incluso en ambientes con temperaturas extremadamente bajas. En este juego entre el humano y sus múltiples ambientes naturales se encuentra uno de los orígenes de la enorme riqueza y variabilidad de las culturas humanas. El ser humano come carne (4c) y caza para conseguirla (4d), con lo que esto supone en cuanto a estrategias necesarias para coordinar la acción conjunta de un grupo de individuos que persiguen a una presa que a veces puede ser grande y muy peligrosa, pero cuyo comportamiento, no obstante, conocen y anticipan bastante bien. El ser humano también pesca desde hace al menos cien mil años, lo que entraña sin duda otro tipo de estrategias que influyen, a su vez, en su cultura. También forrajea, es decir, obtiene vegetales como tubérculos, frutos secos y otros alimentos de alta calidad (4e), y estos recursos exigen sin duda otro tipo de estrategias mentales que nada tienen que ver con la caza o la pesca. Hay pueblos que son ganaderos, otros agricultores y unos terceros que son ambas cosas; las diferentes formas de obtener alimentos no solo inciden en el tipo de vida que llevan esos seres humanos, sino que a su vez influyen en multitud de aspectos de su cultura. Existen, por tanto, sorprendentes diferencias culturales, en paralelo con la extraordinaria variabilidad de ambientes y recursos naturales a los que es capaz de adaptarse nuestra especie.

Las relaciones entre la explotación de los recursos naturales, la evolución humana y la cultura tienen verdaderamente un origen muy ancestral. Los seres humanos somos capaces de ver las distintas longitudes de onda que determinan los colores de los objetos. La mayoría de los mamíferos solo puede ver unas pocas, y por lo tanto su visión se limita básicamente al blanco y negro. Los toros, a pesar del mito, no se excitan por el color rojo, sino por los movimientos del capote del torero. El origen de esta peculiaridad visual de los primates parece estar en nuestros orígenes frugívoros (comedores de frutas). La fruta cambia de color en función de su estado de madurez y, por tanto, de su estado óptimo para el consumo, y el color de la fruta madura destaca sobre un fondo verdoso. Para poder apreciar esta circunstancia necesitamos de nuestra visión en color.

La fruta es fácil de digerir y permite una nutrición de alta calidad. Esta circunstancia ha llevado a algunos autores a proponer que la alimentación a base de frutas pudo ayudar a liberar a nuestra línea evolutiva, desde mucho antes de separarse de la de los chimpancés, de algunas de las restricciones que impedían que el cerebro aumentara de tamaño, dejando también vía libre para que otras presiones selectivas, como la competencia social, pudieran tener un papel cada vez más importante. Fuera este el caso o no, lo cierto es que la recolección de fruta ha dado pie al desarrollo de algunas estrategias que pueden haber influido de manera muy notable en la evolución de nuestra mente y nuestro cerebro. El desplazamiento en medios forestales requiere que se realicen complejos mapas mentales de extensiones relativamente grandes de territorio, mapas cuya mayor complejidad quizá radique en su relación con el tiempo, ya que en ellos deben estar reflejados no solo en qué sitios, sino también en qué momentos del año determinados frutos están maduros y disponibles. La planificación y la estacionalidad a lo largo del año en la explotación de los recursos alimenticios son dos características destacables de nuestro comportamiento como especie, y juegan un papel muy importante también para la caza (4f, 7f). Todo esto pudo tener su más remoto origen en la explotación de los recursos frutícolas.

Colores y formas

La capacidad para percibir los colores, originada en el frugivorismo, impregna enormemente nuestras culturas. Efectivamente, estas tienen un componente visual muy importante, en que el color destaca sobre otros aspectos. El color se usa para distinguir los emblemas y símbolos que representan a un grupo; son los «colores» que se defienden en la guerra y en los deportes. El ser humano se pinta el cuerpo de colores llamativos cuando va a la guerra, y sabemos que lleva usando el encarnado intenso del mineral de ocre rojo con este y otros fines desde hace al menos cien mil años. Incluso los neandertales se pintaban el cuerpo, en este caso con el negro que les proporcionaba el manganeso, aunque parece que también usaban el ocre rojo. Es curioso que el ser humano tenga una fuerte tendencia innata a considerar el color de la piel como lo que distingue por excelencia a las distintas «razas» humanas, es decir, a grupos de «otras» personas;

ello incluso a pesar de que, como demuestran los estudios genéticos, el color de la piel no es, ni de lejos, un elemento diferencial importante para distinguir a unos humanos de otros. En realidad, la especie humana es una de las de mayor parecido genético entre sus miembros de toda la biosfera. A pesar de ello, el ser humano tiende a clasificar a sus semejantes en dos categorías: como «uno de los nuestros» o «uno de los otros». El color de la piel ha sido un criterio del que se ha abusado hasta la extenuación con este propósito.

El ejemplo de las supuestas razas humanas (desmentidas por la genética) nos recuerda precisamente que en los fenómenos culturales humanos siempre hay un lugar muy importante para la identificación y diferenciación del grupo al que se pertenece. Somos «nosotros» frente a «los otros». Pero también soy «yo» frente a «los otros». Somos seres a la vez individuales y grupales, aunque probablemente lo individual no existiría sin lo grupal. Necesitamos señalar las diferencias tanto individuales como de pertenencia a un grupo por medio de signos o símbolos. El color de la piel —artificial o natural— ha sido sin duda uno de estos símbolos, pero no el único. La forma —otro rasgo visual— y la técnica de los objetos realizados también han sido signos distintivos de pertenencia a un grupo. Encontramos variaciones locales —y por tanto culturales— en la forma de los bifaces desde hace cientos de miles de años. Así, por ejemplo, mientras que unos eran más almendrados, otros tenían forma de lágrima. Estas formas concretas debían de estar en la mente de sus artífices antes, durante y después de materializarlos en piedra. Es decir, eran objetos mentales, conceptos vinculados al grupo. En África se han encontrado objetos como cáscaras de huevo de avestruz o minerales de ocre, algunos de ellos con una antigüedad superior a los cien mil años, que presentan incisiones deliberadas que siguen ciertos patrones —como una serie de líneas diagonales que se entrecruzan— y que se repiten durante decenas de miles de años. Son las marcas que probablemente identificaban al grupo, o puede que a un subgrupo dentro de él. O tal vez a un individuo del mismo. Son símbolos, en cualquier caso, que pondrían de manifiesto la existencia de al menos uno de estos conceptos —grupo, subgrupo, individuo— en las mentes de sus autores. Como decimos, su transmisión cultural se ha mantenido a lo largo de muchos milenios. Las grandes civilizaciones históricas han durado mucho menos.

Pero en nuestra especie la información auditiva también es sumamente importante. El lenguaje humano es auditivo, y el tono de voz, sus frecuencias y toda una serie de parámetros acústicos nos proporcionan una ayuda muy valiosa a la hora de identificar tanto a los individuos como los grupos a los que pertenecen. La relación entre lengua, grupo y cultura en el ser humano es muy intensa y acusada.

La existencia de un grupo al que se pertenece, con un acervo cultural que lo identifica y distingue de otros, es algo que la mente del ser humano concibe de forma totalmente natural. Decíamos que la variedad de ambientes y lugares en los que el ser humano se ha establecido para explotar los recursos naturales ha sido probablemente uno de los primeros factores que determinaron la existencia de grupos «diferentes». La existencia de grupos humanos basados en el territorio y sus recursos naturales está datada desde hace al menos cien mil años, y se acompaña de algunos fenómenos sociales interesantes como el intercambio a largas distancias de mercancías y materias primas de todo tipo, para la fabricación de herramientas y otros objetos. Curiosamente, y ya al menos desde tiempos tan remotos, mientras que algunos de estos materiales intercambiados debían de ser útiles para la subsistencia, otros eran mucho menos necesarios desde este punto de vista. Hace decenas de miles de años ya se extraían sistemáticamente minerales, cuyo uso —como es el caso del ocre— no puede ser otro que el de la estética o el simbolismo social.

Cada grupo se volvería así depositario de determinados bienes de consumo, de los que sería el propietario y custodio por su proximidad física —o, a veces, mental— a sus lugares de obtención. La distribución, la organización e incluso la apariencia física del lugar donde habita el grupo estarán irremediablemente influidas por las materias primas que extraigan sus miembros. Bastará dar un simple paseo por un poblado de mineros, o de pescadores, o de comerciantes de pieles, para identificar enseguida el modo de vida de sus habitantes. Aquí y allá veremos determinadas herramientas, lugares para tratar las materias primas extraídas o para almacenarlas. Eso ya es cultura.

Ejemplos de que el medio natural determina en buena medida cómo es una cultura en particular los hay en abundancia, pero nos gustaría destacar uno que ha sido muy importante en nuestra prehistoria. En los lugares donde los recursos naturales son escasos durante la mayor parte del año pero abundantes en determinados y cortos períodos, ha sido adaptativo que el cuerpo humano acumulase en forma de grasa los excedentes obtenidos durante los períodos de opulencia. Lo común de esta situación ha dejado tal huella en nuestro comportamiento que, en opinión de Marvin Harris, es el origen de los banquetes y festines de las grandes celebraciones humanas. Pero el ejemplo que queríamos destacar aquí no es este, sino el que sucedió en la Europa del Paleolítico Superior, donde las circunstancias debieron de ser aún más duras de lo habitual, al menos durante ciertas épocas. Como lo demuestran las venus prehistóricas, la mujer ideal en aquel tiempo y lugar fue aquella con pechos, muslos y caderas voluminosos. Son zonas donde la grasa se acumula especialmente en las hembras de nuestra especie y que resultan sumamente atractivas a los ojos de los machos humanos, al menos en parte por esta razón —como ya hemos visto—. Una mujer así tenía más probabilidades de sobrevivir en los períodos de escasez, que debieron de ser largos y pronunciados en la Europa de aquel tiempo, y por tanto suponía una mayor garantía para la supervivencia de su descendencia. Sin embargo, un ideal de belleza como el que representan las venus prehistóricas europeas es quizá demasiado exagerado como para ser el patrón de belleza femenina innato y universal del ser humano, asumiendo que este exista. Diferentes culturas, en función de sus experiencias concretas con la obtención de recursos, tendrán sin duda otro tipo de preferencias estéticas.

Una biología para dominar la naturaleza

La biología siempre ha condicionado nuestros modos de vida, nuestros comportamientos y, por lo tanto, la cultura. A pesar de poseer un cerebro más grande incluso que el nuestro, los neandertales se vieron muy supeditados a sus enormes requisitos energéticos. Con un cuerpo tan robusto como el suyo, la mejor estrategia tenía que ser la de «moverse lo menos posible». Esto se traduce en que sus viajes diarios alrededor del campamento en busca de recursos debieron de ser más bien cortos, de menos de 5 kilómetros, porque sus cuerpos consumían realmente mucha energía. A diferencia del *Homo sapiens*, no serían tan buenos corriendo una maratón. Los recursos naturales de los neandertales se agotarían rápidamente en los estrechos márgenes de su radio de acción y tendrían que desplazar con frecuencia sus campamentos. Como consecuencia de ello, sus lugares de asentamiento eran menos estables y sus construcciones, menos sólidas que las de los *sapiens* contemporáneos.

Pero también parece evidente que, a lo largo de la evolución humana, los condicionantes biológicos habrían ido perdiendo peso poco a poco respecto a los condicionantes sociales, que acabarían siendo predominantes. Para que pudiera darse este proceso de cambio en la importancia de uno u otro tipo de factores, la explotación de los recursos naturales tuvo que haber sido cada vez más fácil y eficaz. Este debió de ser el caso, y habría sido posible gracias a los avances mentales que, lógicamente, se relacionan con modificaciones de nuestro cerebro. Su reflejo más palpable es la tecnología. Y, a su vez, muchos de los avances más significativos en la explotación del medio natural podrían haber contribuido a desarrollos mentales y cerebrales importantes.

Según algunos autores, esta historia de amor, de ida y vuelta entre nuestros avances mentales y la mejor explotación de los recursos naturales, arranca de muy lejos. La *postura bípeda* (grupo de rasgos número 5) y la consiguiente posibilidad de usar con facilidad las manos para construir herramientas habrían ejercido una importante presión selectiva en el *proceso de hominización*, el largo camino recorrido hasta llegar al ser humano actual. Esta visión de que «el trabajo hizo al hombre» podría ser alternativa, o quizá complementaria, a la de la competencia social como fuerza selectiva en el proceso de hominización; es decir, «la sociedad hizo al hombre». Según esta última, los avances mentales en la capacidad para abordar los problemas sociales —tan complejos y abstractos— habrían podido aplicarse a una mejora tecnológica y de explotación del medio natural. En realidad, ambas presiones selectivas podrían haber coexistido perfectamente a lo largo del proceso de hominización. La cuestión es que la primera probablemente habría tenido su principal protagonismo en los comienzos, protagonismo que habría ido cediendo progresivamente en favor de la competencia social. De hecho, la propuesta de Richard Alexander admite que la competencia social no ha sido necesariamente nuestra única fuerza de presión selectiva, aunque sí la principal, si bien su papel no tendría por qué haber sido preponderante desde el principio. Al menos en los primeros momentos, podrían haber sido las mejoras en la obtención y explotación de los recursos naturales las que podrían haber influido o favorecido los avances sociales del ser humano. El mero hecho de cazar colectivamente fomenta la conducta social y cooperativa en los chimpancés, ya que el único alimento que comparten es la carne obtenida mediante la caza en grupo. No cabe duda de que durante nuestra evolución se dieron en paralelo avances tecnológicos y sociales, si bien, como veremos más adelante al hablar de las herramientas, parece más probable que hayan sido los avances sociales la clave para obtener, *a posteriori*, avances tecnológicos, al menos los más significativos.

En un sentido amplio, los avances que se han ido produciendo en el cerebro humano han sido igualmente útiles tanto para poder moverse con éxito entre la complejidad de las relaciones sociales como para poder asumir y utilizar una tecnología cada vez más sofisticada. Uno de los casos más llamativos en los que las funciones tecnológicas y las sociales se solapan en nuestro cerebro es el de que la gran mayoría de los humanos utilicemos mucho mejor la mano derecha, controlada por el hemisferio izquierdo, y que sea también en este donde se producen las operaciones más fundamentales de nuestro lenguaje (grupo de rasgos número 8). Incluso muchas zonas dentro de ese hemisferio son comunes a ambas funciones. Este es el caso al menos para la gran mayoría de los seres humanos, donde el hemisferio cerebral izquierdo ejercería el papel de *dominante*, pues maneja con «destreza» —palabra derivada precisamente del hecho de ser diestros la mayoría de los humanos— tanto la mano derecha como las operaciones más cruciales del lenguaje. La tendencia a que ambas funciones tengan su sede principal en un solo hemisferio, y a que este sea el izquierdo, es muy acusada en el ser humano. Solo en torno a un 5 por ciento de la población es zurda, es decir, que su mano dominante es la «siniestra» (con todas las connotaciones que conlleva esta palabra en diversas culturas), y únicamente en una porción de estos su hemisferio cerebral dominante es el derecho. Este rasgo es marcadamente humano (está incluido en 7c), ya que, aunque la dominancia de uno u otro hemisferio cerebral en el control de las manos también está presente en otras especies de primates, como los chimpancés, la cifra de individuos con dominancia cerebral izquierda puede rebajarse hasta el 60 por ciento o menos en estas especies.

Estos solapamientos entre la tecnología y la comunicación en nuestro cerebro han dado pie a proponer un origen común para el lenguaje y el uso de herramientas. En la medida en que esto sea así y el grado de dominancia del hemisferio izquierdo de una especie humana sea indicador de la presencia de un lenguaje complejo como el nuestro, podríamos pensar que el lenguaje humano puede haber existido desde hace mucho tiempo. No hay prácticamente rastro de zurdos en las especies *Homo heidelbergensis* ni en el neandertal. Para especies anteriores, el registro arqueológico es más confuso e incompleto, precisamente por ser más escaso y lejano en el tiempo.

Una mente que trabaja

El ser humano posee una impresionante habilidad para manejar el medio natural casi a su antojo. Los avances científicos que nos permiten manipular el genoma de una planta o de un animal son solo un ejemplo de hasta dónde hemos llegado, no de hasta dónde podemos llegar, ya que sin duda podremos ir aún más lejos. Uno de nuestros rasgos más sobresalientes es la búsqueda de novedades. Este comportamiento, típico de un primate, es sin duda el motor de muchos de los avances de la humanidad. En nuestra especie es realmente destacable el deseo de excitar los sentidos y de realizar actividades nuevas. De hecho, para nuestro cerebro la novedad constituye un premio, pues produce grandes cantidades de dopamina, transmisor químico que ya hemos visto relacionado con el placer y el amor. El sistema de la dopamina de la *sustancia negra* —un núcleo situado en el tronco del encéfalo, que desempeña un importante papel en la inducción de nuestras acciones y en el control de nuestros movimientos— está estrechamente relacionado con el sistema de premios y castigos del cerebro, y es crucial en la búsqueda de novedades. Innovar es de por sí un placer para nuestro cerebro.

El *Homo sapiens* tiene, además, la capacidad de ordenar secuencialmente los acontecimientos, es decir, tiene consciencia de que el tiempo pasa y de que unos acontecimientos suceden a otros, a veces con una relación de causa y efecto (7f). El ser humano sabe que hay un futuro; un futuro que no se limita a las horas o los días siguientes, sino que se puede medir en términos de muchos años. También es plenamente consciente de que hay un pasado, que puede ser muy remoto, y un presente. Para todas estas circunstancias el ser humano tiene nombres, y por lo tanto conceptos, lo que le permite pensar sobre ellas. Con todas estas ventajas mentales puede finalmente predecir con bastante antelación muchas situaciones de su medio ambiente y actuar en consecuencia. El *Homo sapiens* también posee una gran creatividad (7m), otro importante motor para los numerosos avances de todo tipo que le han servido para explotar el medio natural. Para varios autores, tanto la creatividad como la increíble capacidad del ser humano para entender que hay un futuro y poder anticiparse a él e integrar esa información con la procedente del pasado y el presente son posibles gracias al aumento espectacular de la *memoria operativa* o *memoria de trabajo*.

La memoria operativa no es otra cosa que un sistema cerebral que almacena temporalmente información procedente del pasado, del presente y de un posible futuro, y que trabaja con ella. Es fundamental para abordar tareas mentales tan complejas como la comprensión del lenguaje, el aprendizaje o el razonamiento, entre otras muchas. Una forma de entender esta capacidad mental es la de identificarla con aquello que tenemos «en mente» en cada momento y que puede proceder de nuestros órganos sensoriales, de nuestros recuerdos o de los productos de nuestra imaginación. La mayoría de las veces, de hecho, es una mezcla de todas estas cosas.

Uno de los aspectos más importantes de la memoria operativa o de trabajo lo especifica su propio nombre: es una memoria para trabajar, un «espacio de trabajo». El término *operativa* o *de trabajo* implica precisamente que se debe trabajar activamente con la información que contiene. Si nos mencionan una serie de cifras (por ejemplo, 1, 7, 8, 5 y 4) y las repetimos inmediatamente, estaremos usando nuestra *memoria a corto plazo*, que para algunos autores no sería memoria operativa propiamente dicha, aunque sí en una de sus formas más básicas. Pero si tratamos de repetir esas cifras en orden inverso, eso ya es sin duda memoria operativa, pues hemos tenido que recolocar mentalmente las cifras que teníamos almacenadas temporalmente, y ese cambio de orden ya supone una acción que hemos realizado con ellas. Si el número de cifras es mayor que 5, nos daremos cuenta de que la tarea de recolocarlas mentalmente resulta bastante más difícil, demostrando así que la capacidad de la memoria operativa es limitada.

El mágico número 7

Normalmente se acepta que en el ser humano actual la capacidad de la memoria operativa está en torno a 7 elementos —sean cifras, palabras o ideas— si no tenemos que invertirlos o manipularlos de forma compleja, cifra que disminuye a unos 5 cuando tenemos que realizar con ellos operaciones como invertir su orden. Para algunos autores, la memoria operativa de un chimpancé rondaría los 2 elementos cuando no tienen que manipularlos (por ejemplo, sin tener que invertir su orden). Esta cifra habría ido aumentando progresivamente a lo largo de nuestra evolución hasta el *Homo sapiens* actual, en que la capacidad de memoria operativa habría llegado al máximo, superando incluso la de especies cercanas como los neandertales. Sin embargo, para otros autores la cantidad de elementos que un chimpancé puede almacenar en su memoria operativa podría ser similar a la nuestra, por lo que entre ellos y nosotros no habría una diferencia en la cantidad, sino en la calidad de la información almacenada y manipulada. Sea como sea, la memoria operativa puede ser uno de los factores clave para entender la mente humana.

Según el modelo más conocido de memoria operativa, el del psicólogo Alan Baddeley, esta capacidad mental estaría dividida en tres partes diferentes. Por un lado, tenemos un *almacén fonológico* a corto plazo para la *información auditivo-verbal*, es decir, información que se produce cuando escuchamos a alguien hablar o cuando nos escuchamos a nosotros mismos (cuando pensamos, por ejemplo). A dicho almacén se añaden unos mecanismos de «refresco» de la información, es decir, de repaso de su contenido con el fin de evitar que se pierda, que se olvide. Que el almacén sea a corto plazo significa, precisamente, que la información se desvanece al cabo de unos pocos segundos, y solo podemos mantenerla más tiempo si la repasamos. Y si tenemos la suerte de que no entre nueva información, que «expulsaría» literalmente a la que queremos mantener. Si nos dan un número de teléfono y no tenemos nada para apuntarlo inmediatamente, nos repetiremos el número una y otra vez hasta poder escribirlo; y, por supuesto, no dejaremos que cualquier otra cosa distraiga nuestra atención o perderemos el número. Por otra parte, también tendríamos un almacén parecido para la *información visuoespacial* (por ejemplo, las formas, los colores o las relaciones espaciales entre objetos), junto con sus propios mecanismos de repaso para evitar que esta información se pierda.

Esta propuesta inicial de solo dos almacenes transitorios (uno auditivo-verbal y otro visual) con sus correspondientes mecanismos de repaso es probablemente incompleta; las propuestas más actuales hablan de la existencia de tantos almacenes transitorios como tipos de información sean almacenables. Podemos almacenar temporalmente sonidos que no sean lingüísticos, sensaciones táctiles o dolorosas y, en general, cualquier tipo de información que llegue de nuestros sentidos. Recientes revisiones del modelo por parte del propio Alan Baddeley se hacen eco de esta realidad e incluyen un almacén extra, el *almacén episódico*, donde se almacenaría —transitoriamente— y se manipularía cualquier tipo de información, de cualquier modalidad sensorial y de cualquier profundidad de procesamiento, como, por ejemplo, no solo los sonidos de las palabras, sino también sus significados.

Todo bajo control

Pero, sean dos o sean múltiples los almacenes transitorios de información y sus mecanismos de repaso, alguien o, más bien, «algo» tiene que poner un poco de orden entre todos ellos. Ese «algo» tiene que decir qué almacenes deben estar activos, cuánto y cuándo. El tercer elemento que nos falta de la propuesta de memoria operativa de Alan Baddeley es de la mayor importancia para entender a nuestra especie y se conoce con el nombre de *ejecutivo central.* Este elemento es el responsable de muchas de las que tradicionalmente se han llamado *funciones ejecutivas* de la mente humana. La larga lista de estas funciones incluye nada menos que centrar la atención —incluido el bloqueo de cualquier cosa que pueda distraernos de nuestros pensamientos—, tomar decisiones, planificar, secuenciar las acciones —ya que el orden importa—, cambiar de estrategia, pasar de un tema a otro, impedir los comportamientos inadecuados para cada situación, extraer información de la memoria a largo plazo —recuerdos de experiencias pasadas— y actualizarla, e incluso hacer «experimentos mentales», es decir, anticipar qué puede ocurrir si hacemos esto o aquello, algo fundamental para la creatividad. Entre las más importantes funciones del ejecutivo central en el ser humano también está la de permitir que se retrasen los refuerzos, es decir, no necesitar una gratificación inmediata para nuestro comportamiento. Podemos hacer muchas cosas con la intención de recibir un premio pasado mucho tiempo; días, meses o incluso años. Realizar un examen es un buen ejemplo, algo que muchas veces hacemos pensando en un futuro relativamente lejano. Somos la única especie con esta capacidad. Aunque hay que decir, no obstante, que en tiempos cortos a veces los chimpancés son capaces de mostrar más paciencia que nosotros. Sin embargo, y como un ejemplo de que entre ellos y nosotros puede haber realmente grandes diferencias en la calidad de los contenidos de la memoria operativa, hay que decir que, si bien es verdad que los chimpancés pueden mostrar grandes dosis de paciencia, difícilmente lo harán por algo tan simbólico como el dinero, algo en lo que, sin embargo, el ser humano se pone a prueba a diario. Por último, el ejecutivo central también se relaciona con la *inteligencia fluida*, la inteligencia que no depende directamente de la escolarización ni de la cultura. Sería la parte más innata de nuestra inteligencia.

Vistas todas estas características del ejecutivo central, resultará del todo evidente la importancia de este elemento de la memoria operativa para la evolución humana. De hecho, el ejecutivo central depende en gran medida de la actividad de áreas del cerebro que han experimentado un considerable aumento de tamaño durante nuestra evolución. Es el caso de la *corteza prefrontal dorsolateral* o el *cíngulo anterior*, que ya hemos mencionado varias veces por su relación con el comportamiento social y moral. Otras zonas que también participan en este elemento crucial de la memoria operativa son la *corteza orbitofrontal* —que ya vimos involucrada en el comportamiento moral—, los *ganglios basales* —en el interior del lóbulo frontal—, el *cerebelo* —en la base posterior del cerebro— y, quizá en menor medida, las zonas parietales y temporales de la corteza cerebral. Como vemos, algunas de las áreas más relevantes para el comportamiento social lo son también para el ejecutivo central, un dato más que estaría en sintonía con la importancia de nuestra propia especie como principal fuerza selectiva.

Al tener una memoria operativa de gran capacidad, el ser humano cuenta con una de las mejores herramientas mentales disponibles para enfrentarse a un entorno cambiante, sea este natural o social. Teniendo en cuenta que, de estos dos, es el medio social el más voluble y cambiante con el tiempo, son varios los autores que sugieren que el origen del aumento de nuestra capacidad de memoria operativa se debió precisamente a la presión ejercida por la competencia interpersonal de nuestras sociedades, la competencia en el seno de la especie. Pero como ya hemos dicho, aunque de origen social, la mejora de esta capacidad mental habría tenido a su vez importantes repercusiones sobre la tecnología y la consiguiente explotación de los recursos naturales (4f, 7f, 9c). Así, por ejemplo, un aumento de la memoria operativa en dos de sus elementos —el almacén visuoespacial y el ejecutivo central— parece haber sido un requisito necesario para poder realizar determinados tipos de herramientas, en particular aquellas que empezó a fabricar el *Homo erectus*. El que en el género *Homo* se haya producido desde el principio una expansión significativa de las regiones parietales y temporales de la corteza cerebral podría considerarse un claro indicador del aumento temprano de ciertos aspectos de la memoria operativa, ya que participan no solo en el ejecutivo central, sino también en la localización e identificación visual de objetos, funciones más propias del almacén visuoespacial. Volveremos a hablar de las herramientas más adelante.

El impacto que el aumento de la memoria operativa pudo tener sobre el lenguaje y el pensamiento en general debió de ser también impresionante para la comprensión del medio natural. Ser capaces de manipular simultáneamente más información facilita una mejora de lo que se denomina *pensamiento intermodular*, es decir, el pensamiento en el que se consideran a la vez varios aspectos distintos de la realidad. Se abría así la posibilidad de descubrir relaciones de causa y efecto, regularidades, excepciones y muchas otras facetas del medio natural que de otra manera habrían resultado muy difíciles de entender.

Pero los efectos de un aumento en la capacidad de la memoria operativa podrían haber ido todavía más lejos. Con su expansión final, que podría haber ocurrido en nuestra especie (*Homo sapiens*), se alcanzó la capacidad de crear y memorizar relatos más elaborados y complicados de lo que hubiera sido posible hasta ese momento. Esto, según algunos autores, facilitaría el surgimiento de mitos y leyendas (7i), y su transmisión a las siguientes generaciones. Una mayor autorreflexión e introspección también serían ahora posibles. Nuestro lenguaje puede contener también oraciones más largas y complejas, con más información acerca de las complicadas relaciones entre las personas, los objetos o los lugares. Las relaciones entre los distintos elementos que componen la realidad del mundo, muchas veces ocultas, resultarían así aún más fáciles de comprender y de transmitir. Gracias a una gran memoria operativa, en definitiva, seríamos capaces de ver el mundo como de hecho lo vemos continuamente: más allá de las meras apariencias. Para algunos autores, como Thomas Wynn y Fred Coolidge, la gran y probablemente única diferencia entre la mente de los neandertales y la nuestra residía, precisamente, en su menor capacidad de memoria operativa.

El origen de una mente habilidosa

Nuestra especie tiene la particularidad —y la suerte— de contar con toda una serie de adaptaciones únicas, tanto físicas como mentales, que le permiten sacar el máximo rendimiento a esa gran capacidad de su memoria operativa que acabamos de comentar. La confluencia entre esas adaptaciones únicas y una gran memoria operativa sería la razón por la que el ser humano muestra un sinnúmero de formas exclusivas y características de explotar los recursos del medio natural. Si bien es cierto que muchas de esas adaptaciones podrían tener su origen en la competencia social como presión selectiva, o al menos beneficiarse significativamente de ella, también es cierto que algunas otras habrían tenido un origen distinto.

En primer lugar, nuestro cerebro cuenta con especializaciones que nos permiten desarrollar un importante cuerpo de conocimientos acerca de la biología y la física del mundo que nos rodea (4f). Cuando este conocimiento no ha sido guiado por la ciencia, ha tenido en buena medida un carácter intuitivo y «popular», mediatizado de manera importante por la cultura de cada grupo. Estos conocimientos nos permiten saber, entre otras cosas, qué puede y qué no puede hacer un organismo, un ser vivo, o qué es posible y qué no según las leyes de la física. Por ejemplo, sabemos que un animal necesita respirar, comer, beber o reproducirse, o que los objetos sólidos no pueden atravesarse y que cuando caen lo hacen hacia abajo, nunca hacia arriba. Nuestro cerebro, además, aprende estas cosas con suma rapidez, y ya los bebés de muy corta edad empiezan a manifestar estos mecanismos de comprensión del mundo natural. Si a un bebé de menos de un año le tapamos un objeto con la mano y al retirarla el objeto sigue en su sitio, le resultará algo tan «natural» que probablemente le parezca aburrido. Pero hagamos que el objeto desaparezca al retirar la mano y tendremos un bebé muy sorprendido. Nuestro cerebro es, entre otras cosas, una máquina de buscar constancias y regularidades, tanto de carácter físico como biológico, y se pone a esta tarea desde muy temprano. Probablemente este es también el caso de muchas otras especies, en particular, aunque ni mucho menos en exclusiva, del orden de los primates. Pero, en nuestra especie, el grado de conocimientos alcanzados en este sentido muestra unas diferencias notables respecto a otras especies, en cuanto a la cantidad y la complejidad de los conocimientos que son alcanzables. Estos conocimientos, además, se pueden transmitir de generación en generación —esto es la cultura, en definitiva—, lo que también tiene gran parte de «culpa» en esas importantes diferencias que hallamos entre otras especies y la nuestra.

No obstante, aunque estas especializaciones mentales para entender la física y la biología del mundo no tengan su origen en la competencia social, es posible que el alto grado de desarrollo que muestra el ser humano en ellas sí sea consecuencia de esta. Muchos autores piensan que el desarrollo de las capacidades para entender el complejo mundo social del ser humano y sacar provecho de él habría sido la principal razón para poder entender que existen causas, consecuencias, intenciones, *agentes* —seres con intenciones— y toda una larga lista de fenómenos complejos y abstractos que muchas veces se encuentran ocultos a la vista. Una vez adquiridas estas capacidades, se podrían aplicar, generalmente con éxito, a la mejor comprensión de la física y la biología del mundo natural. La tendencia universal del ser humano a atribuir intenciones, reacciones, pensamientos e incluso consciencia a animales, a plantas y a multitud de fenómenos naturales —y a veces artificiales— no sería por tanto otra cosa que el resultado de aplicar al mundo que nos rodea unos mecanismos surgidos inicialmente para la comprensión de las sociedades humanas. Gracias a esto podríamos haber alcanzado a vislumbrar muchas de las fuerzas ocultas que rigen en la naturaleza. Algunos opinan que aplicar estas capacidades sociales al mundo natural habría sido un caso de «hipertrofia» de esos mecanismos mentales, es decir, un uso excesivo de los mismos. Esa misma hipertrofia, llevada a sus extremos, podría incluso haber dado origen a las ideas religiosas; volveremos sobre esto más adelante.

El hecho de que en el registro fósil y arqueológico los principales avances tecnológicos siempre parezcan haber surgido un tiempo después de producirse un aumento en el tamaño del cerebro es esgrimido por algunos autores como una posible prueba de que la presión selectiva para ese aumento del cerebro no fue la tecnología, sino la sociedad. Tras cada mejora en la capacidad para dominar las complejidades sociales se habrían podido producir avances en la comprensión del mundo natural, lo cual habría derivado, en última instancia, en un avance tecnológico que permitiría explotar más eficazmente los recursos naturales. La competencia social podría haber sido así la principal fuerza de presión desde tiempos muy tempranos de nuestra evolución. Nuestros actuales conocimientos de la biología y la física del medio natural, por tanto, no habrían sido independientes de la competencia intraespecífica.

Pero sí que habría otras adaptaciones que estarían más claramente al margen de la presión selectiva ejercida por la competencia social, precisamente porque estas adaptaciones ocurrieron mucho antes de que la competencia social alcanzara todo su protagonismo. Entre ellas destaca el hecho de que la locomoción bípeda nos permite recorrer largas distancias y mostrar gran resistencia al cansancio (gracias en parte a 5b), lo que nos proporciona una gran ventaja a la hora de atrapar a muchas presas que efectúan carreras rápidas pero cortas y fatigosas. La postura bípeda también habría permitido posiblemente que tuviéramos unos brazos más cortos que los de otros primates (6a), lo que resultó en algunas de las adaptaciones más importantes para nuestra capacidad de explotar los recursos naturales, pues nos permiten realizar multitud de acciones que no les son posibles a otras especies; entre ellas, lanzar objetos con fuerza y puntería. Junto con esta habilidad, mostraríamos también una destreza muy destacable para evitar y esquivar objetos que hayan sido lanzados contra nosotros. El lanzamiento de objetos con precisión y la capacidad para esquivarlos son rasgos específicamente humanos (6b).

Otra especialización importante de nuestra especie cuyo origen y desarrollo no estarían vinculados a la competencia social es la mano humana (6c). La postura bípeda debió de haber sido un primer requisito imprescindible para esta adaptación. Muchos primates muestran un alto grado de habilidad manual, pero la forma y el tamaño de la mano humana, las proporciones de sus dedos y su capacidad para realizar la *pinza de precisión*, con un pulgar perfectamente *oponible* —que puede tocar fácilmente cualquiera de los otros dedos—, son características únicas que hacen de ella una verdadera herramienta precisa y de calidad. Junto con esto, tenemos una curiosa especialización en la parte del sistema nervioso que se encarga de regular los movimientos de los treinta y cinco músculos de la mano, el llamado *sistema piramidal*. Este sistema está constituido por un grupo importante de nervios que nace en la corteza motora y que va directamente hasta la médula espinal para controlar con precisión el funcionamiento de las células nerviosas que producen cada uno de los movimientos finos y minuciosos de nuestros dedos y manos. Tanto la gran cantidad de células nerviosas involucradas en este sistema como la alta precisión con la que el mismo regula los movimientos de nuestras manos son únicos del ser humano. Esta importante especialización se acompaña, además, de una enorme sensibilidad en las manos, sobre todo en las yemas de los dedos, donde nuestra especie cuenta con muchos miles de receptores para el tacto. Tantos que los seres humanos tenemos aproximadamente la misma cantidad de receptores nerviosos para el tacto en una sola mano que en todo el tronco corporal.

Las herramientas del animal bípedo

La confluencia de la postura bípeda, nuestros peculiares brazos y manos y el conocimiento complejo de la biología y la física del mundo natural ha dado lugar a una especie que destaca notablemente por encima de todas las demás en el uso de herramientas. Es cierto, y cada vez se recogen más datos a este respecto, que otros animales también usan herramientas que les permiten mejorar su explotación de los recursos naturales. Los delfines, por ejemplo, utilizan esponjas para proteger sus hocicos cuando escarban en los fondos marinos. La nutria marina y el alimoche utilizan piedras para abrir las conchas y los huevos y acceder a su contenido. Los chimpancés utilizan ramitas que limpian y preparan minuciosamente para introducirlas en los termiteros y hacerse así con lo que consideran un manjar. También utilizan piedras para romper nueces usando otra a modo de yunque. No obstante, todos estos ejemplos resultan rudimentarios. La preparación de los útiles en estos casos es básica, y muchas veces nula. Las herramientas de los animales no suelen estar compuestas de dos o más partes que formen una configuración relativamente compleja.

Tampoco parece que los animales suelan tener en sus mentes un diseño previo, salvo quizá en el caso de las ramas que usan los chimpancés para cazar termitas. O en el muy llamativo caso de las que son capaces de elaborar los cuervos de Nueva Caledonia. Estas aves, como en realidad todos los córvidos, son un buen ejemplo de que una gran inteligencia se puede alcanzar siguiendo múltiples caminos al margen de las líneas evolutivas de primates y cetáceos, los dos órdenes de mamíferos que siempre nos han parecido más inteligentes. El cuervo de Nueva Caledonia es perfectamente capaz de «tomar nota» de una situación compleja para obtener alimento y actuar en consecuencia.

Puede, por ejemplo, dar una forma muy precisa a un trozo de alambre con el que poder extraer un pedazo de comida situado en el fondo de un tubo, inalcanzable con el pico. Los cuervos utilizan para esto circuitos cerebrales muy diferentes de los de los primates y cetáceos, pero con resultados sorprendentes.

Sin embargo, ninguna de las herramientas que realizan los animales llega a alcanzar la complejidad funcional de las del ser humano. Tampoco los animales llegan a utilizar una herramienta para construir otra; en el mejor de los casos, las elaboran directamente con las manos o con la ayuda del pico o el hocico. Las primeras herramientas humanas de las que tenemos constancia las fabricaron utilizando otra, de modo que era necesaria una mente con cierto grado de sofisticación. No hay paralelos en el mundo animal para las industrias del tipo llamado *olduvayense*. Estas herramientas, realizadas por el *Homo habilis*, incluso parece que por algunos australopitecos, desde hace más de dos millones y medio de años, eran algo toscas, pero para elaborarlas se requería una gran coordinación motora y manual. Había que regular las fuerzas aplicadas tanto para sujetar la piedra que daba los golpes como la que se iba a convertir en un objeto cortante. Esta última recibía buenos y certeros golpes, y debía ser continuamente reorientada para realizar los retoques y correcciones oportunos. Las herramientas olduvayenses también señalan la presencia de un cerebro con una cierta capacidad de anticipación. El *Homo habilis*, tras elegir la materia prima entre varias alternativas, la llevaba al lugar donde se le iba a dar forma, un lugar que podía estar a varias horas de camino. Se ha comprobado, mediante estudios del flujo sanguíneo cerebral, que la técnica olduvayense necesita especialmente del trabajo de áreas del cerebro situadas en la *corteza parietal* —de gran importancia en la coordinación de los movimientos en el espacio— y de las zonas *motoras* y *premotoras* de la corteza frontal. La forma del interior del cráneo de esta especie muestra ya, efectivamente, una cierta expansión relativa de las zonas parietales y temporales de la corteza en comparación con otros primates.

Pero aquello fue solo el principio. Hace aproximadamente un millón y medio de años apareció el *bifaz*, un instrumento tallado por las dos caras —como la conocida hacha de mano—. Tuvo tanto éxito esta herramienta, que inventó el *Homo erectus*, que se estuvo fabricando durante más de un millón de años, y no solo por esta especie. Su diseño concreto, simétrico tanto en las caras como en los lados, estaba sin duda en la mente de su creador antes de materializarlo. Esto nos indica que en esa mente del *Homo erectus* se habría producido ya un gran salto respecto a quienes realizaban las herramientas olduvayenses, pues en estas últimas no se partía de un diseño visual previo que hubiera que alcanzar, sino que lo más importante era su utilidad. Para realizar con éxito un bifaz, además, se necesitan meses o años de práctica deliberada. La *achelense*, la industria del bifaz, exige aún más que la olduvayense el uso de las regiones parietales y frontales de la corteza cerebral, cobrando particular importancia las del hemisferio derecho por estar especializadas en la percepción combinada de las formas y las proporciones de los objetos. Algunas de estas regiones, por cierto, son equivalentes a zonas que en el hemisferio izquierdo se han especializado en el lenguaje humano.

Como sabemos, la tecnología humana se fue volviendo cada vez más compleja a medida que se iban sucediendo los milenios. Hace medio millón de años, el *Homo heidelbergensis* fabricaba sus herramientas utilizando como percutores otros materiales además de la piedra, y sus secuencias de movimientos eran más complejas y, lo que es más importante, estaban agrupadas de manera interdependiente y con relaciones jerárquicas. Es decir, que determinadas secuencias de movimientos solo podían ponerse en marcha en un momento determinado dentro de otra secuencia de movimientos o acciones de orden superior, y así indefinidamente. Este sería un caso de lo que hemos llamado *recursividad*, una característica muy importante de nuestro pensamiento (7g, 7k), de nuestro lenguaje y, como vimos en su momento, de las sociedades humanas. La tecnología del *Homo heidelbergensis* indicaría que la recursividad de su pensamiento estaba ya muy desarrollada. Con esta especie mejoró sustancialmente la calidad de los bifaces, lo que prueba, según algunos autores, que ya se habría alcanzado un mayor grado de coordinación entre los dos principales sistemas visuales de la corteza cerebral, el *dorsal* y el *ventral*. Estos dos sistemas, que compartimos con el resto de los primates, nos permiten saber qué y cómo es exactamente el objeto que estamos viendo (sistema ventral) y dónde se encuentran exactamente tanto el objeto como cada una de sus diferentes partes (sistema dorsal). Con el aumento de la coordinación entre ambos sistemas visuales se habría conseguido una mayor percepción *alocéntrica*, es decir, cuya referencia no es el observador sino lo observado, y la capacidad de imaginar y rotar mentalmente objetos tridimensionales. De hecho, los lóbulos parietales del cerebro del *Homo heidelbergensis* mostraban un aumento relativo del tamaño aún mayor que en el *Homo erectus*. La tendencia a aumentar la complejidad de la tecnología continuó con el *Homo neanderthalensis*, que mostraría una recursividad y una planificación aún mayores y, al decir de algunos autores, un grado mayor de pensamiento condicional («si ocurre esto, entonces hago aquello»).

Nuestra propia especie ha pasado por muchas etapas en su desarrollo tecnológico. Desde una industria muy similar a la de los neandertales, el *Homo sapiens* habría ido alcanzando cada vez mayores logros tecnológicos, la inmensa mayoría de ellos —si no todos— gracias a la evolución cultural, por acumulación y transmisión de conocimientos. Algunos autores destacan la profusión de productos hasta entonces inexistentes o producidos muy escasamente, como las hojas de cuchillo o los *microlitos* —piezas minúsculas—, y el surgimiento de objetos con propósitos tan específicos como los proyectiles. Se fueron incorporando cada vez más materiales distintos de la piedra, como el hueso o el asta, y aumentó también significativamente el número de categorías de utensilios y objetos, muchos de ellos con curiosas formas geométricas y cuya función todavía se nos escapa. La innovación se convirtió en el motor de nuestra tecnología y se fueron dando cada vez más la planificación a largo plazo y la capacidad para retrasar las gratificaciones, como lo demuestra la fabricación de trampas tanto para la caza como para la pesca.

Con el uso de una variedad cada vez mayor de nuevos materiales, el ser humano se iba enfrentando cada vez más a nuevas demandas mentales y corporales. El trabajo con los metales, por ejemplo, requiere que la estrategia y la fuerza se conviertan en una sola cosa. Cada vez se ha ido haciendo más y más necesario un largo período de aprendizaje para que las nuevas generaciones pudieran ponerse al nivel de la generación anterior. Con trillones de conexiones neuronales pero en torno a solo 20.000 genes, en nuestro cerebro hay, efectivamente, mucho espacio para la experiencia. El carácter social de ese cerebro, productor natural de cultura, parece haber sido un elemento fundamental para poder haber llegado tan lejos.

9

EL CEREBRO Y SU MENTE

> Mas aquel que admita el principio de la evolución debe reconocer que las facultades mentales de los animales superiores, que en naturaleza son lo mismo que las humanas, aunque en grado diferente, son susceptibles de perfeccionamiento [...]. La misma conclusión puede hacerse respecto al hombre: el entendimiento debió ser para él muy importante, aun en época remota, capacitándole para inventar y usar el lenguaje, fabricar armas, instrumentos, tender celadas, etc., lo que, unido a sus hábitos sociales, le hizo ser, desde ha mucho tiempo, señor de todas las criaturas vivientes.
>
> CHARLES DARWIN, *El origen del hombre* (1871)

UN CEREBRO QUE PRODUCE MENTE HUMANA

Nos centraremos ahora en el cerebro humano, puente entre dos mundos: nuestro mundo exterior, que es básicamente lo que hemos visto hasta aquí, y nuestro mundo interior, en el que a partir de ahora nos iremos adentrando cada vez más.

Esos dos mundos parecen fuertemente teñidos por la

competencia dentro de la especie. Por eso, cuando comparemos nuestro cerebro con el de otras especies, veremos que muchos de los ajustes que se han producido en él son consecuencia directa o indirecta de la competencia social. Nuestro cerebro no solo es proporcionalmente más grande (7a), sino que en él hay mayores cantidades de algunos tipos de células nerviosas que compartimos con muy pocos mamíferos, todos ellos caracterizados por ser especies con un fuerte carácter social. Es el caso de las *neuronas espejo* y las *células Von Economo*, de suma importancia para la imitación de los demás y las relaciones en grupo. También examinaremos otras modificaciones que son únicas, o que presentan características únicas en el cerebro de nuestra especie (muchas de ellas incluidas en 7c), como la fuerte lateralización de sus funciones —que ya ha sido mencionada al hablar de la gran cantidad de diestros que hay en nuestra especie— o la multitud de conexiones internas de la corteza cerebral. A diferencia de cualquier otro mamífero, nuestra corteza cerebral utiliza más información de «cosecha propia» que la que le llega de fuera. Se podría decir así que el ser humano «vive en su mundo». Además, esta información se transmite dentro de la corteza de una manera jerárquica y ordenada, es decir, de manera *recursiva*, a semejanza de las sociedades humanas, de su lenguaje y su pensamiento.

Hablar del cerebro humano en este capítulo nos permitirá poder abordar también algunos de sus productos distintivos más básicos e inmediatos, como la consciencia (7d) o la capacidad de usar *símbolos*.

El cerebro humano no surgió de la nada, no apareció de golpe ni está hecho a imagen y semejanza del de ningún dios. Nuestro cerebro es en realidad el de un primate que ha evolucionado hasta llegar a ser como es hoy. Buena parte de nuestro comportamiento se explica así. Por eso tenemos que empezar viendo de dónde arrancan realmente algunas de nuestras muchas peculiaridades.

En la mente de un simio

Son muchos los aspectos de nuestra mente y de nuestro comportamiento que nos separan, en mayor o menor medida, de las especies genéticamente más cercanas a nosotros y que pertenecen a nuestra *superfamilia*, los *hominoideos.* Recordemos que este término incluye a los gibones y a los grandes simios, el chimpancé (el común y el bonobo), el gorila y el orangután. Sin embargo, si miramos con una perspectiva amplia, pongamos que la de un naturalista de otro planeta que estudiara la biosfera del nuestro, encontraríamos que entre los demás hominoideos y nosotros son muchísimas más las semejanzas que las diferencias. Es más, con esa perspectiva, nuestro naturalista probablemente incluiría en un mismo grupo no solo a los hominoideos, sino a todos los primates superiores. Como hemos podido atisbar ya en capítulos anteriores, muchos de los peculiares rasgos mentales y del comportamiento de este orden de los *mamíferos*, con decenas de millones de años sobre el planeta, están presentes en nuestra especie. A veces más exagerados, otras veces menos desarrollados y, en muchos casos, prácticamente idénticos. Nuestros rasgos como primates condicionan nuestros rasgos como *Homo sapiens.*

Unos ojos con una córnea pequeña, preparados para la visión diurna, situados al frente, convergentes —para permitir calcular distancias y ver en tres dimensiones, un rasgo imprescindible para moverse entre las ramas de los árboles— y con tres tipos de conos en la retina —que permiten una espléndida visión en color—, condicionan de manera inevitable el tipo de estímulos que el ser humano actual busca encontrar en muchos aspectos de su vida cotidiana (7n). En el cine, en la televisión, en los videojuegos, en el arte, a la hora de conducir o al contemplar un paisaje, la visión tridimensional y en color que poseemos por ser primates es la gran protagonista. Un olfato cada vez menos eficaz y, sobre todo, con un papel cada vez menos importante en la conducta sexual —aunque no se haya perdido del todo— son otros condicionantes primates de nuestro comportamiento. Y también que tengamos un cerebro de gran tamaño, pues su tendencia ha sido la de aumentar cada vez más de tamaño, en buena parte a causa, precisamente, del alto grado de vida social que llevamos la mayoría de los primates. La competencia social es una de las presiones selectivas del orden de los primates.

Hace entre 6 y 8 millones de años, las líneas evolutivas de los chimpancés y los humanos se separaron para siempre. El chimpancé es el gran simio más cercano a nosotros tanto genética como mentalmente. Chimpancés y humanos compartimos algunas peculiaridades del comportamiento que no están presentes en otros primates, o que lo están, pero en mucha menor medida. Por deducción, los rasgos que compartimos debieron de estar presentes en el último ancestro común a ambas especies. Observando a unos y otros podemos reconstruir cómo sería el comportamiento de aquel ancestro común. Muchos de sus rasgos también han condicionado otros tantos de los más distintivos del *Homo sapiens*.

Como sabemos, chimpancés de determinadas regiones muestran comportamientos peculiares en la explotación de los recursos tanto naturales como sociales y que no se dan en otros grupos geográficamente separados. Por lo tanto, uno de esos rasgos de nuestro ancestro común debió de ser la presencia de algún tipo de «tradiciones», es decir, un cierto grado de *cultura*. La imitación y la cooperación parecen ser también rasgos distintivos de aquel ancestro común, aunque en los humanos estas conductas surjan de forma mucho más natural que en los chimpancés, los cuales, además, no parece que aprendan de los errores de los otros. El ancestro compartido también pudo tener un cierto grado de *autoconsciencia* —eran conscientes de sí mismos, aunque esto es bastante discutible y, en cualquier caso, se piensa que en un grado mínimo—, una cierta capacidad para realizar *inferencias causales* —eran capaces de encontrar las causas de algunos acontecimientos—, un cierto grado de *inhibición social* —o, lo que es lo mismo, cierta tolerancia con los demás— y algo de *especialización social* —tendrían reparto de tareas, y la posición en el grupo determinaría la forma de comportarse y obtener recursos—. Un comportamiento flexible y con capacidad para retrasar los refuerzos formaría también parte de su repertorio. Su intensa vida social permitiría deducir que aquel ancestro común también debió de ser capaz de interpretar y seguir la mirada de los demás, al menos mínimamente.

Las capacidades propuestas para aquel ancestro común muestran ya un cierto nivel de desarrollo en cuanto a tecnología y, sobre todo, vida social. No es de extrañar, por tanto, que se sospeche que el cerebro de aquella criatura ahora extinta debía no solo de ser grande, sino también mostrar cierto grado de especialización hemisférica, por ejemplo, para las secuencias de llamadas entre los miembros del grupo. En su cerebro también abundarían las células Von Economo, habría un alto porcentaje de tejido cerebral en los lóbulos frontales e incluso altos niveles de excitabilidad en las células nerviosas. El chimpancé y el humano comparten determinados genes que aumentan el metabolismo del transmisor químico excitador por excelencia de la corteza cerebral, el *glutamato*. De todas estas peculiaridades neurofisiológicas y muchas más hablaremos ampliamente más adelante.

Más allá de una mente simiesca

En *El origen del hombre*, Darwin defiende la idea de que no hay comportamiento ni capacidad mental en el ser humano que hayan surgido de la nada; todo, en mayor o menor medida, puede observarse en otros animales, estén estos emparentados o no con nuestra línea evolutiva. La cuestión es que en nuestra especie algunas capacidades se pueden haber desarrollado tanto que llegan a parecer totalmente diferentes, sin precedentes. Para autores como David Premack, sin embargo, sí que habría una auténtica discontinuidad entre el ser humano y el chimpancé, un verdadero salto cualitativo; al menos en algunas facetas de nuestro comportamiento y nuestra mente. La capacidad para *enseñar* sería una de ellas. En la enseñanza existe una verdadera intención deliberada y consciente, por parte de quien enseña, de conseguir que el aprendiz adquiera ciertas habilidades o conocimientos, y esto va mucho más allá de la mera imitación que encontramos en los chimpancés. Habría discontinuidad también en la capacidad de la *memoria operativa*, de la que hablamos en el capítulo anterior, no solo en cuanto a la cantidad de información que es manipulada mentalmente, sino también en cuanto a su calidad. El razonamiento causal, la planificación, la *inferencia transitiva* —encontrar relaciones entre elementos u objetos, no necesariamente causales—, la teoría de la mente —o capacidad para entender la mente de otros—, el engaño y el lenguaje son otras facetas de nuestro comportamiento en que las diferencias con otras especies podrían suponer un salto cualitativo. Lo cierto es que en todas estas facetas nuestra especie destaca sobradamente; pero sigue sin estar claro para la comunidad científica si las diferencias se pueden considerar verdaderas discontinuidades o si no será que simplemente se han perdido todos los pasos intermedios. Según algunos autores, el chimpancé no es capaz de superar las capacidades mentales de un ser humano actual de tres años de edad. En algunas quedaría incluso muy por debajo. Una cuestión interesante sería entonces esclarecer si los logros mentales de un ser humano adulto suponen el desarrollo gradual de lo que ya podemos encontrarnos a los tres años de edad, o si a partir de entonces surgirían aspectos totalmente nuevos de nuestra mente.

Nosotros estamos con Darwin en que el desarrollo gradual parece lo más probable, incluso aunque algunas facetas del comportamiento, como el lenguaje, parezcan estar a años luz de las de nuestros parientes evolutivos más cercanos. Ciertamente, ha debido de haber muchos pasos intermedios a lo largo de nuestra evolución en los que muchas de esas capacidades habrían mostrado ya una notable diferencia con las del chimpancé o el ancestro común; pero también con las del ser humano actual. Lo que ahora nos puede parecer una discontinuidad no sería más que una falta de datos. El camino no fue ni breve ni fácil, y el pleno desarrollo de algunas capacidades mentales solo lo habría alcanzado nuestra propia especie, *Homo sapiens*, y no necesariamente desde el principio, cuando apareció hace unos 200.000 años, sino puede que mucho tiempo después.

Sally McBrearty y Alison S. Brooks, en un artículo publicado en el año 2000 que se ha convertido ya en un clásico,[1] defendieron esta gradualidad en la evolución de las capaci-

1. S. McBrearty y A. S. Brooks, «The revolution that wasn't: a new interpretation of the origin of modern human behaviour», *Journal of Human Evolution*, n.º 39 (2000), pp. 453-563.

dades mentales humanas frente a la idea imperante en aquel momento, según la cual la mente humana moderna con todas sus peculiaridades solo existe desde hace unos 40.000 años; habría surgido súbitamente en Europa, y lo demostraría la proliferación de arte rupestre durante el Paleolítico Superior. Antes de aquel momento, la mente humana habría sido algo rudimentario y simple, más cercano al chimpancé que al ser humano actual. McBrearty y Brooks, por el contrario, defienden su postura examinando la multitud de evidencias existentes en el continente africano de logros mentales alcanzados tanto por nuestra especie antes de ese supuesto «gran salto» cualitativo como incluso por especies humanas anteriores a la nuestra, rasgos que hasta entonces habían sido sistemáticamente negados por muchos científicos para esos períodos tan antiguos de la humanidad.

McBrearty y Brooks también intentan sistematizar cuáles son las características que todo el mundo estaría de acuerdo en aceptar como definitorias de una mente humana plenamente moderna. Sería un esfuerzo similar a la lista de Flinn, Geary y Ward que estamos siguiendo en este libro, pero exclusivamente dedicada a los aspectos mentales y comportamentales. Una de esas características sería el *pensamiento abstracto*, la capacidad de pensar en conceptos no limitados por el espacio y el tiempo, es decir, intangibles, como «libertad» o «paz». Otras características serían la *planificación a largo plazo*, la capacidad para formular *estrategias* basadas en experiencias pasadas, la *proliferación de innovaciones* en el comportamiento o en la tecnología y la *conducta simbólica*, es decir, la capacidad de representar objetos, personas o lugares mediante sonidos o imágenes arbitrarios y de *reificarlos* —algo así como «cosificar» o darles una entidad real a dichos símbolos— en la práctica cultural. Estas dos autoras creen encontrar evidencias de todas ellas mucho antes de los últimos 40.000 años.

Sin embargo, no todos los científicos aceptarían las pruebas que McBrearty y Brooks presentan como evidencias de estos comportamientos. Y, a pesar de su esfuerzo, tampoco estaría todo el mundo de acuerdo con los rasgos que proponen como definitorios de la mente humana moderna. No hay consenso acerca de esto. Hoy día, nos encontramos con que sigue sin terminar de resolverse la cuestión de si al menos algunos de los rasgos definitorios de la mente humana actual, sean estos los que sean, suponen realmente nuevas adquisiciones o el desarrollo de otras previas ya presentes en el ancestro común a los chimpancés y los humanos.

Una forma que tenemos de asomarnos a este problema de la continuidad o discontinuidad de nuestras capacidades mentales con respecto a otras especies es la exploración detallada de nuestro cerebro y su comparación con el de otros primates, especialmente el de los más cercanos a nosotros. Podemos ir, así, en busca de células nerviosas, conexiones o áreas cerebrales que puedan ser únicas de nuestra especie. A continuación vamos a repasar los datos que hay disponibles a este respecto, y veremos que al compararnos con otras especies lo que más se observa, en general, es un aumento importante en la cantidad de determinadas estructuras, células o conexiones ya presentes en otros primates, de manera que resulta difícil hablar de saltos cualitativos. Lo que también señalan estos datos, curiosamente, es la enorme vinculación de la mayoría de las peculiaridades de nuestro cerebro con las relaciones sociales. Se podría confirmar así la tesis de que el cerebro humano es un órgano especial y específicamente diseñado para entender las mentes de los demás. La importancia de la competencia en el seno de la especie parece tener en el estudio del cerebro una de sus mejores evidencias.

Un poco de neurobiología de la mente humana

El sistema nervioso es un dispositivo producido por la selección natural y que permite a sus poseedores interactuar con el medio ambiente en función de circunstancias más o menos cambiantes. Por eso tiene entre sus propiedades más importantes la de almacenar información a partir de la experiencia particular de su poseedor. La *corteza cerebral*, la parte de nuestro cerebro —y, por tanto, de nuestro sistema nervioso— que más ha aumentado de tamaño en comparación con otras especies, se puede considerar toda ella un sistema especial de memoria. Almacena contenidos muy complejos, precisamente muchos de los que más nos hacen humanos. Al tomar decisiones difíciles o al resolver un problema matemático complejo, el cerebro lo que hace básicamente es recuperar información de la memoria.

La corteza cerebral nace con una serie de circuitos que ya vienen determinados por la evolución de la especie, una memoria que podríamos llamar *filogenética*. A ella se añaden las experiencias que va adquiriendo el individuo a lo largo de su vida, especialmente durante las etapas del desarrollo, lo que podríamos llamar memoria *ontogenética*. La corteza cerebral funciona recuperando su memoria —filogenética y ontogenética— constantemente y esto lo hace *autoasociativamente*, es decir, que unos contenidos activan otros de forma automática y en función de su mayor o menor relación. Esto conlleva el riesgo de que, cada vez que percibimos un estímulo o tenemos una idea en la cabeza, se pueda activar hipotéticamente todo lo que contiene nuestra corteza cerebral, pues unos contenidos llevarían a los otros, y así sucesivamente. Para que esto no ocurra también hemos desarrollado unos importantes mecanismos de control. En la corteza cerebral existen muchas conexiones *inhibitorias* —que impiden la activación de las células nerviosas—, y precisamente en nuestra especie este tipo de conexiones, que dependen de células nerviosas muy concretas, son muy abundantes. Absolutamente todo el sistema nervioso tiene como misión principal convertir las entradas sensoriales en acciones apropiadas, y lo hace así precisamente por ser un sistema de memoria autocontrolado.

El sistema nervioso de los vertebrados, y en especial el de los mamíferos y algunas aves, ha experimentado un gran desarrollo, gracias a lo cual cuenta con una serie de especializaciones que lo hacen muy eficiente, pero a la vez muy complejo. Dentro de los mamíferos, la mayoría de las especies tiene un alto grado de socialización, es decir, que los miembros de una misma especie interactúan de manera más o menos compleja. Esto es muy llamativo en el caso de la gran mayoría de los primates y de algunos cetáceos. Este tipo de comportamiento está muy relacionado con dos estructuras cerebrales concretas situadas en el lóbulo frontal, la *corteza orbitofrontal* y el *cíngulo anterior*. Estas dos zonas de nuestro cerebro son de capital importancia para las emociones, la toma de decisiones, la resolución de conflictos, los juicios estéticos y, sobre todo, las relaciones sociales; ya las hemos visto en algunos ejemplos. Además, nuestro cíngulo anterior no solo presenta un tamaño considerable, sino que incluye, recordemos, un tipo de células nerviosas, las llamadas *neuronas en huso* o *células Von Economo*, que solo existen en algunos cetáceos (algunos delfines y ballenas), en los elefantes (otra especie social) y en algunos primates, concretamente en los grandes simios y, especialmente, en el ser humano. Hay nada menos que mil veces más células de este tipo en nuestra especie que en los grandes simios. Al cíngulo anterior llegan señales nerviosas de muchas partes del cerebro que tienen que ver con procesos mentales de gran importancia; entre otros, la percepción, la memoria, la atención, la voluntad y la consciencia. El *sistema límbico*, el sistema principal de las emociones y al que pertenecen la corteza orbitofrontal y el cíngulo anterior, también ha sufrido un desarrollo muy importante en los mamíferos.

En los primates aparece otra especialización de gran importancia para que muchos aspectos de nuestra mente se diferencien notablemente de los de otras especies: la llamada *corteza granular prefrontal*, con abundancia de células nerviosas *granulares* en la cuarta de sus seis capas. En esta corteza granular prefrontal se encuentra el área 10 del mapa citoarquitectónico de Brodmann, la parte de la corteza cerebral que más ha aumentado de tamaño en el cerebro de nuestra especie.

Aparte de estos cambios, que probablemente sean de los más importantes y llamativos que ha experimentado nuestro cerebro, podemos mencionar otros sin cuya contribución tampoco se entendería la mente humana. Uno de ellos es la capacidad que tienen ciertas células nerviosas para activarse como si nosotros mismos estuviéramos realizando las acciones que vemos hacer a otras personas. Muchas de las células nerviosas que controlan nuestras propias acciones también se activan cuando vemos realizar esas acciones a los demás. Por eso se llaman *neuronas espejo*, y ya abundan en los primates, pero especialmente en el ser humano. Más adelante volveremos a hablar de esta propiedad que poseen algunas neuronas, por su enorme utilidad para que podamos entender lo que hay en la mente de los otros.

También ha aumentado de forma significativa en nuestra especie el número de células nerviosas del *tálamo*, la «estación de relevo» de la mayoría de las sensaciones en su camino hacia la corteza cerebral. Probablemente esto esté relacionado con una mejora en la capacidad para enfocar la atención. Por otra parte, nuestro *núcleo dentado* del *cerebelo*, que envía señales a la corteza cerebral —a través del tálamo—, es particularmente más grande de lo esperado para un primate de nuestro tamaño. Aún no se sabe muy bien en qué contribuye esta circunstancia a las peculiaridades de nuestra mente. El cerebelo, esa especie de «cerebro pequeño» situado bajo la parte posterior del cerebro, es muy importante para que nuestras acciones tengan la amplitud apropiada según cada situación. Para abrir una puerta, bajamos el picaporte con la fuerza adecuada, pues de lo contrario podríamos romperlo o quedarnos sin abrirla; el cerebelo se encarga de esto, y lo hace en función, entre otras cosas, de la mayor o menor resistencia que ofrezca el picaporte. Aparte de saber que se encarga de este tipo de tareas, y a pesar de contener muchas más neuronas que toda la corteza cerebral, el cerebelo sigue siendo un gran desconocido. Sabemos que participa en prácticamente todo tipo de operaciones mentales, pero aún no está muy claro qué papel desempeña en ellas.

¿Cantidad o calidad?

La mayoría de las modificaciones de nuestro cerebro que hemos visto hasta ahora no son otra cosa que el resultado de un aumento de la cantidad de tejido nervioso de unas estructuras que compartimos con otras especies, muchas de las cuales se caracterizan también por la complejidad de sus estructuras sociales. La esencia de esas modificaciones es, por lo tanto, cuantitativa. Siendo este el caso, la cuestión de si entre las capacidades mentales de otras especies y las nuestras hay una continuidad —como proponía Darwin— o una discontinuidad —como sugiere Premack— parecería fácil de responder, a favor de la primera propuesta.

Además, conseguir estos cambios cuantitativos puede haber sido algo en realidad muy sencillo desde el punto de vista genético. El neurocientífico Pasto Rakic ha propuesto que durante el desarrollo embrionario humano habría más divisiones de *células madre* precursoras del cerebro (las que van a dar lugar a las células nerviosas) que en otras especies. Este mecanismo tan sencillo daría lugar a su vez a un cerebro más grande, especialmente en determinadas zonas. En efecto, parece que muchos de los genes que presentan alguna mutación específica en el ser humano tienen como principal misión la de prolongar durante más tiempo la división de células precursoras durante el desarrollo embrionario, aumentando en consecuencia el número de determinados tipos de células nerviosas (7b). Entre los más conocidos están los genes ASPM y MCPH1 (*microcefalina*), que se relacionan especialmente con el tamaño del cerebro (ASPM, concretamente, con el de la corteza cerebral). Otro gen muy conocido y con una función similar es FOXP2, que actúa preferentemente en ciertas zonas de la corteza cerebral, sobre todo en las áreas del lenguaje (se le ha llegado a llamar «el gen del lenguaje»). La variante de FOXP2 que tenemos los humanos modernos la compartimos con los neandertales.

Somos la especie más encefalizada del planeta, por cuanto poseemos el cerebro más grande en relación con el tamaño de nuestro cuerpo. Este hecho es tan llamativo que Juan Huarte de San Juan, médico y humanista español del Siglo de Oro, ya hacía mención en su *Examen de ingenios para las ciencias* (publicado en Baeza en 1575) de lo grande que es nuestro cerebro en comparación con el de «la mona», y relacionaba este hecho con nuestras particularidades mentales. Darwin también lo hacía en *El origen del hombre*. En la década de los setenta del pasado siglo, Harry J. Jerison propuso que el dato realmente importante que hay que considerar es la cantidad de tejido nervioso que se tiene más allá de lo estrictamente necesario para la supervivencia de un cuerpo de determinado tamaño. Todo tejido nervioso «extra» hace que las especies sean más flexibles en su comportamiento, más variables y creativas a la hora de enfrentarse con éxito al medio; en definitiva, más inteligentes. En el caso del ser humano, el exceso de tejido nervioso es el de mayor magnitud del reino animal (7a). Las cifras hablan por sí solas: el cerebro más grande del planeta en términos absolutos, el de la ballena, de unos nueve kilos, supone solo un 0,1 por ciento de su peso corporal; el nuestro, con menos de kilo y medio de peso, supone un 2 por ciento.

Pero la respuesta al problema de la continuidad o discontinuidad entre nuestras capacidades mentales y las de otras especies va a empezar a ser más ambigua cuando sigamos examinando más diferencias entre nuestros cerebros. Por ejemplo, fruto del aumento de su tamaño han surgido algunas *circunvoluciones* que no se encuentran en otras especies genéticamente cercanas a la nuestra. Las circunvoluciones son los pliegues de la corteza cerebral, y es probable que el aumento del número de aquellas en nuestra especie sea simplemente resultado del incremento de la superficie total de la corteza. Si se estirara, nuestra corteza cerebral ocuparía aproximadamente un cuadrado de medio metro de lado; la de un chimpancé apenas supondría la tercera parte. Una de las nuevas circunvoluciones que han surgido es el *giro fusiforme*, situado a lo largo de la base del lóbulo temporal en su parte central. El giro fusiforme es muy importante en el cerebro humano; en él se encuentran gran parte de las *constantes perceptivas* que permiten la identificación visual de objetos del mundo exterior, independientemente de su orientación o de la cantidad de luz que reciban. Allí se reconocen las caras de las personas, las formas de las letras o las palabras de nuestros sistemas de escritura. Buena parte de los significados del *diccionario mental* de nuestro lenguaje hacen uso de extensas redes del cerebro que tienen al giro fusiforme como principal referencia.

El surgimiento de nuevas circunvoluciones en nuestro cerebro relacionadas con funciones mentales aparentemente nuevas puede considerarse un ejemplo de discontinuidad. Pero también podría verse como la simple consecuencia «mecánica» de un estiramiento de la corteza, de un simple aumento de su superficie. De hecho, ni las células nerviosas de esos nuevos pliegues ni sus conexiones parecen ser muy diferentes de las que vemos en las circunvoluciones que compartimos con otras especies. Junto al giro fusiforme se encuentra precisamente otra zona de nuestro cerebro con funciones parecidas, el *giro parahipocámpico*, y que sí tienen también otras especies. Pero en este caso encontramos otra diferencia importante. Su maduración en el ser humano parece realmente muy lenta; a veces, a los sesenta años de edad no ha madurado del todo. En nuestra especie, el giro parahipocámpico desempeña un papel crucial en la memorización y recuperación de los recuerdos, principalmente los *autobiográficos*, los que tienen que ver con las vivencias particulares de cada uno. Es probable que esto explique esa maduración tan tardía. Esta función del giro parahipocámpico podría tener que ver con su proximidad a una zona del cerebro emocional que también compartimos con otras especies, y que de nuevo desempeña un papel muy importante en las peculiaridades de nuestra mente. Estamos hablando del *hipocampo*, la parte de nuestro cerebro que más se necesita para guardar recuerdos en la memoria. Mientras que en la gran mayoría de los mamíferos el hipocampo tiene como principal misión la de almacenar movimientos y referencias del espacio exterior, en el ser humano y quizá —aunque en menor medida— en otras especies se utiliza para almacenar recuerdos *episódicos*, escenas y acontecimientos particulares que hayamos vivido a lo largo de nuestra vida. El hipocampo y el *sistema humano por defecto*, del que hablaremos más adelante, serían los responsables de que el ser humano pueda realizar *viajes mentales* al pasado. Pero también al futuro, imaginando posibles situaciones por ocurrir basadas en experiencias pasadas; y esto es sumamente importante. Esta información autobiográfica y estos viajes imaginarios en el tiempo se dan en la especie humana con suma facilidad, pero serían imposibles, por ejemplo, en una rata. Algunos simios, como los orangutanes o los chimpancés —especialmente los bonobos—, y quizá algunas aves, podrían poseer también parte de esta capacidad mental tan significativa.

Dos cerebros en uno

El aumento de volumen del cerebro no es, en sí mismo, una garantía de mayor éxito adaptativo. El cerebro del neandertal era algo más grande que el nuestro, e incluso parece que nuestro propio cerebro, el del *Homo sapiens*, puede haber sufrido una pequeña merma de unos 150 cm^3 en su volumen desde que apareció la especie. El cerebelo, por ejemplo, aun desempeñando un papel probablemente menos importante que la corteza cerebral a la hora de explicar cómo es la mente humana, tiene —ya lo hemos dicho— muchas más neuronas que aquella. Los cerebros grandes tienen, de hecho, algunas desventajas. Entre otras, que la transmisión de información a través de las conexiones nerviosas entre sus distintas partes, obviamente más largas en cerebros más grandes, requiere más tiempo, con la consiguiente pérdida de eficacia. La eficacia va unida a la rapidez. El coste metabólico de un cerebro grande también es un condicionante, y aun suponiendo solo un 2 por ciento de nuestro peso corporal, el cerebro humano consume nada menos que un 20 por ciento de toda la energía que producimos (7a). Para poder mantener una máquina tan costosa, en algún momento del pasado se acortó nuestro tracto digestivo; así, los costes energéticos de la digestión se redujeron, en beneficio de nuestro cerebro. El uso de alimentos cocinados ha sido también de gran ayuda en este sentido.

En la disyuntiva sobre la continuidad o discontinuidad entre la mente humana y la de otras especies, hemos visto hasta aquí modificaciones y ajustes de nuestro cerebro que hablan más de continuidad que de discontinuidad, aunque algunos podrían considerarse un caso ambiguo. Sin embargo, como hemos dicho, a medida que sigamos explorando nuestro cerebro tendremos ocasión de encontrarnos cada vez más casos ambiguos a este respecto, e incluso algunas modificaciones —aunque es cierto que muy pocas, y no necesariamente de las más cruciales— que se pueden considerar claramente discontinuas. Al seguir escudriñando con detalle en el interior de nuestro cerebro veremos que el debate podría quedar zanjado diciendo que nuestra mente y nuestro cerebro parecen ser más bien una constelación en la que conviven los dos tipos de fenómenos, los que tienen precedentes en otras especies y los exclusivamente humanos, aunque en su mayoría parecen abundar y tener más peso los primeros. Lo más importante es que, probablemente, ninguno de ellos sería capaz de explicar el resultado final por sí solo.

De hecho, junto a un aumento de su volumen, debe

de haber habido otros cambios importantes en nuestro cerebro que permitan explicar nuestra mente. Aumentar de tamaño el de un chimpancé no sería suficiente para obtener un cerebro humano. Cuando se observa la forma de nuestro cerebro y sus distintas partes y se compara con la de cualquier otro simio, vemos que hay algunas diferencias apreciables que no son *alométricas*, es decir, que no se deben a los condicionantes puramente físicos —mecánicos— de un simple aumento de volumen. Estas modificaciones no alométricas muestran que el aumento de volumen del cerebro humano no ha sido un fenómeno general, no se ha producido «a ciegas», sino que ha habido multitud de ajustes finos en virtud de los cuales unas partes de aquel han aumentado más que otras. Por ejemplo, las zonas de la corteza cerebral donde se analiza en primera instancia la información visual, las zonas visuales primarias —en la parte posterior del cerebro, el lóbulo occipital—, muestran una reducción relativa de tamaño (es decir, no han aumentado tanto como cabría esperar para un cerebro tan grande). Pues bien, esto habría ocurrido en beneficio de una mayor expansión de algunas *áreas de asociación* temporales y, principalmente, parietales. Las áreas de asociación son zonas de nuestra corteza donde se analizan en mayor profundidad los estímulos, y volveremos a hablar de ellas más adelante. El género *Homo* muestra de hecho un ensanchamiento significativo de las regiones parieto-temporales, que podría estar indicando una mayor capacidad de percibir más allá de las meras apariencias. Las zonas parietales, además, muestran una forma peculiar en nuestra propia especie, un aumento relativo de su tamaño en las partes más superiores que no se observa en ninguna otra especie del género *Homo*. Esas percepciones y otras operaciones mentales profundas que se realizan en zonas parieto-temporales son controladas por partes prefrontales de la corteza cerebral. En el *Homo sapiens* y en los neandertales hubo precisamente un ensanchamiento no alométrico de los lóbulos frontales, en especial en torno al *área de Broca* (7c), una de las áreas cerebrales más importantes para nuestro lenguaje, situada más o menos a la altura de la sien, abarcando al menos las áreas 44 y 45 del mapa de Brodmann.

Precisamente el área de Broca, junto con otra zona de nuestra corteza cerebral que también es de capital importancia para nuestro lenguaje, el *área de Wernicke* —situada en el cerebro aproximadamente a la altura de la parte alta de la oreja, en torno a la parte posterior del área 22 de Brodmann—, son dos ejemplos de otro curioso fenómeno que nuestro cerebro muestra en muy alto grado: la *lateralización* de funciones (7c). El hecho de que las distancias largas hagan perder eficacia en la transmisión de información entre las células nerviosas de un cerebro grande puede ser la causa de que determinadas operaciones mentales se produzcan en gran parte dentro de uno solo de los dos hemisferios cerebrales. Entre otras, por ejemplo, la discriminación y la producción de los sonidos de nuestro lenguaje, una operación complicada que requiere una gran rapidez y eficacia. Por esta razón, las áreas de Broca y de Wernicke solo están en el hemisferio izquierdo en la inmensa mayoría de las personas.

Existen también asimetrías en el volumen cerebral, diferencias entre un hemisferio y otro que pueden apreciarse a simple vista. Por ejemplo, dado que las áreas de Broca y de Wernicke suelen estar en el hemisferio izquierdo, el ensanchamiento del cerebro a la altura de estas regiones es algo mayor en ese hemisferio. Algunos genes con determinadas secuencias específicas en nuestra especie (7b), como LDB1, se expresan mayoritariamente en zonas temporales superiores, lo cual parece contribuir a esta *asimetría peri-*

silviana (es decir, de alrededor de la *cisura de Silvio*, la gran hendidura que delimita al lóbulo temporal y alrededor de la cual se localizan las áreas de Broca y de Wernicke). Otros genes, localizados en los cromosomas sexuales y con secuencias únicas en nuestra especie, podrían contribuir también de forma importante a nuestras asimetrías cerebrales. Como ya dijimos, estas asimetrías no están tan claras y definidas en otros primates, aunque quizá estén algo más desarrolladas en algunos grandes simios —especialmente en los chimpancés—, pero ni son tan sistemáticas ni están tan marcadas como en el ser humano. Por tanto, una asimetría cerebral tan destacable parece ser un rasgo distintivo de nuestra especie.

En general, el hemisferio derecho estaría especializado en algunas funciones visuoespaciales, es decir, de orientación del individuo con respecto al espacio exterior. Este hemisferio sería también más eficaz en algunas operaciones mentales específicas como la musicalidad y la entonación del lenguaje (lo que se conoce como *prosodia*) o para captar los detalles de los estímulos visuales. Por su parte, el hemisferio izquierdo está especializado en muchas de las operaciones mentales que se han venido considerando tradicionalmente como «específicamente humanas», o al menos que en nuestra especie muestran un grado de desarrollo considerable. Los aspectos más fundamentales del lenguaje, como las reglas gramaticales o el significado de las palabras y sus sonidos, dependen principalmente de él. Como vimos al hablar de nuestras maneras de manipular el medio, al hemisferio izquierdo se lo considera *dominante* en la mayoría de los miembros de nuestra especie; recordemos que el hemisferio izquierdo gobierna los movimientos de la mano derecha y que, en general, no manejamos la mano izquierda con la misma destreza que aquella.

El hemisferio izquierdo del cerebro es realmente muy

peculiar en el ser humano. Mientras que el derecho parece ser más imparcial y preciso en sus observaciones, el izquierdo tiende a generar hipótesis y a anticiparse a los acontecimientos. También es probable que en él resida lo que todos sentimos como nuestro «yo» consciente, el responsable de dar sensación de unidad a todas nuestras operaciones mentales. Aun así, en realidad esta sensación es pura ficción, pues casi todas esas operaciones se producen en *módulos* cerebrales relativamente independientes y localizados en ambos hemisferios. El sabor de una manzana, su tacto y su imagen se procesan en circuitos cerebrales diferentes; sin embargo, nos parece que todo va junto cuando nos comemos una. No existen áreas o circuitos cerebrales donde todo se procese conjuntamente; no hay un «homúnculo», un espectador dentro de nuestro cerebro que perciba todo lo que ocurre en su interior. Solo hay circuitos relativamente independientes, cada uno haciendo su tarea.

Cuando a una persona se le separan quirúrgicamente los dos hemisferios del cerebro (como consecuencia de un intento de tratar epilepsias que son incurables por otros medios), su «yo» permanece aparentemente inalterado, íntegro; sin embargo, al hablar con ella advertiremos que solo tiene en cuenta aquello que haya llegado a su hemisferio izquierdo. Este tipo de pacientes con el *cerebro escindido* nos muestran también la existencia de otra interesante curiosidad del hemisferio izquierdo del cerebro humano. Es lo que el neurocientífico Michael Gazzaniga denomina el *intérprete* en su libro *¿Qué nos hace humanos? La explicación científica de nuestra singularidad como especie* (2008). Este «dispositivo», según Gazzaniga, es exclusivamente humano, y sería el responsable de nuestra tendencia a encontrar explicaciones para absolutamente todo, en especial a nuestro propio comportamiento. Para Gazzaniga, el intérprete estaría continuamente funcionando con este objetivo. Pero según parece, y lo veremos con más detalle más adelante, la mayoría de nuestras acciones e intenciones se fraguan de forma inconsciente. El intérprete de nuestro cerebro se encargaría entonces de intentar dar una explicación medianamente racional y aceptable a todos nuestros actos, aun cuando la mayoría de las veces no conozca cuáles han sido sus verdaderas razones. Así, y con mucha frecuencia, el intérprete de nuestro hemisferio izquierdo se inventaría los motivos que justifican nuestros actos y decisiones, y esto lo haría *a posteriori*, es decir, tras observar lo que ha sucedido.

Cuando el hemisferio derecho de un paciente con el cerebro escindido lleva a cabo una acción por medio de la mano que controla —la izquierda—, esta acción puede estar motivada por razones que el hemisferio izquierdo desconoce totalmente y de las que, por tanto, el sujeto —el «yo» con el que hablamos— no es consciente. El intérprete del hemisferio izquierdo, sin embargo, inventa una razón que la justifique, por absurda y poco acertada que parezca. En uno de los experimentos más clásicos con este tipo de pacientes, se presenta la imagen de una pata de gallo al hemisferio izquierdo y la de un paisaje nevado al derecho (mediante un sistema que permite estimular cada hemisferio independientemente). El paciente solo podrá decirnos que ha visto la pata de gallo, que ignora que haya visto nada más. Delante del paciente hay una serie de tarjetas con dibujos que pueden ver ambos hemisferios, y se le pide que señale con una de las manos un dibujo relacionado con lo que ha visto. Si responde con la mano derecha, señala la imagen de un gallo, que es la única relacionada con la pata de gallo; la mano izquierda, en cambio, señala la imagen de una pala para quitar nieve. Cuando se le pregunta al paciente la razón de este último acto controlado por su hemisferio derecho, que es el que ha visto el paisaje nevado, desde su hemisferio izquierdo nos dirá, absolutamente convencido, que ha escogido la pala porque sirve para limpiar los excrementos de los gallos.

El intérprete podría ser el fundamento de muchos de los *mecanismos de defensa* que poseemos, es decir, la tendencia a justificar todos nuestros comportamientos, incluidos los más inaceptables, y especialmente aquellos que llevamos a cabo en nuestras relaciones sociales. No siempre nos comportamos de manera correcta incluso a nuestros propios ojos; a veces podemos hacer cosas que sabemos que no están bien. El intérprete de nuestro hemisferio izquierdo se encargaría de exculparnos. En otro capítulo tendremos ocasión de hablar más extensamente de estos curiosos mecanismos.

Infinitas conexiones

Quizá uno de los ajustes más significativos que se han producido en nuestro cerebro esté en sus conexiones. Las distintas zonas de nuestro cerebro, y especialmente sus funciones, no se definirían tanto por el lugar donde están, sino, sobre todo, por las conexiones que reciben y envían hacia otras partes del cerebro. Por ejemplo, la zona visual —situada en el lóbulo occipital, en la parte más posterior de la corteza cerebral— no posee unas neuronas ni una organización que sean esencialmente diferentes de las de otras partes de nuestra corteza. Las áreas visuales de nuestro cerebro lo son porque a ellas llega principalmente la información que viene de nuestros ojos. Actualmente se están dedicando grandes esfuerzos a desentrañar el inmenso mapa de las conexiones del cerebro humano; en ese mapa de las «autopistas» del cerebro humano parecen estar las respuestas a muchas preguntas importantes. Entre ellas se encuentran las que tienen que ver con la inteligencia humana y su variabilidad entre individuos.

En ese mapa de las conexiones de nuestro cerebro hay algunas que destacan por encima de las demás. Precisamente en relación con las asimetrías cerebrales que comentábamos antes, el *cuerpo calloso*, un conjunto de fibras nerviosas que conecta los dos hemisferios cerebrales, está enormemente desarrollado. Aunque los dos hemisferios realizan funciones distintas, el cerebro es solo uno en su funcionamiento, y necesita del trasiego de información constante entre ambos. El cuerpo calloso humano madura más tarde que en otras especies y que las conexiones que se producen dentro de cada hemisferio, lo que indica que necesita más tiempo para ajustarse a su compleja función coordinadora. El cuerpo calloso es precisamente lo que se secciona en los pacientes con el cerebro escindido que acabamos de ver.

Otro conjunto de conexiones que muestra características distintivas en el ser humano es el conocido como *fascículo arqueado*. Este conjunto de fibras nerviosas, que conecta en ambos sentidos las áreas de Broca y de Wernicke, es fundamental para el lenguaje. Bien es cierto que existe en otros muchos primates, pero, a medida que se van comparando los cerebros de especies cada vez más cercanas a la nuestra, se observa que son cada vez más extensas las regiones del lóbulo frontal (donde se encuentra Broca) y las zonas parieto-temporales (donde se halla Wernicke) que se conectan entre sí mediante este fascículo, y que la cantidad de fibras nerviosas que lo componen también es llamativamente mayor. En el ser humano estas conexiones muestran su máxima expresión, y de manera muy llamativa, en el hemisferio izquierdo, lo que resulta, por tanto, otro claro ejemplo de lateralización cerebral.

Aunque la mayoría de las conexiones del cerebro humano existen también en otras especies —algunas, ciertamente, con menor grado de complejidad y desarrollo—, un reducido número de ellas parecen ser exclusivas del ser humano. Es el caso del *fascículo occipito-frontal inferior*, un conjunto de fibras nerviosas que conecta directamente el lóbulo occipital —involucrado en la visión— con regiones de la *corteza dorsolateral prefrontal* —situada hacia la altura de la sien y de gran importancia para la coordinación de numerosas operaciones mentales, entre ellas las percepciones—. Como sabemos, el ser humano es muy visual. Los miembros de nuestros grupos sociales, por ejemplo, se identifican individualmente por sus rasgos faciales, que percibimos con el sistema visual, y cuya entrada principal a la corteza cerebral es el lóbulo occipital. La existencia de este fascículo en nuestra especie, quizá una de las diferencias más claramente discontinuas entre nuestro cerebro y el de otras especies, sugiere que el control de la percepción visual por parte de las regiones prefrontales es de particular importancia para el ser humano.

Es curioso observar que estas últimas, las regiones prefrontales del cerebro, muestran un ensanchamiento importante en dos especies humanas tan intelectualmente desarrolladas como la nuestra y los neandertales. Las áreas prefrontales contienen también algunas de las zonas de nuestra corteza cerebral más alejadas del mundo exterior. Solo reciben información ya analizada por otras partes de la corteza cerebral, y envían los resultados de sus propios análisis a otras zonas de la corteza donde se producirán más análisis. Entre ellas destaca una que hemos mencionado varias veces, el área 10 del mapa citoarquitectónico de Brodmann, situada justo detrás de la frente. La inteligencia humana se basa en múltiples conexiones entre distintas partes de la corteza, especialmente entre regiones frontales, parietales y temporales; sin embargo, las conexiones que hacen contacto con el área 10 son, con diferencia, las más importantes. El área 10 y sus conexiones llevan gran parte del peso de nuestras puntuaciones en un test de inteligencia.

Estos datos parecen ser coherentes con un hallazgo al que los neurocientíficos han dado gran importancia. En nuestra especie, el número de conexiones entre las distintas partes de la corteza cerebral, llamadas también conexiones *intracorticales* o *córtico-corticales*, muestra una proporción increíblemente superior respecto a las conexiones que salen o entran en ella desde otras partes de nuestro sistema nervioso —llamadas conexiones *corticofugales*—. Mientras que en la mayoría de los mamíferos, incluidos los primates, la cantidad de ambos tipos de conexiones es aproximadamente la misma, solo en el ser humano parece observarse que la cantidad de conexiones intracorticales triplica y hasta cuadruplica el número de las corticofugales. Aquí residen, sin duda, algunas de nuestras peculiaridades mentales más destacables, y por este motivo el cerebro humano trabaja con más información de «cosecha propia» que con aquella que le viene del mundo exterior. Algunos genes que facilitan y flexibilizan este tipo de conexiones, como PCDH17 (que interviene en la expresión de protocadherinas), CNTNAP2 (contactina) o APOE4 (apolipoproteína), muestran secuencias específicas en el ser humano, y varios de ellos tienen como lugares preferentes de expresión las regiones prefrontales del cerebro (7b).

Enredados

Al estudiar las principales conexiones de la corteza cerebral humana se ha comprobado la existencia de una gran red de conexiones preferentes, es decir, especialmente reforzadas en cuanto a su cantidad y calidad. En esta red no podían faltar las regiones prefrontales, particularmente el área 10 del mapa de Brodmann. Pero la zona cerebral más conectada, hasta el punto de intercambiar información con prácticamente la totalidad de la corteza, resulta ser la región parietal. Las conexiones de la zona parietal, especialmente en su porción superior (que ya hemos mencionado por presentar una forma abultada que solo se da en el *Homo sapiens*), se establecen preferentemente con las llamadas *zonas de asociación* de la corteza cerebral, es decir, aquellas donde los estímulos son analizados y percibidos hasta sus últimas consecuencias, y donde se procesan en gran medida las «esencias» o abstracciones que definen los conceptos e ideas. Esta gran red de conexiones intracorticales que tienen al lóbulo parietal como su principal referencia se ha denominado el *sistema humano principal* (en inglés, *human core system*) y no parece encontrarse una red similar en otras especies. No al menos con tal grado de desarrollo.

No habría que confundir esta red con el llamado *sistema humano por defecto*, que curiosamente se activa en el cerebro de nuestra especie cuando «no hacemos nada», aunque en realidad siempre estamos haciendo algo con la mente. Este sistema fue descubierto por casualidad, al comprobar que se activaba cuando a las personas que están en un escáner cerebral se les pide que descansen y dejen de realizar la tarea del experimento que las ha llevado hasta el laboratorio, es decir, que «no hagan nada». En ese momento, los sujetos hacen lo que haríamos todos en la inmensa soledad de un escáner: la recreación mental de todo un mundo interior. Entre los cometidos de este sistema por defecto está nada menos que la proyección de uno mismo hacia situaciones pasadas, presentes y futuras, es decir, los viajes mentales en el tiempo y en el espacio (7f, 7l). Comprender el punto de vista y el contenido de la mente de otras personas (7e) también está entre sus principales funciones. Es fácil entender, pues, por qué este sistema es de la mayor importancia para la mente humana, un sistema que se define más como un rasgo funcional que anatómico, es decir, que solo existe en el momento en que se activan simultáneamente ciertas áreas de la corteza cerebral. Una de ellas se localiza en las porciones más anteriores y mediales de la corteza prefrontal, abarcando precisamente parte de dos regiones que han aparecido varias veces a lo largo de estas páginas: el cíngulo anterior y el área 10 de Brodmann. Otras áreas del cerebro que forman parte del sistema humano por defecto son la corteza parietal y el *cíngulo posterior*, en las profundidades del lóbulo parietal y, en realidad, formando parte de la misma estructura que el cíngulo anterior. Por su parte, el sistema humano principal, del que hablábamos antes, se define anatómicamente, ya que está formado por una serie de conexiones reforzadas, presentes y observables al microscopio, se activen o no. Pero es verdad que ambos sistemas en gran medida se solapan físicamente, de manera que el sistema por defecto, el funcional, depende en gran parte de la existencia del sistema principal, el anatómico.

Relacionado con todo este mundo de las comunicaciones entre las células nerviosas del cerebro humano, hay que destacar también que una de sus principales características —y especialmente de su corteza— es la mayor eficacia con la que se producen las *conexiones sinápticas*, la comunicación química entre las neuronas. Las de unas zonas del cerebro se conectan con otras a través de una larga rama llamada *axón*, que al juntarse con otras forman los nervios o tractos, dependiendo del lugar que estemos estudiando. Las partes finales de los axones, los *terminales axónicos*, segregan los transmisores químicos, los llamados *neurotransmisores*, que son captados por otras células nerviosas y producen en estas toda una serie de procesos químicos y eléctricos que tendrán como resultado final que se exciten o se inhiban —se desactiven—. Las células nerviosas captan el transmisor químico gracias a unas proteínas especializadas que hay en ellas, llamadas *receptores*, que tras recibir el transmisor permitirán el paso de determinados iones —partículas con carga eléctrica— al interior de la célula. Como consecuencia lógica de ello, su carga eléctrica cambiará. Esta misión de captar el neurotransmisor la realizan los receptores de dos posibles maneras. O bien se abren ellos mismos y dejan pasar los iones, o bien involucran a toda una serie de proteínas cuya misión será, entre otras, la de abrir unos canales que permitirán el paso de los iones al interior de la célula. Otra de las funciones de este conjunto de proteínas activadas por los receptores que han captado un transmisor químico será la de actuar en la expresión de determinados genes del núcleo de la célula que afectarían a la estructura misma del sistema nervioso. Este es precisamente uno de los más sorprendentes fundamentos de la memoria a largo plazo. Se puede decir que, cuando guardamos un recuerdo para siempre, nuestro cerebro ya no es el mismo, pues se han modificado algunas de sus conexiones.

Pues bien, todo este complejo sistema de comunicación química entre las células nerviosas difiere en mayor o menor medida en las distintas especies, presentando su mayor grado de complejidad entre los mamíferos, y especialmente en los primates. En el ser humano habría habido, además, un número adicional de ajustes y modificaciones que lo volverían aún más complejo, pero también más eficaz, de manera que las células nerviosas humanas, en particular las de la corteza cerebral, destacan por ser mucho más fácilmente excitables. Estas modificaciones incluyen que hayan cambiado el número y el tipo de receptores para ciertos transmisores químicos en función de la zona del cerebro a la que miremos, especialmente de la corteza. Este campo de estudio se encuentra hoy en día en plena ebullición, y está permitiendo descubrir diferencias importantes entre el ser humano y otras especies cercanas.

Pero las conexiones intracorticales, que tanta importancia parecen tener a la hora de explicar muchos de nuestros rasgos mentales más distintivos, no se producen solo entre regiones distantes de la corteza cerebral. Dentro de cada región de la corteza también se producen importantes conexiones —conexiones «locales», podríamos decir— en las que la especie humana, de nuevo, presenta un número importante de peculiaridades. Veámoslas.

Aunque la célula nerviosa —la neurona— es la unidad elemental de nuestro cerebro, la unidad funcional de la corteza cerebral es la llamada *columna cortical*, un grupo de neuronas dispuestas en una organización vertical (como una columna). Es tan pequeña que su altura coincide con el espesor de la fina capa que la contiene, la corteza cerebral (entre 2 y 4 milímetros). La anchura de una columna cortical viene determinada por las ramificaciones del axón de una célula nerviosa cuyo cuerpo es curiosamente muy grande y con forma de pirámide, la *neurona piramidal gigante*. El conjunto de ramificaciones de su axón ocupa un espacio de entre 0,3 y 1 milímetros, y esta es la anchura de una columna cortical. Parece poco, pero las ramificaciones del axón de la neurona piramidal gigante contenidas en ese pequeño espacio suman una longitud que se puede medir en decenas de metros. La corteza cerebral es básicamente un mosaico de columnas corticales.

El número total de células nerviosas que contiene una columna, además de la célula piramidal que define su anchura, es también muy elevado, unas 10^4 (un 1 seguido de cuatro ceros). Esas 10.000 células nerviosas se reparten básicamente en dos tipos. Unas son excitatorias, es decir, que el transmisor químico que segregan sus terminales axónicos facilita la activación de las células que lo captan. Muchos de los axones de estas células salen de la columna a recorrer distancias cortas o largas. La neurona piramidal gigante de una columna es una de sus células excitatorias. El otro tipo de células nerviosas de una columna es inhibitorio, es decir, que impide o dificulta la activación de otras células, la mayoría de las cuales están dentro de la propia columna. Nuestras columnas son más anchas que las de cualquier otra especie y el espacio existente entre ellas, que contiene conexiones entre columnas cercanas, es también mucho mayor, especialmente en áreas de la corteza de gran importancia para las peculiaridades de nuestra mente. Entre ellas, las zonas prefrontales, el lóbulo temporal —incluida su porción visual— y las principales áreas del lenguaje —las áreas de Broca y de Wernicke.

La complejidad de la corteza cerebral no se limita, sin embargo, a la existencia de columnas y sus interconexiones a largas o cortas distancias. Las columnas se organizan dentro de las llamadas *macrocolumnas*, organizaciones de orden superior con una anchura de unos 3 milímetros y unas 106 neuronas. Estas macrocolumnas se organizan a su vez dentro de las 52 regiones del mapa citoarquitectónico de Brodmann. Las áreas de Brodmann tienen una anchura variable —normalmente entre 5 y 17 centímetros— y contienen entre 109 y 1010 neuronas. Por encima de las áreas de Brodmann, la siguiente unidad de funcionamiento es finalmente todo un hemisferio cerebral, con unos 40 centímetros de largo (si lo estiramos para eliminar sus pliegues) y 1011 neuronas.

Pero no queda aquí la cosa. Si aumentamos el zoom del microscopio aún podremos ver que incluso dentro de una columna existen otras unidades funcionales todavía más pequeñas, las llamadas *minicolumnas*, de 0,03 milímetros de diámetro y unas 102 neuronas.

Fijémonos en que esta compleja organización de la corteza cerebral, la parte más extensa de nuestro cerebro en relación con las demás especies, es lo que se llama una organización *anidada*; es decir, una organización jerárquica en la que los productos de una minicolumna dependen del trabajo y el funcionamiento de una columna, que a su vez depende del trabajo de una macrocolumna, que es igualmente dependiente del trabajo de un área del mapa de Brodmann, que depende, asimismo, del hemisferio cerebral en que se encuentre. Esta curiosa forma de trabajar de nuestro cerebro se reflejará en muchos de nuestros procesos mentales, en nuestra forma de analizar la realidad o incluso de pensar. ¿Verdad que le suena al lector esta forma de organización? Pues sí, es una forma de funcionar *recursiva*, una organización que hemos mencionado varias veces, y en la que unos elementos se incluyen dentro de otros, que a su vez están dentro de otros de orden superior.

Un cerebro consciente y simbólico

Con un cerebro tan grande como para otorgarnos el título de «especie más encefalizada del planeta» y con las modificaciones y ajustes que ha experimentado, la mayoría de las funciones mentales, y no solo las más complejas, muestran enormes mejoras. El aumento de la cantidad de corteza cerebral en ciertas áreas como los lóbulos temporales y parietales ha permitido que nuestro cerebro perciba de manera muy profunda muchos aspectos de la realidad exterior hasta niveles difícilmente alcanzables por otras especies. Gran parte de esa cantidad «extra» de corteza cerebral perceptiva consiste en lo que se denomina *corteza asociativa*, es decir, corteza que fundamentalmente extrae de lo percibido constantes e invariantes, abstracciones que van mucho más allá de los detalles perceptivos. Una silla es una silla independientemente de su color, de su tamaño, de su forma concreta y hasta de su número de patas. Partes de la corteza como estas nos dan a los humanos la capacidad de formar conceptos únicos, inalcanzables en el resto del reino animal, y nos proporcionan la capacidad de ver «más allá» de las meras apariencias. Incluso nos permiten adivinar lo que hay en la mente de los demás, a partir de datos tan sutiles como su mirada o su tono de voz. Pero no vayamos tan lejos todavía.

Una de las expansiones más importantes de la corteza cerebral perceptiva del ser humano ha afectado al sistema auditivo. Esta expansión, localizada principalmente en las partes superiores del lóbulo temporal, nos ha permitido disponer de porciones de la corteza dedicadas especialmente a distinguir los *fonemas*, los sonidos básicos de nuestro lenguaje. Esta es una importante habilidad que compartimos con muy pocas especies, y no precisamente de las más cercanas a nosotros. Es el caso de la chinchilla, unos pocos primates y algunas aves. El ejemplo más conocido es el de los loros, cuyo repertorio de sonidos imita muy bien el del habla humana. Resulta interesante observar también cómo se han producido adaptaciones en nuestro propio oído para aumentar su eficacia. Así, en el oído medio, donde se encuentran los tres huesecillos más minúsculos del cuerpo —el martillo, el yunque y el estribo—, se han producido adaptaciones que han modificado la forma y el tamaño de los mismos, adaptaciones que ya estaban presentes en el *Homo heidelbergensis* y que permiten potenciar de manera especial las frecuencias del habla humana; y un fenómeno parecido podría explicar las rugosidades de nuestra oreja.

Nuestra especialización cerebral para la percepción del lenguaje humano, sin embargo, va más allá de los fonemas con la incorporación del área de Wernicke, una porción de la corteza cerebral dedicada específicamente a detectar los grupos de fonemas que forman palabras o algunas de sus partículas especialmente relevantes. Recordemos que la percepción de fonemas y palabras se produce sobre todo en el hemisferio izquierdo, siguiendo ese patrón a medio camino entre la continuidad y la discontinuidad con otras especies que es la lateralización cerebral.

Pero quizá el fenómeno perceptivo más llamativo que se ha visto afectado por la evolución de nuestro cerebro sea el de la *consciencia*, uno de los mayores misterios de la mente animal, especialmente de la mente humana (7d). La mera existencia de la consciencia provoca una gran cantidad de preguntas, muchas de ellas aún sin resolver satisfactoriamente. Algunos animales pueden ser conscientes de parte de sus percepciones, algo que sabemos, por ejemplo, gracias a los estudios de «rivalidad binocular» realizados con macacos. Como nosotros, el mono es consciente solo de algunos de los estímulos que le llegan a la corteza, no de todos; es decir, que es consciente solo de parte de lo que ve. Puede cambiar su «foco» de atención y ser consciente entonces de otra parte de la información que le llega por los sentidos; de ahí que se haya propuesto que la consciencia está muy relacionada con la *atención*, y a veces se los considera términos sinónimos. En cualquier caso, la consciencia parece tener que ver con una selección de solo parte de lo que está ocurriendo en nuestro cerebro, particularmente de aquello que puede ser importante en un momento determinado.

Cuando los dos ojos compiten entre sí

Todos hemos visto esas figuras ambiguas en las que, en una misma imagen, se aprecia, por ejemplo, una copa cuya silueta es también el perfil de dos caras enfrentadas, o la archiconocida imagen del artista William Ely Hill, titulada *Mi mujer y mi suegra* (1915), en la que, según nos fijemos, podemos ver una joven de perfil o una anciana. Normalmente, cuando somos conscientes de una de las dos posibilidades no «vemos» la otra, a pesar de que sin duda la estamos percibiendo porque sus trazos son exactamente los mismos que los de la alternativa consciente. A los seres humanos es muy fácil pedirles que nos digan en qué momento han pasado de ser conscientes de una imagen a serlo de la otra, pero en el caso de los monos esto es algo más difícil. En los experimentos con macacos normalmente se utilizan unas gafas mediante las cuales el animal ve una imagen completamente diferente (por ejemplo, un sol y una cara humana) por cada ojo. Con anterioridad, al macaco se le enseña a mover una palanca cuando es consciente exclusivamente de una de las dos imágenes que le están llegando de forma simultánea al cerebro, y tiene que mover otra palanca si en su consciencia aparece la otra imagen, o una tercera palanca si lo que aparece es una mezcla de las dos, ya que el cerebro tenderá de forma natural a fusionar ambas imágenes. Es lo que se llama un experimento de *rivalidad binocular*. Con este sencillo procedimiento podemos estar seguros de cuándo se ha producido un cambio en la consciencia del macaco y, a la vez, registrar la actividad de sus neuronas y saber así cuáles son sensibles a un cambio de consciencia y cuáles están activas continuamente, al margen de lo que ocurra en la mente consciente del macaco.

En realidad, poco más se puede decir sobre la razón de ser de la consciencia, una cualidad cuya existencia aparece como problemática para la ciencia que propone a la mente como un analizador muy eficiente de información y un sistema para proporcionar respuestas adecuadas. Pensamos que algún día existirá un superordenador capaz de hacer todo esto igual que un ser humano, y mucho más, pero sin consciencia.

Pero, aunque la consciencia parece en realidad un fenómeno principalmente perceptivo (un paso último, o al menos especial, en la percepción), también somos a menudo conscientes de percepciones anteriores, de recuerdos, así como de posibles percepciones futuras, las que construyamos con la imaginación (71). Es más, también se habla de tomar decisiones o de actuar «conscientemente», es decir, deliberadamente y con intenciones —lo que entenderíamos por la voluntad—. Sin embargo, aquí tenemos que hacer una puntualización importante. Como demostraron los ya clásicos experimentos de Benjamin Libet, replicados en numerosas ocasiones, la consciencia de un acto voluntario no llega sino medio segundo después de iniciado este. Dicho de otra forma, no tomaríamos las decisiones conscientemente, sino que solo seríamos conscientes de haberlas tomado. En estos experimentos se pedía a los sujetos que apretaran un pulsador siempre que ellos quisieran, a su «libre albedrío», pero que estuvieran también muy atentos a un reloj para poder decirle al investigador en qué momento exacto habían tomado la decisión; el registro de su actividad cerebral demostraba, curiosamente, que el cerebro iniciaba los pasos necesarios para el acto de pulsar el botón un tiempo antes del momento en que los sujetos creían estar tomando la decisión. Ante datos como estos, la conclusión es que el fenómeno de la consciencia no solo se produce con un cierto retraso, sino que tiene que ver claramente con la percepción —en este caso, de haber tomado una decisión—, no con la acción. Si a esto le añadimos que la consciencia de lo que percibimos a través de los sentidos también llega aproximadamente medio segundo después de haber sucedido en el mundo real, nos daremos cuenta de cuán falible, o al menos poco fiable respecto de la realidad, puede resultar nuestra consciencia.

Aunque aún no haya una definición satisfactoria de la consciencia, parece que esta puede mostrar distintos niveles o grados. Algunos serían compartidos con otras muchas especies; otros, en cambio, solo con algunos simios, y habría por último algunos cuya presencia probablemente sea exclusiva de la especie humana. La primera y más básica distinción se haría respecto a dos estados: estar consciente o inconsciente. Consistiría básicamente en la diferencia entre estar despierto y estar dormido, y se rige por estructuras cerebrales tan antiguas como el *troncoencéfalo* y el *diencéfalo*, que compartimos con otras muchas especies, incluso con los reptiles. En la evolución, la corteza cerebral se habría incorporado al sistema de consciencia posteriormente, para ampliarla, para poder ser conscientes de más tipos de información. Esa información nueva de la que se puede ser consciente al tener corteza cerebral dependerá, por tanto, de lo que esta sea capaz de analizar y entender. De ahí que en posteriores etapas de la evolución algunas especies habrían pasado a ser conscientes, y no necesariamente por este orden: *a*) de los demás; *b*) de nosotros mismos —*autoconsciencia*—; *c*) de que los demás tienen mente consciente —*metaconsciencia*—; *d*) de que nosotros mismos tenemos mente consciente, y *e*) de que tenemos una mente que es consciente de que nosotros mismos somos conscientes —es decir, una *metaautoconsciencia*—. De acuerdo con esta enrevesada secuencia, parece que nos volvemos a encontrar con la recursividad, esa cualidad de nuestro pensamiento y nuestras organizaciones sociales que también poseen nuestros circuitos cerebrales.

Establecer qué mentes del reino animal, extintas o no, de nuestro género o de fuera de él, poseen qué tipos de consciencia es una tarea ardua y llena de dificultades si queremos llegar a conclusiones sólidas. Sí parece establecido, sin embargo, que tanto los niveles más complejos y recursivos de consciencia como los más básicos se solaparían en al menos una zona del cerebro, el cíngulo anterior; como bien sabemos, una zona de gran importancia para la mente humana, particularmente para nuestras relaciones sociales, nuestras emociones, nuestras decisiones y nuestro «mundo interior». Cuando en el capítulo siguiente profundicemos en el cerebro social, volverá a surgir la consciencia. Muchas de sus características que más parecen sobresalir en los humanos podrían tener su razón de ser en la naturaleza predominantemente social de nuestra especie; serían fruto, pues, de la competencia social como fuerza de presión selectiva.

El lenguaje del pensamiento

Cuando hablamos de consciencia y percepción tenemos que remitirnos de nuevo, aunque sea momentáneamente, a la memoria operativa o de trabajo (la capacidad de manipular información mentalmente) y su relación con el pensamiento recursivo (7g, 7k). Su papel, que va más allá de la interacción con el medio natural, hace que vuelva a cobrar protagonismo al explorar los productos básicos de nuestro cerebro. El hecho de que la relación entre memoria operativa e inteligencia sea muy estrecha nos avisa de su importancia a la hora de intentar entender la mente de la especie más inteligente del planeta. La posibilidad de pensar recursivamente, es decir, introduciendo unas ideas dentro de otras con una relación jerárquica entre ellas, se la debemos a la gran capacidad de nuestra memoria operativa. Esta faceta recursiva de nuestra memoria operativa se extiende también al lenguaje, y de hecho llega a ser una de las características más importantes y definitorias del mismo cuando lo comparamos con los de otras especies. Incluso, para algunos autores, la única.

Según afirma Ray Jackendoff en su libro *Language, Consciousness, Culture: Essays on Mental Structure* (2007), una de las claves de la evolución de la mente humana podría estar en un aumento específico de la capacidad de la memoria operativa para manejar un tipo concreto de información: la fonológica, o auditivo-verbal (los sonidos del lenguaje). Para Jackendoff, de las principales facetas del lenguaje, la fonológica, la semántica y la sintáctica, solo seríamos conscientes de la primera. Un simple aumento de la capacidad para percibir y, sobre todo, mantener en mente una mayor cantidad de secuencias fonológicas sería determinante para aumentar o potenciar la capacidad de trabajo del ejecutivo central, el sistema que lo controla todo. Si hay más información almacenada temporalmente, se puede trabajar con más datos. Un aumento de la capacidad para mantener mentalmente la información auditiva del lenguaje expandiría también nuestra capacidad para manipular todo tipo de información, y esto es así porque los sonidos del lenguaje remiten en última instancia —sirven de «anclaje»— a una gran cantidad de información semántica (conocimiento del mundo) y sintáctica (relaciones entre los elementos mencionados en una oración) relacionada con esos sonidos. Toda esa otra información, de la que no seríamos conscientes, se movería no obstante «arrastrada» por los sonidos del lenguaje, de los que sí seríamos conscientes. Pensar mediante el lenguaje, que es la idea que intuitivamente todos tenemos de lo que es pensar —sea correcta o no—, implicaría al menos un mínimo de fonología lingüística, de sonidos del lenguaje. Es lo que se denomina el *habla interior*, o también el *habla subvocálica*, es decir, que no se llega a pronunciar externamente pero que «oímos» interiormente. Esta sería nuestra forma de pensar conscientemente, pero solo seríamos conscientes de los sonidos.

La vinculación de los sonidos del lenguaje con todo un mundo interior pero del que no seríamos conscientes permitiría crear algo muy importante no solo para el lenguaje, sino para todo el pensamiento humano en general: los *conceptos*. La posibilidad de agrupar toda una serie de conocimientos, algunos de ellos muy abstractos y elaborados, bajo una misma etiqueta —un sonido, es decir, normalmente una palabra— es precisamente uno de los puntos clave de nuestra mente. Pongamos por caso el concepto «barco», cuyo sonido en español es este, pero que podría presentar muchos otros, como «boat» en inglés o «itsasontzia» en euskera; el conjunto de ideas y conocimientos que conforman el concepto «barco», sin embargo, sería común a cualquier idioma, y contendría una ingente cantidad de información de todo tipo, desde los tamaños de los barcos hasta los materiales de los que están hechos, pasando por sus posibles usos, sus elementos, sus movimientos y un sinfín de ideas más. Algunos experimentos parecen demostrar que en determinados animales, y no necesariamente de los más cercanos a nosotros genéticamente, la capacidad para formar conceptos es un hecho. Incluso en aves se puede comprobar como estas también elaboran categorías basadas en constantes perceptivas que permiten al animal decidir si un nuevo objeto pertenece o no a un determinado concepto. La cuestión es que en el ser humano se da con muchísima mayor facilidad la posibilidad de que un elemento consciente, el sonido de una palabra, agrupe de manera eficaz todo el vasto contenido de conocimientos que constituye un concepto. Esto nos daría una gran ventaja a la hora de manejar y combinar la información y potenciaría el pensamiento, mucho del cual no es consciente, como estamos viendo. Bastaría con gastar las mayores energías del cerebro en ser conscientes únicamente de los sonidos del lenguaje, que ya se encargará el cerebro por sí solo y con mucho menos esfuerzo de mover toda esa vasta cantidad de información que son los conceptos a la que van unidos esos sonidos.

En realidad, estamos hablando del uso de *símbolos*. Una *mente simbólica*, que es como se ha querido definir nuestra mente en muchas ocasiones, no es más que una mente capaz de unir un sonido arbitrario —o un signo manual, en el caso de los sordos, o cualquier otra unidad de información de cualquier modalidad sensorial— con toda una serie de conocimientos acerca de ciertas cosas del mundo. Esta capacidad no sería exclusiva del ser humano, pues se le puede enseñar a los chimpancés y a otros animales, incluidas algunas aves; pero no sin mucho esfuerzo y con bastantes limitaciones respecto al tipo y número de conceptos que pueden aprender. La formación de conceptos y su anclaje a unos sonidos es algo en lo que la especie humana está a años luz de las otras. Y, sin embargo, es uno de los productos más básicos y naturales de nuestro cerebro.

La formación de conceptos y la facilidad con que nuestra especie los une a distintas etiquetas enriquecen nuestra capacidad de entender la complejidad del mundo y de organizarla en nuestra mente por medio del lenguaje. Pensemos que algunas palabras solo denotan diferencias muy sutiles entre unos conceptos y otros, como entre «contento» y «feliz», «cansado» y «fatigado», y miles de ejemplos más. Resulta también posible que surjan conceptos que serían imposibles sin el lenguaje. Conceptos como el de «semana», por ejemplo, solo existen gracias a las etiquetas que los denotan, las cuales, al ser transmitidas de un ser humano a otro, facilitarían que en el cerebro del receptor se agrupen ciertas experiencias perceptivas o vivencias. Esa etiqueta queda así ligada al nuevo concepto y le da entidad; ya existe eso que llamamos «semana», aunque nadie haya visto una. El mismo Darwin, haciendo gala como siempre de una admirable intuición, plasmó de una manera insuperable en su libro *El origen del hombre* esta misma idea, que hoy reaparece en los ensayos más actuales sobre el lenguaje humano: «... esa máquina admirable [el cerebro], que fija nombres a toda clase de objetos y cualidades y provoca series de pensamientos que nunca habrían surgido de la sola impresión de los sentidos, y que, por otra, no podrían seguirse, aunque estos los hubieran provocado, sin el lenguaje».

Al margen del debate acerca de si es el lenguaje o no lo que hace al ser humano tan diferente del resto de las especies, lo que no podemos negar es su importancia. Podemos pensar, siguiendo a autores como E. Szathmáry y S. Számadó,[2] que el lenguaje humano es un avance evolutivo que no está aislado, que son muchas cosas más las que hacen peculiar a nuestra mente, pero que el lenguaje es quizá un poco más importante que los demás logros mentales y lo condiciona todo. Su capacidad como herramienta para la comunicación de ideas, para la enseñanza y, como estamos viendo, para la formación de conceptos que se refieren a fenómenos o situaciones que están muy lejos de ser tangibles, o de mover el pensamiento inconsciente con un mínimo de información consciente, es sin duda una propiedad que lo hace imprescindible para entender la mente humana.

2. «Language: a social history of words», *Nature*, n.º 456 (2008), pp. 40-41.

Esta breve incursión en nuestro lenguaje con la que terminamos este capítulo nos va a servir de punto de partida para poder desarrollar con mayor detalle esta singular faceta de nuestro comportamiento en el próximo. En él exploraremos los poderosos mecanismos que posee nuestro cerebro para poner en comunicación las mentes de los seres humanos.

10

AL SERVICIO DE LOS DEMÁS

> Con respecto a algunas facultades mentales [...], en su gran mayoría, y aun casi en su totalidad, fueron adquiridas en beneficio de la comunidad, cuyos individuos sacaron las ventajas indirectas que emanan de su adquisición.
>
> CHARLES DARWIN, *El origen del hombre* (1871)

UNA MENTE QUE HABLA Y ESCUCHA

Este capítulo es, en realidad, una continuación lógica del anterior. Tras haber recorrido distintos niveles de organización social que habían ido implicando grupos cada vez más reducidos hasta llegar al individuo, en el capítulo anterior nos adentramos en el cerebro humano y, a partir de ahí, comenzamos a describir algunos de sus productos más básicos e inmediatos. La percepción, la consciencia o el uso de símbolos son algunos de ellos. Precisamente, el uso de símbolos con el que concluíamos el capítulo anterior es uno de los pilares del lenguaje humano (grupo de rasgos número 8), otro producto natural de nuestro cerebro en que la influencia de lo social, de la competencia social, parece haber sido enormemente decisiva. Por eso dedicaremos buena parte de este capítulo a desarrollar en profundidad esta faceta de nuestro comportamiento más complejo y que ha necesitado probablemente cientos de miles de años de evolución. Con el lenguaje empezamos a ver con más claridad a la sociedad dentro de la mente y el cerebro humanos.

También hablaremos de otro de los productos más inmediatos y básicos de nuestro cerebro y, a la vez, más definitorios de nuestra especie, fruto ya indudable de la competencia social. Se trata de esa capacidad que tenemos para entender el punto de vista de los demás, e incluso de modificarlo. Tenemos una fuerte tendencia, natural e innata, a meternos en la mente de los otros; también, y esto es muy importante, a que la nuestra se meta en la de los demás. La *teoría de la mente* (7e), la capacidad para descifrar qué tienen los demás en sus mentes, presenta unos rasgos muy peculiares en el ser humano, y curiosamente está muy vinculada con los sistemas cerebrales que utilizamos para tomar decisiones. La mayoría de las decisiones humanas más importantes parecen tener como principal contexto el social, y es justo a este ámbito al que mejor se adapta nuestra forma de tomarlas. Esta es la razón de que el sistema para tomar decisiones sea generalmente rápido y eficaz, pero a costa de ser muy vulnerable e influenciable. Una de las razones de esta vulnerabilidad es que se basa en gran medida en nuestras emociones. Pero es el que utilizamos para todo tipo de decisiones, incluidas las no sociales.

Los orígenes del lenguaje humano

Mucho se ha debatido y se debatirá sobre el origen de nuestro lenguaje. Quizá no sea lo único imprescindible para explicar la mente humana, pero no cabe duda de la importancia que tiene para su desarrollo y eficacia. Una de las primeras propuestas científicas acerca del origen de esta peculiar capacidad humana la planteó el propio Darwin, una vez más, en *El origen del hombre*. La transcribimos aquí íntegramente por su curiosidad y por su actualidad:

> Al tener nosotros toda clase de razones para suponer que el lenguaje articulado es una de las últimas adquisiciones del hombre, a la par que la más grande, y como la capacidad instintiva de emitir notas musicales existe aún entre los animales más bajos de la escala, sería contrario en todo al principio de la evolución si admitiéramos que la capacidad musical del hombre se desarrolló de las cadencias empleadas en el lenguaje apasionado. Tenemos que suponer que el ritmo y cadencias de la oratoria se derivaron de anteriores facultades musicales desarrolladas. Así podemos explicarnos por qué música, baile, canto y poesía son artes tan antiguas. Aún podemos ir más lejos [...] y sospechar que los sonidos musicales fueron una de las bases del desarrollo del lenguaje.

Lo que Darwin está proponiendo aquí es que primero fue el canto, la música, y que de ahí, de esos sonidos, habría nacido el lenguaje articulado. Es probable que la musicalidad preceda al lenguaje humano en el curso de nuestra evolución, pero no todos los autores estarían de acuerdo en que la música sea la culpable, o la causa, del lenguaje. Hay algunos que plantean la posibilidad de un origen gestual del lenguaje humano, y el hecho de que este tenga sus principales circuitos cerebrales en el mismo hemisferio con el que se maneja la mano dominante parecería cuando menos una evidencia a favor de esta propuesta. Cuando hablamos, también gesticulamos mucho.

Sin embargo, también es cierto que existen datos que

apoyan el posible origen musical del lenguaje. Autores como Steven Mithen o Tecumseh Fitch están en esta línea. Que se pueda transmitir cierta información mediante la música o el canto, que el canto de los pájaros presente muchas similitudes con el habla humana en cuanto a su desarrollo y aprendizaje, o que en el cerebro los circuitos dedicados a la música y el lenguaje coincidan en una alta proporción (algunos autores dirían que en su totalidad) podrían ser evidencias en este sentido. Aquí podríamos mencionar también algunas propuestas que sugieren que el lenguaje habría surgido para poder imitar los sonidos de los animales y facilitar así su caza. Es curioso observar que en numerosas culturas parece haber una cierta correspondencia entre el sonido que emiten algunos animales y algunas vocales que aparecen en los nombres que los denotan (por ejemplo, el consistente uso de la *i* en los nombres de muchos pájaros).

Si de algo caben pocas dudas, sin embargo, es de que el lenguaje le resulta natural a nuestro cerebro; el lenguaje es fácil para nosotros, tenemos un instinto para él (8a). Es posible que sus aspectos más básicos y cruciales (que, como hemos mencionado ya, se dividen en *fonológicos*, *semánticos* y *sintácticos*) se analicen todos en menos de un cuarto de segundo desde que oímos una palabra. El lenguaje se aprende con relativa facilidad, sin insistir demasiado en ello y desde muy temprano (12e), y mejora día a día durante el período de desarrollo. Evidentemente, y este es uno de los paralelismos que presenta con el canto de las aves, hay *períodos críticos* para su aprendizaje. Durante esos períodos, en los que nuestro sistema nervioso está más «abierto» para su aprendizaje, el lenguaje se aprende como algo natural, como una tendencia imparable. Fuera de ellos, como cuando se es adulto, aprender una lengua resulta mucho más difícil. Habría un gran consenso, pues, en que el lenguaje humano es una cualidad que ha sufrido una fuerte presión selectiva, que nuestros genes muestran modificaciones específicas relacionadas con él. En definitiva, que ha surgido por selección natural. Algunos autores, y entre ellos el propio Darwin, matizarían que se trataría más concretamente de un caso de selección sexual. En este sentido, autores como Geoffrey F. Miller proponen que, en realidad, en el lenguaje debió de haber una selección de dos tipos en fases sucesivas; una vez conseguido el lenguaje por su eficacia a la hora de facilitar la caza, evolucionó por selección sexual, pues en el cortejo los machos humanos que mejor hablaban demostraban tener una mente mejor. Parece ser cierto, y no un tópico, que los machos de nuestra especie tienden a hablar muy poco una vez conseguida su pareja, habiendo ocurrido justo lo contrario antes de conseguirla. Pero con el lenguaje demostraríamos tener una mente mejor no solo al objeto de nuestro cortejo, sino también ante los demás miembros del grupo. De ahí que también quepa la pura competencia social como importante fuente de presión selectiva para la evolución de nuestro lenguaje.

¿Para qué sirve el lenguaje?

Existe una marcada división de opiniones en cuanto a su función. Algunos autores, como el lingüista, filósofo y activista estadounidense Noam Chomsky y un buen número de sus seguidores, argumentan que la función principal del lenguaje, si no la única, es la de permitirnos pensar. Gracias al lenguaje pensamos, y también gracias a él nuestra mente es radicalmente diferente de la del resto de las especies. Concretamente, sería el componente *sintáctico* del lenguaje (8b) —las reglas de combinación lingüísticas—

el que permitiría al cerebro manipular información de cualquier tipo, incluso por muy absurda que fuera. Esto daría lugar a la creatividad, al surgimiento de ideas nuevas. Unas serían un acierto; otras muchas, no. Así, por ejemplo, la capacidad *computacional* de la sintaxis, es decir, la capacidad para combinar elementos de una manera infinita e independientemente de su significado, permitiría crear y pensar acerca de frases tan absurdas como una muy conocida, que debemos a Chomsky, y que dice: «Las ideas verdes incoloras duermen furiosamente». Una combinación tan irracional no sería posible con un pensamiento sin lenguaje, donde las combinaciones de ideas o elementos de información —lo que llamábamos «conceptos»— se producirían a partir de relaciones más o menos lógicas, guiadas por la experiencia y nuestro conocimiento acerca del mundo. En cambio, al ser las reglas del lenguaje *amodales* o *desemantizadas*, es decir, puras fórmulas de computación desprovistas de contenido, se nos permiten estas y otras infinitas combinaciones, algunas de las cuales serían verdaderas chispas de creatividad. Gracias a esto habría avanzado la humanidad.

Otros autores, sin embargo, entre los que se encuentra el ya mencionado Ray Jackendoff, piensan que el lenguaje tiene una única misión: la comunicación entre miembros de nuestra especie y, por tanto, el intercambio de ideas, de productos individuales del pensamiento alcanzados no mediante combinaciones de elementos asépticas y absurdas, sino por la mera elaboración de las experiencias y su contraste permanente con acontecimientos reales pasados, presentes y potencialmente futuros. Dicho de otra forma, el lenguaje no sería sino la exteriorización del pensamiento, no su motor; el pensamiento puede darse perfectamente sin lenguaje. No obstante, Jackendoff admite que también es cierto que el lenguaje ayuda a mejorar la calidad del pensamiento al facilitar la formación de conceptos que no serían posibles sin él, como vimos en el capítulo anterior con el ejemplo de «semana». Por esta capacidad de dar entidad a ideas que no son directamente perceptibles y por ser un excelente vehículo para transmitir e intercambiar ideas de unos cerebros a otros (con la especial importancia de este último aspecto durante la educación), la enorme utilidad del lenguaje para la mente humana quedaría fuera de toda duda. Pero de ahí a identificar pensamiento con lenguaje, o creer que no habría pensamiento sin lenguaje, es quizá ir demasiado lejos y un tremendo error. Al estudiar el funcionamiento del cerebro se observa, por ejemplo, que actividades mentales que podríamos considerar pensamiento con poco uso del lenguaje, como ocurre cuando realizamos ciertas tareas lógicas, implican zonas del cerebro bastante alejadas de las más directamente vinculadas al lenguaje. Este quedaría, por tanto, como un mero traductor del pensamiento al mundo exterior.

Podríamos decir, adoptando una posición intermedia, que el lenguaje puede no ser imprescindible para pensar, pero que sin él nuestro pensamiento no sería lo mismo. Su principal utilidad original quizá no haya sido la de pensar, sino la de comunicar. Pero al realizar esta última función parece que ha mejorado sustancialmente la primera.

Son varios los autores que piensan que la principal presión selectiva para que haya surgido el lenguaje ha estado vinculada a su función comunicativa, sí, pero por intereses individuales. Es decir, el origen del lenguaje estaría basado única y exclusivamente en el engaño, en la posibilidad de engañar a los demás y, por tanto, de conseguir de estos más recursos. Para otros autores, en una línea de pensamiento parecida, pero no idéntica, la principal razón del lenguaje es que sirve para «chismorrear» y, en consecuencia, para «acicalar» —simbólicamente— a más miembros del grupo de una vez (lo vimos en uno de los capítulos precedentes). Varios autores, por último, también resaltan la fuerte tendencia de nuestra especie a intentar entender la mente de los demás. El lenguaje no habría surgido sin esta facultad humana, derivada de la singular naturaleza social de nuestro cerebro, que nos mueve con fuerza a introducirnos en la mente de los otros para comprenderla y para unificarla con la nuestra. A esto se le denomina *la atención e intención conjuntas*, es decir, la unificación de atención e intenciones entre dos individuos que interactúan. Autores como Michael Tomasello la han propuesto como punto de origen y principal razón de ser del lenguaje. Somos la única especie dentro de los primates con la esclerótica ocular blanca (14c), es decir, con el «blanco de los ojos», signo distintivo destinado precisamente a que sepamos adónde miran los demás y que los demás sepan adónde miramos nosotros. Esta adaptación serviría, por tanto, para poder saber qué puede haber en las mentes de unos y de otros, con el fin último de poder llegar a una atención e intención conjuntas. El blanco de los ojos ya es lenguaje humano.

Los elementos del lenguaje y el pensamiento

Precisamente, podríamos decir que en el lenguaje hay dos tipos de factores, ambos de capital importancia. La atención e intención conjuntas pertenecen a uno de estos dos tipos.

El primero lo componen unos factores básicos, elementales, que han venido considerándose de carácter muy específicamente lingüístico, aunque uno de ellos, como veremos, no lo es tanto. Se trata de los ya citados aspectos *fonológico*, *sintáctico* y *semántico* del lenguaje. En el aspecto fonológico encontramos los sonidos más elementales del lenguaje articulado, los fonemas; básicamente, los sonidos de las vocales y las consonantes, las combinaciones de ambas (que es la combinación fonológica más común) y combinaciones algo más largas. Los fonemas, agrupados, constituyen los sonidos de las palabras, lo que también se conoce como las *formas auditivas* de las palabras. La fonología sigue unas reglas de construcción y de combinación en las que participan tanto factores universales, es decir, determinados por las limitaciones y posibilidades físicas —mecánicas— de nuestro aparato fonador, como particulares de cada idioma. Como los fonemas se emiten al mundo exterior y se perciben de este, se suele decir que son el aspecto *sensorio-motor* del lenguaje.

La sintaxis, por su parte, se refiere a las reglas de combinación de las unidades elementales provistas de un significado. Estas unidades elementales son generalmente las palabras, aunque no son las únicas; por ejemplo, una *s* al final de un sustantivo en castellano nos indica que estamos hablando de más de un ejemplar de aquello a lo que se refiera la palabra. Algunos autores consideran que la sintaxis es la clave para entender la singularidad del lenguaje humano. Algunos van más allá y consideran que lo más específicamente humano del lenguaje, si no lo único, sería solo una parte de la sintaxis, aquella que nos permite combinar unas ideas dentro de otras; la llamada *recursividad*. Se trata de esa característica organizativa que hemos visto tantas veces por estar presente en los grupos, en el pensamiento o en el cerebro humanos.

Por último, el aspecto semántico del lenguaje se refiere al propio significado de las palabras acerca de las cosas del mundo y cuya combinación —mediante la sintaxis— nos describe una situación concreta, que también forma parte de lo semántico. A la semántica del lenguaje se la considera la parte *conceptual-intencional* del mismo, es decir, que se refiere a conceptos e intenciones que tiene en mente el hablante. Y en este punto es donde se explica que el dominio semántico quizá no sea tan específicamente lingüístico, sino que probablemente pertenezca al segundo tipo de factores que intervienen en el lenguaje.

Un veterinario se acerca al dueño de un perro al que acaban de realizar una complicada operación y le dice con una fatigada sonrisa: «Tranquilo, que no se va a morir». Sin embargo, todos los seres vivos mueren, por definición, antes o después. ¿Está mintiendo el veterinario? Ha dicho literalmente que el perro —en realidad, siendo objetivos, tampoco ha mencionado explícitamente al perro— no se va a morir. ¿Nunca? No, no es eso lo que ha querido decir el veterinario. Sin duda se refería a un tiempo inmediato, a las próximas horas, días, a lo que se derive de la operación. Esta información tan precisa que no ha sido mencionada por el veterinario, sin embargo, es crucial para entender el mensaje lingüístico. Sin ella, lo que se nos dice a través del lenguaje carece de verdadero sentido. Se trata de los *aspectos pragmáticos e inferenciales* del lenguaje, derivados de contrastar lo que se nos dice literalmente con la información que extraemos del contexto y de la memoria; de lo que sabemos acerca de cómo son las cosas del mundo. Y, sin embargo, no son lenguaje. A veces se denominan *aspectos semántico-pragmáticos* del lenguaje, lo que muestra la confusión terminológica que existe entre los aspectos pragmáticos y semánticos; o, más bien, que serían la misma cosa. Lo semántico, como decíamos, se refiere al significado de las palabras; lo que una palabra significa se refiere a muchísimas cosas. No solo identifica un determinado objeto o entidad, sino para qué sirve, dónde se encuentra, qué forma tiene, qué se puede esperar de él y multitud de cosas más. Pero estos aspectos no son específicos del lenguaje, a pesar de ser totalmente necesarios para él. Son conocimientos que se adquieren observando y explorando el mundo. Por eso decíamos que el dominio semántico no parece ser tan específicamente lingüístico. Entre estos aspectos pragmáticos, inferenciales o semánticos del lenguaje se encuentran precisamente la atención e intención conjuntas. En definitiva, qué tiene el veterinario en la cabeza y qué le está queriendo decir realmente al dueño del perro.

Pensar sin hablar

No es de extrañar, por tanto, que algunos de los más reputados lingüistas consideren que el dominio semántico del lenguaje y el pensamiento son lo mismo. Las relaciones semánticas entre los elementos mencionados en un mensaje lingüístico, la llamada *estructura conceptual*, se corresponden en definitiva con la forma de entender el mundo que tenemos los humanos. Los estudios de actividad cerebral demuestran que los aspectos semánticos del lenguaje suelen implicar áreas cerebrales en cierta forma alejadas de las tradicionalmente consideradas lingüísticas —las áreas de Broca y de Wernicke—, exactamente lo mismo que veíamos que ocurría con los experimentos sobre lógica.

Lo semántico se distribuye en el cerebro ocupando extensas regiones de la corteza. Parte de estas se encuentran en las zonas inferiores y basales del lóbulo temporal y en zonas parietales y parieto-temporales, la mayoría de ellas regiones de carácter *heteromodal*, es decir, que son comunes a diversas modalidades perceptivas (por ejemplo, se pueden activar tanto por la vista como por el oído). Muchas son áreas de asociación perceptiva, de las que ya hemos hablado, ya que, en definitiva, son lugares donde se analizan los fenómenos perceptivos más allá de sus meras apariencias. En las profundidades del cerebro, las regiones límbicas o emocionales —particularmente algunas zonas como el cíngulo posterior— también están implicadas en los aspectos semánticos del lenguaje, ya que las emociones asociadas a los objetos o situaciones del mundo también forman parte del significado de las cosas. Por último, las áreas de asociación del lóbulo frontal, en las regiones *prefrontales dorsolaterales* (en los lados del lóbulo frontal), también forman parte de los circuitos semánticos del cerebro. En este caso llegan a incluir una pequeña parte del área de Broca, considerada principalmente sintáctica. Volveremos sobre esta curiosa cuestión más adelante.

El significado de muchas palabras, en especial si denotan objetos o acciones tangibles, también se relaciona con las áreas de la corteza cerebral implicadas en realizar directamente esas percepciones o acciones. La palabra *brazo* activa las zonas sensoriales y motoras directamente relacionadas con la percepción de nuestro brazo y sus movimientos; la palabra *verde* activa la parte del sistema visual especializada en reconocer los colores. Muchos verbos, que suelen implicar acciones, activan de forma específica porciones del sistema motor de la corteza cerebral involucradas en esas acciones; la palabra *correr* activa en la corteza la parte motora de nuestras piernas. Curiosamente, también se ha observado que la negación lingüística desactiva áreas cerebrales, y desde luego no las más específicamente lingüísticas, sino las que tienen que ver con la percepción o la acción que se estén negando. Lo semántico (o semántico-pragmático e inferencial, como queramos llamarlo) consiste al final en la forma que tiene nuestro cerebro de entender el mundo y actuar sobre él.

Recordemos que Ray Jackendoff decía que de lo único de lo que somos conscientes en nuestro lenguaje es de sus sonidos. Cuando pensamos ocurriría lo mismo, solo seríamos conscientes de los sonidos de nuestra «habla interior» —que generalmente es menos articulada y más fragmentada que el «habla exterior»—, no del trasfondo de ideas, de contenidos semánticos que se están combinando, relacionando y surgiendo de fondo, lastrados por esas etiquetas auditivas que son las palabras. En nuestra opinión, quizá sea mucho decir que no somos conscientes de todo ese entramado de fondo cuando nos hablan o cuando nos hablamos a nosotros mismos. En cualquier caso, el papel de todos esos contenidos semánticos sería en realidad lo más importante del pensamiento y, probablemente, también del lenguaje. Algunos autores piensan que lo semántico es en realidad el «director» de todo el proceso, lo que determina qué se puede y qué no se puede hacer, decir o combinar; incluso en el ámbito puramente sintáctico del lenguaje. Así, por ejemplo, es el contenido semántico de los verbos el que incluye la información sintácticamente más importante de una oración. Quién hace qué, y a quién, lo determina en gran medida el significado del verbo. Los verbos definen no solo qué acciones se están llevando a cabo, sino quién las puede realizar y a quién o a qué se puede dirigir esa acción. Si se siguen esas reglas surge una oración sintácticamente correcta. Veámoslo con un ejemplo. El verbo *dar* implica necesariamente, desde el punto de vista sintáctico, un sujeto (alguien que da), un complemento indirecto (alguien que recibe) y uno directo (algo que es dado por el sujeto y recibido por el complemento indirecto). Los verbos *llover* o *viajar*, por ejemplo, tienen otras implicaciones sintácticas. Ni *llover* lleva sujeto, ni se *viaja* nada a nadie.

La especie simbólica

Parece un escenario posible que los sonidos del lenguaje junto con sus contenidos semánticos —sus significados—, lo que hemos denominado *símbolos*, hayan constituido por sí solos el lenguaje del ser humano durante mucho tiempo, sin necesidad de sintaxis u otras reglas de combinación más o menos elaboradas. Bastaría con combinar sonidos con sus correspondientes significados en un determinado orden para saber qué estamos queriendo decir. Es la diferencia entre «Juan pegar Pedro» y «Pedro pegar Juan»; está intuitivamente claro que el primer nombre de cada oración se refiere al que da y el segundo, al que recibe. Esta especie de «sintaxis» primitiva e intuitiva, según la cual el actor o sujeto de la oración va primero y el que recibe la acción va después, habría estado presente durante muchos miles de años, y de hecho aún se mantiene en la gran mayoría de los lenguajes. Parece ser que esta es una forma «natural» de ordenar las cosas para nuestro cerebro. También parece ser el caso para otros primates como los chimpancés.

Como símbolos, las palabras son referentes de objetos o situaciones que no tienen por qué estar presentes ni al alcance de nuestra vista, sino que pueden estar en otro lugar o en otro tiempo. Esta es precisamente una de las grandes diferencias entre el ser humano y los grandes simios. Los chimpancés se ven muy limitados en cuanto a aquello a lo que se pueden referir cuando se les enseña a utilizar símbolos; normalmente, lo nombrado debe estar presente o cerca. Pero hay una diferencia aún mayor entre ellos y nosotros a la hora de utilizar símbolos. El número máximo de palabras que se puede enseñar a un chimpancé viene siendo de algunos cientos, quizá unas quinientas, y no sin muchísimo esfuerzo. Sin embargo, el ser humano llega a aprender la relación entre unos cincuenta mil sonidos de palabras y sus correspondientes significados, y esto sin contar los nombres propios ni los conocimientos en otros idiomas. El niño humano aprende varias palabras nuevas cada día, y esto lo hace sin el más mínimo esbozo de esfuerzo. En realidad, aquí radica una de las grandes diferencias entre el ser humano y sus parientes más cercanos. Las palabras, además, son tratadas como verdaderos objetos. Al igual que convierten determinados conceptos imposibles sin lenguaje en objetos de nuestro pensamiento —como «semana»—, sustituyen a los propios objetos, personas o acciones en nuestra mente y provocan en ella sensaciones y actitudes similares a los objetos mencionados. La palabra *naranja* suscita en nuestro cerebro activaciones que reviven el sabor, el color o el tacto de una verdadera naranja. Manipular símbolos, palabras, se convierte así en sinónimo de manipular objetos reales.

El origen más remoto de algo tan notable como el lenguaje humano podría haber estado, por tanto, simplemente en la capacidad para crear esos símbolos que llamamos *palabras*. Para que existan las palabras, y en tan gran número, se han tenido que producir algunas modificaciones importantes en nuestro cerebro. Unas habrían afectado a nuestro sistema semántico y, por tanto, a la formación de conceptos. Ya hemos hablado de la enorme extensión que ocupa lo semántico en nuestra corteza cerebral. Otras tendrían que ver con los sonidos; por ejemplo, el área de Wernicke en el hemisferio izquierdo, que, junto con las regiones encargadas de analizar los fonemas, parece ser el resultado de una expansión de la corteza cerebral auditiva. Pero ni las áreas auditivas, ni las especializadas en la fonología, ni el área de Wernicke trabajarían solas a la hora de analizar los sonidos del lenguaje. Otra de esas modificaciones que han ocurrido en nuestro cerebro debe de haber provocado que las zonas motoras de la corteza cerebral que controlan los movimientos de la boca y la laringe (situadas en el lóbulo frontal del hemisferio izquierdo) desempeñen también un papel importante no solo para hablar, sino para analizar y entender lo que estemos oyendo. Escuchar a alguien hablar implica en última instancia que nuestro cerebro lo repita como si nosotros mismos fuéramos los que hablamos. En realidad, casi todo en nuestro cerebro es a la vez un acto y una percepción, desde escuchar una letra hasta mover un dedo. La parte más posterior del área de Broca, ya en la linde con estas zonas motoras y premotoras de la corteza cerebral que sirven tanto para producir como para interpretar el lenguaje, participaría también plenamente en estas operaciones.

Los mecanismos corporales para producir y percibir los sonidos del lenguaje —el aparato fonador y el oído— han debido de sufrir una fuerte presión selectiva hasta conseguir su adecuación a nuestro lenguaje. Como resultado, tenemos un sistema de gran eficacia. Los mecanismos motores parecen haber evolucionado a partir de los procesos de alimentación. Los ciclos de oscilación de la mandíbula asociados a la masticación, a absorber y a la succión, presentes ya en el recién nacido, podrían ser el origen de los primeros movimientos comunicativos humanos. Esto explica la universalidad de determinadas palabras para designar a la madre (*mama*) y, después, al padre (*papa*, o más bien *baba*). Para algunos autores, las condiciones mecánicas de nuestro sistema bucal y faríngeo determinarían cuáles habrían sido los primeros sonidos del habla y su evolución posterior.

Resultado de esa evolución, tenemos un *aparato fonador* —básicamente constituido por la boca, la cavidad nasal y la laringe— a cuya formación han contribuido diversos factores. La postura bípeda fue una de las preadaptaciones que permitieron el lenguaje porque gracias a ella se regula mejor la respiración; los cuadrúpedos necesitan hinchar más los pulmones para poder absorber el impacto del suelo durante la marcha. La constitución de nuestro aparato fonador ha implicado también diversas modificaciones biológicas, como un alargamiento del cuello, la permanente posición baja de la laringe o un mayor control de la respiración por parte del sistema nervioso. No es que otros animales no puedan emitir muchos de los sonidos de nuestro lenguaje, especialmente las vocales, sino que nuestro sistema parece haber sufrido una fuerte presión selectiva específica para poder producirlos rápida y eficazmente. Por esta razón, uno de los grandes retos paleoantropológicos consiste en la reconstrucción del aparato fonador de especies humanas extintas, un dato que puede dar una idea objetiva sobre la propia evolución del lenguaje humano. Por lo que sabemos hoy en día, parece que en algunos parámetros (como la forma del *hueso hioides* —del que pende la laringe— o la base del cráneo) especies como el *Homo heidelbergensis* y el *Homo neanderthalensis* tenían ya un aspecto muy parecido al nuestro. En otros, en cambio, como la longitud del canal horizontal del aparato fonador (la porción que corresponde al interior de la boca), las diferencias son más notables.

No obstante, lo fonológico no es imprescindible en nuestro lenguaje. Como ya hemos mencionado, algunos autores piensan que el lenguaje fue inicialmente gestual. Además, el hecho de que las personas sordas puedan utilizar un lenguaje de signos que es perfectamente lingüístico, y que personas desprovistas del sentido del oído y de la vista se puedan comunicar también mediante signos táctiles, pone de manifiesto que el lenguaje humano en sí no depende realmente de los sonidos. La presión para la evolución de nuestro aparato fonador podría haber venido después, para mejorar un sistema preexistente.

Para caracterizar al lenguaje humano, pues, debe de haber habido inicialmente algo más. Hasta aquí hemos visto que ese «algo más» puede haber sido la capacidad para unir un signo (auditivo, visual, táctil o gestual) con un contenido semántico, con un concepto; es decir, la capacidad para generar símbolos. Otros autores, sin embargo, piensan que lo que de verdad hay de especial detrás del lenguaje humano es únicamente la sintaxis. Hablemos un poco más de este punto.

Las reglas lingüísticas

La *sintaxis* (8b) es el conjunto de reglas —reglas gramaticales— que permiten combinar los símbolos, sean estos palabras u otras partículas emitidas verbalmente, visualmente, mediante el tacto o con gestos. Hay una tendencia innata a que cada ser humano expuesto a una lengua encuentre cuáles son sus reglas sintácticas particulares y pueda así crear e interpretar combinaciones de símbolos con ella. Esto lo haría con relativa facilidad e inconscientemente, de ahí que se diga que es un instinto, un instinto universal, y por eso se habla también de *gramática universal*, es decir, de posibilidades y restricciones que establece nuestro sistema sintáctico innato acerca de qué y cómo se pueden hacer combinaciones de símbolos, por mucho que la forma concreta de hacerlo varíe, y mucho, de un idioma a otro. Por poner un ejemplo muy sencillo, todos los idiomas distinguen entre nombres o sustantivos —símbolos que denotan posibles agentes o pacientes de una determinada acción— y verbos —símbolos que nos informan de cuál es la acción—. Esto es universal; la forma de colocarlos, es decir, si debe ir antes el verbo o el agente, si pueden ir en plural o en singular, en masculino o en femenino, y cómo señalamos cada una de estas circunstancias, dependerá de cada idioma.

Al ser puras reglas de combinación, una de sus características, la más específicamente humana según algunos autores, es su *recursividad*; es decir, la posibilidad de combinar de manera teóricamente infinita unas informaciones dentro de otras, estableciendo jerarquías. Por ejemplo, en la oración «Juan reprendió a los chicos que jugaban en la tienda de Pedro contundentemente», aparecen varias ideas, de las cuales la principal es que alguien reprende a alguien y que lo hace contundentemente. A esta idea le sigue en la jerarquía, a un nivel inferior, la de que quien recibe la acción jugaba, y además en un determinado lugar; y a continuación viene la información de que ese lugar pertenece a una tercera persona. Son varias ideas bien organizadas gracias a la sintaxis, de manera que no hay confusión acerca del papel de cada uno, incluso a pesar de que algunas de esas ideas están fraccionadas, separadas y con otras ideas distintas entre una y otra de sus partes. Esto es la recursividad.

La principal operación del sistema sintáctico sería entonces la de *combinar*, *unir* o *juntar* aquello que va junto, aunque haya que mover algunas piezas de sitio. Como veíamos en el ejemplo anterior, «Juan» va con el verbo «reprender», y este con «contundentemente», a pesar de que entre una y otra parte de este mensaje principal haya una cierta distancia. Según parece, otras especies podrían realizar esta operación de juntar aquello que va junto, pero con poca o ninguna recursividad. Los chimpancés que han aprendido a comunicarse mediante gestos o símbolos pictóricos pueden producir mensajes lingüísticos cortos, de pocos elementos y donde la gran mayoría de las veces la sintaxis sería simple, lineal, es decir, donde no habría unas ideas dentro de otras sino unas a continuación de otras. En lo que, sin embargo, habría una gran discrepancia entre los distintos autores es en si a lo largo de la evolución del género *Homo* hubo un aumento gradual respecto a esta recursividad, es decir, del número de ideas que podían incluirse dentro de otras, o si, por el contrario, la recursividad es una propiedad que se adquirió de repente, y además en época reciente.

Algunos de los autores que defienden que la recursividad fue aumentando gradualmente describen su propuesta en términos de *orden*, lo que equivale al número de ideas que se pueden incluir dentro de otras en un mensaje lingüístico. Según estos autores, la mayoría de los primates solo tendrían una sintaxis de primer orden —recursividad nula—, mientras que los grandes simios, como los chimpancés, podrían alcanzar el segundo orden. Nosotros, sin embargo, llegaríamos al quinto orden, como en la oración «Yo creo que tú crees que yo supongo que entendemos que Juan quiere un sándwich». Cada verbo con su sujeto sería un orden. Oraciones como esta ponen al límite nuestra capacidad de comprensión, límite que precisamente viene marcado por la capacidad de la *memoria operativa* o de trabajo de la que ya hemos hablado varias veces. A medida que nuestra capacidad de memoria operativa va aumentando con la edad durante el desarrollo, también lo haría el orden alcanzable por la sintaxis. Así, a los seis años podríamos alcanzar el tercer orden, el cuarto a los nueve y el quinto a los once. Para Robin Dunbar, defensor de esta idea, habría una correlación entre la cantidad de corteza cerebral, especialmente del lóbulo frontal, y el orden alcanzable en la sintaxis. Para Dunbar no habría duda, por ejemplo, de que el *Homo heidelbergensis* tenía una sintaxis de cuarto orden, y especies anteriores también habrían alcanzado, lógicamente, un cierto nivel sintáctico superior al del chimpancé.

De vuelta a los orígenes

Nos parece interesante el debate acerca de la esencia misma del lenguaje humano, sobre su origen. Para muchos lingüistas, como ya hemos dicho, lo principal de él es la sintaxis, esas reglas formales, desimbolizadas y asépticas, que permiten combinaciones infinitas, incluso alejadas totalmente del mundo real —como «las ideas verdes incoloras duermen furiosamente»—. La sintaxis, desde este punto de vista, sería el motor del pensamiento, con su capacidad combinatoria infinita y no condicionada por el mundo real. Sin embargo, la recursividad es una propiedad intrínseca de nuestra mente independientemente del lenguaje, tanto de nuestro sistema semántico —que identificábamos de alguna manera con el pensamiento— como de nuestros sistemas perceptivo y motor. También sabemos que la recursividad es una propiedad intrínseca de la corteza cerebral. Por eso, como dijimos en su momento, la semántica podría ser el origen de la sintaxis, pues esta última solo es un sistema para encontrar una *estructura* que relacione espacial y temporalmente los objetos, situaciones o personas del mundo exterior. Las reglas sintácticas podrían ser, entonces, un puro artificio transitorio para utilizar en el crítico instante de entender o describir las relaciones (la estructura de relaciones) entre los elementos mencionados en un mensaje lingüístico. Su necesidad se desvanece inmediatamente; entonces solo quedarían lo semántico y lo fonológico.

Para terminar de enrevesar las cosas, algunos autores proponen que la sintaxis no procedería de lo semántico, sino de lo fonológico. Es curioso observar que mientras que lo semántico tiene un carácter más *heurístico*, en el sentido de que sus normas son más flexibles y laxas, tanto lo fonológico como lo sintáctico siguen unas reglas de combinación muy estrictas. Además, en muchas ocasiones la información sintáctica viene en gran parte determinada por los sonidos del lenguaje, y no necesariamente por los fonemas o sus combinaciones, sino por los llamados aspectos *prosódicos* del lenguaje, que, como ya dijimos en su momento, están regulados principalmente por el hemisferio cerebral derecho. El énfasis en la entonación es a veces determinante y necesario para saber quién o qué es el sujeto de la acción. En muchas ocasiones, una simple pausa determina quién es el actor principal de cierta acción o cualidad. No dicen lo mismo «Este es el perro del vecino que corre mucho» que «Este es el perro del vecino, que corre mucho». La coma de la segunda oración representa una pequeña pausa que, sin embargo, cambia totalmente la estructura de la oración, pues quien corre mucho ahora es el perro y no, como en la primera oración, el vecino.

Nos parece que la hipótesis más aceptable es que nuestro lenguaje tenga su origen en la facilidad de nuestro cerebro para asociar contenidos semánticos con «etiquetas» (las palabras). Los símbolos habrían sido lo primero. Nuestra fuerte tendencia a querer hacernos entender y a entender a los demás —esa atención e intención conjuntas que mencionábamos antes— acabarían dando lugar a la necesidad de una sintaxis, de unas reglas que permitirían que la comunicación fuera aún mejor, más precisa y con menos ambigüedades.

Esas reglas podrían haber llegado simplemente por un acuerdo social implícito (es decir, no necesariamente consciente), un producto cultural que habría evolucionado en los últimos milenios en lugar de ser un producto natural o innato de nuestro cerebro. No habría hecho falta una mutación genética para que surgiera la sintaxis del lenguaje; en realidad, la «gramática universal» del lenguaje no sería otra cosa que la gramática universal del pensamiento, algo que ya estaría ahí antes del surgimiento de la sintaxis lingüística. No en vano el lenguaje es universal, sí, lo que demuestra su innegable origen biológico, pero las lenguas del mundo son más de seis mil. Es decir, la variabilidad de reglas sintácticas es realmente inmensa, tanto como las culturas. Un hecho que ahondaría en lo convencionales que son las reglas gramaticales es que su complejidad es independiente de los niveles de desarrollo tecnológico o político alcanzados por una sociedad. Por ejemplo, el kwakiutl, lengua de algunas tribus de América del Norte, tiene el doble de casos gramaticales que el latín (y todos los que hayan estudiado latín sabrán lo espinoso que es aprendérselos). Y es más, a grupos más grandes, reglas sintácticas más simples, como acabó ocurriendo con el inglés. Cuanta más gente hable un idioma, más probable es que haya adultos que tengan que aprenderlo y no nativos que tengan que enseñarlo, lo que acaba simplificando una lengua.

Son muchos los autores que piensan, en consecuencia, que en la evolución del lenguaje primero vinieron los símbolos y después llegaría la sintaxis, con sus innegables ventajas no solo para comunicarnos con menor ambigüedad, sino incluso para generar muchos términos que, aunque en origen probablemente hayan tenido su raíz en el sistema semántico, constituyen un conjunto de conceptos muy abstractos. Serían conceptos que nos permiten comprender y pensar sobre la realidad de manera mucho más compleja, algunos de ellos imposibles sin lenguaje. Denotarían relaciones semánticas abstractas como «al lado de», «mejor que», «podría ser», «si» (el condicional), «entonces», «pero» y tantos otros. Este último paso habría dado lugar al lenguaje y a la mente plenamente modernos.

Un módulo para poner orden

Al hablar de relaciones abstractas que, además, se organizan jerárquicamente y en ocasiones con recursividad —como parece propio de la sintaxis de nuestro lenguaje—, resulta obligado hablar con un poco más de profundidad de la zona del cerebro que más directa y consistentemente aparece relacionada con las reglas gramaticales. Es el área de Broca, mayor en nuestra especie que en los chimpancés, y que según algunos autores ya presentaba un cierto aumento de tamaño en el *Homo habilis*.

Aunque hay otras áreas relacionadas con la sintaxis, situadas en los lóbulos parietal y temporal, es la de Broca la que parece más importante para esta función, a pesar de que puede que no sea exclusivamente lingüística. Algunos estudios demuestran que interviene cuando hay que organizar relaciones jerárquicas, sean lingüísticas o no, manipular objetos, imaginar movimientos, imitarlos o prepararlos, entre otras cosas. Recordemos que, según los lingüistas, la operación principal de la sintaxis es la de combinar, unir o juntar aquello que va junto; pero esta no sería una operación exclusivamente sintáctica. Quizá por esta razón las operaciones semánticas y fonológicas del lenguaje también implican ciertas porciones del área de Broca, a pesar de que su papel en el lenguaje es esencialmente sintáctico. El área de Broca abarca las áreas del mapa citoarquitectónico de Brodmann correspondientes a los números 44 y 45, y algunos autores también incluyen el área 47. Curiosamente, lo fonológico estaría más cerca de las zonas motoras primarias de las manos, de la boca y del aparato fonador. Lo semántico, por el contrario, implicaría las partes del área de Broca más alejadas de estas funciones motoras, sobre todo en el área 47, localizada más frontalmente. Lo más puramente sintáctico quedaría justo en el centro.

Algunos estudios demuestran, además, que este sistema tripartito del área de Broca presenta unas conexiones intracorticales, dentro del hemisferio izquierdo, muy específicas y en cierta forma independientes unas de otras. La región más fonológica tendría conexiones con la corteza motora, la región más sintáctica estaría conectada directamente con la corteza parieto-temporal, mientras que la más semántica estaría conectada con otras partes más inferiores —más visuales— del córtex temporal. Estas dos últimas conexiones constituirían la mayor parte del *fascículo arqueado*, ese haz de fibras que, en el humano, conecta amplias zonas frontales centradas en el área de Broca con amplias zonas parieto-temporales centradas en el área de Wernicke, y que ya mencionamos al hablar de las conexiones cerebrales.

Lo que verdaderamente le importa al cerebro humano

Bien, hasta aquí hemos identificado lo semántico (o pragmático e inferencial) con el pensamiento. El trasiego de ideas que conforman nuestro pensamiento, y de las que podemos ser o no en parte conscientes, se mueve continuamente dentro de nuestro cerebro. Este movimiento puede producirse por sí mismo (por ejemplo, por asociación de ideas) o por la sintaxis de nuestra «habla interior»; depende de los autores. O puede que ocurran ambas cosas. Sea como sea, a partir de ahora vamos a ver qué principios básicos son los que rigen esos movimientos de ideas dentro de la mente humana.

Si de algo no cabe duda es de que los humanos somos seres vivos. Estamos sujetos, por tanto, a las mismas leyes de la selección natural que los demás habitantes del planeta: la supervivencia y la reproducción. En nuestro caso, parece que la supervivencia y el éxito reproductivo dependen en gran medida de la competencia social. Como especie, somos extremadamente sociales y gran parte de nuestras adaptaciones más significativas y peculiares parecen ser producto de la lucha por tener un puesto relevante dentro del grupo. En efecto, la idea de que la competencia en el seno de la especie se convirtió cada vez más en la nueva «naturaleza hostil» del ser humano cobrará aún más fuerza a medida que nos vayamos adentrando más y más en nuestra mente.

Lo social parece realmente muy importante en el género *Homo*, en particular en nuestra especie. Entre las pocas diferencias genéticas que se han constatado entre los neandertales y nosotros, aparecen genes relacionados solo con tres alteraciones del comportamiento: la esquizofrenia, ciertos tipos de retraso mental y el autismo (7p). Si las dos primeras tienen que ver principalmente con el pensamiento o el rendimiento intelectual, la tercera es sobre todo un trastorno social, una anomalía en las relaciones con los demás. Lo social aparece así como una posible variable importante en la diferencia entre el *Homo sapiens* y los neandertales.

Nuestro mundo semántico está lleno de conceptos abstractos y complejos de carácter pura y exclusivamente social: «justicia», «reciprocidad», «intercambio», «autoridad», «jerarquía», «comunidad», «igualdad», «competencia», «restitución», «derechos», «obligaciones» y un largo etcétera. Estos conceptos existen en todas las sociedades humanas, lo que sugiere que nuestro cerebro está preparado genéticamente para entenderlos y pensar sobre ellos. De hecho, la sociedad, la cultura, es como el lenguaje: presenta variantes locales, pero a la vez tiene unos universales, y los niños aprenden sus normas fácil e intuitivamente. En realidad, la fuerza de lo social parece haber alterado nuestros genes.

El psicólogo Stephen Kosslyn tiene una curiosa teoría que incide aún más en lo extremadamente importante que puede llegar a ser lo social para el ser humano. Kosslyn propone la existencia de un *sistema protésico social* (SPS), según el cual nuestros cerebros usan los de los demás como prótesis (como «periféricos», podríamos decir) para extender sus capacidades mentales. Discutir, intercambiar puntos de vista, aprender y enseñar habilidades serían actos sociales humanos en los que utilizamos de forma eficaz y en nuestro beneficio los cerebros de los demás. De esta manera se extendería el propio «yo», utilizando partes (físicas) del cerebro de otra gente. Entre las principales motivaciones humanas estaría la de buscar y afianzar ese sistema protésico social, intentando hacernos siempre mejores para que más gente quiera que seamos parte de su cerebro, y ellos también del nuestro. Esta curiosa propuesta explicaría, según Kosslyn, algo que parece tan difícil de entender como el terrorismo suicida; los terroristas «sabrían» que, aunque su cuerpo muera, su «yo» permanece extendido y vivo por muchos otros cerebros.

Para otros autores, como Marc D. Hauser, logros tan destacados de la humanidad como el pensamiento matemático no habrían surgido sin la existencia de las relaciones sociales. Los grupos humanos son numerosos. Hauser sostiene que en estos grupos es necesaria la exactitud, que no valen las aproximaciones. Aunque el grupo tenga 150 o 200 miembros, no solo debemos conocerlos a todos individualmente, sino que también debemos saber cuáles son las relaciones de cada uno de ellos con los demás. Por esto habría surgido, según Hauser, el pensamiento matemático. Otros autores puntualizan, sin embargo, que en realidad la mayoría de las matemáticas que utiliza el ser humano son más bien aproximativas, un sistema bastante impreciso que compartimos con otras especies de primates. Gary Marcus, en su libro *Kluge. La azarosa construcción de la mente humana* (2008), destaca en este sentido que hay algunas culturas humanas sin números, donde solo se tienen conceptos para «uno», «dos» y «varios» o «muchos». Para Marcus, no habríamos evolucionado para manejar dinero, sino comida.

Otra de las consecuencias de que la competencia social haya sido cada vez más protagonista como fuerza de presión selectiva sería la tendencia de nuestra especie a buscar *agentes* en todas partes. Los agentes son entidades o seres que causan algo y que además lo hacen deliberadamente, con intención. Este es un atributo o un concepto que se deriva directamente de nuestras relaciones sociales. El cerebro humano buscaría, y de hecho encontraría, agentes por todas partes. Se ha comprobado en experimentos que los seres humanos tienden a atribuir intenciones incluso a unos asépticos triángulos que se mueven al azar y se empujan unos a otros en la pantalla de un ordenador. Esta fuerte tendencia natural de nuestro cerebro se extiende a todos los rincones del mundo que nos rodea, no solo al social. Sería consecuencia de una hipertrofia del *intérprete* que Michael Gazzaniga localiza en el hemisferio izquierdo de nuestro cerebro. Se constata fácilmente como en todas las culturas se atribuyen intenciones a muchos objetos y fenómenos naturales, como si fueran personas. Esta propiedad de nuestro cerebro podría estar en la base del origen de las religiones. Hablaremos de ello más adelante.

No somos máquinas

Pero hay algo más. Al revisar la enorme cantidad de datos que van acumulándose acerca de cómo funcionan nuestra mente y nuestro cerebro, los neurocientíficos se están dando cuenta de que, efectivamente, lo social desempeña en nuestra especie uno de los papeles más destacados, pero que resulta inseparable de otro ingrediente de gran importancia y arraigado en lo más profundo de nuestra supervivencia como mamíferos: lo *emocional*. Los humanos somos seres sociales y nos va la vida en ello. Por eso lo emocional y lo social aparecen prácticamente inseparables en nuestro cerebro. Y de esta curiosa unión depende nuestra mente, nuestra manera de pensar, de ver el mundo y de solucionar problemas, de tomar decisiones.

Normalmente se piensa, tanto a pie de calle como en muchos manuales sobre evolución humana, que el ser humano se caracteriza por sus capacidades para anticipar, planificar, simular situaciones, viajar mentalmente, encontrar causas y efectos e interpretar la realidad más allá de lo perceptible. En definitiva, por sus capacidades intelectuales. Como si lo más importante del cerebro humano fuera que se parece a un ordenador, a una máquina perfecta. Nada más lejos de esto; llegaría un momento en que cualquier buen ordenador acabaría superándonos. En realidad, puede que ninguna de estas y otras capacidades sea independiente ni haya surgido al margen de nuestra mente social y emocional. Creemos que mucho más destacable y peculiar del ser humano es, precisamente, que piensa en los demás, y en cómo piensan de él los demás. Y todo ello coloreado continuamente, y de manera muy importante, por las emociones. Esto es, en definitiva, lo que hace precisamente que seamos vulnerables, falibles. No somos máquinas, somos seres humanos. Sentimos.

De hecho, cuando observamos las áreas y los circuitos de nuestro cerebro que son importantes para el comportamiento social, constatamos que también coinciden en gran medida con nuestro cerebro emocional. Algunos de ellos, aunque muy pocos, difieren notablemente de los de otros primates, y muchos desempeñan también un destacado papel en otros tipos de funciones con rasgos muy llamativos en el ser humano.

Una de las características más destacables de la forma de nuestro cerebro en comparación no solo con el de otros primates, sino incluso con el de otras especies del linaje humano, es su aspecto «globular», resultado de un ensanchamiento notable en las zonas temporales y parietales.

Según algunos autores, esto podría relacionarse con una reorganización de los núcleos de la amígdala, que se encuentra en el interior del lóbulo temporal y tiene importantes funciones tanto emocionales como sociales. Junto a la amígdala, las zonas anteriores del lóbulo temporal parecen ser cruciales para la *semántica social*, es decir, los conceptos y normas sociales, además de tener gran importancia para la comprensión final de todo mensaje lingüístico. Curiosa coincidencia.

Inteligencia emocional, social y racional

Ya empezamos a conocer, por tanto, algunos de los principios fundamentales que mueven las ideas dentro de la cabeza de un ser humano: lo social y lo emocional. Se da la circunstancia, además, de que ambas cosas son prácticamente inseparables para nuestro cerebro. A esto hay que añadir que lo racional, lo más puramente intelectual, también está conectado de forma ostensible con ambas facetas de nuestro comportamiento.

Como sabemos, existen mil veces más células Von Economo o en huso en nuestro cíngulo anterior —que es parte del sistema emocional— que en el de cualquiera de los primates más sociales. Estas células solo se han observado en especies con una vida social con un alto grado de complejidad, incluidos algunos cetáceos (delfines y ballenas, en concreto). Las células Von Economo parecen estar fuertemente conectadas con el área 10 del mapa citoarquitectónico de Brodmann —la que situábamos justo detrás de la frente—, que ya ha surgido varias veces en estas páginas por su vinculación, entre otras cosas, con algunos de los circuitos cerebrales más importantes para nuestra inteligencia.

Las células Von Economo también están fuertemente

conectadas con la corteza orbitofrontal —situada encima de las cuencas de los ojos—, que asimismo forma parte de nuestro sistema emocional; su papel es fundamental para valorar las cosas como buenas o malas (y por tanto está muy influida por la cultura). En sus conexiones con la corteza orbitofrontal, las células Von Economo del cíngulo anterior formarían una red que integra información del estado del cuerpo y de la propia mente para facilitar la selección rápida de comportamientos automáticos apropiados durante las relaciones sociales. La corteza orbitofrontal es muy veloz en la realización de juicios rápidos, y posee muchos receptores para algunos transmisores químicos como la serotonina, la dopamina o la hormona vasopresina, que son fundamentales en las relaciones interpersonales, el amor, el placer o los estados de ánimo. La corteza orbitofrontal también forma parte del circuito del que depende una de las funciones mentales más importantes del cerebro humano y de la que ya hemos hablado: el *ejecutivo central*. En el circuito de este componente de la memoria operativa también se encuentran otras zonas del cerebro de gran importancia para nuestro comportamiento social, en concreto para entender las posiciones que ocupan los miembros del grupo y la nuestra con respecto a los demás, o para tomar decisiones en el ámbito social. Muchas de esas zonas, como la corteza prefrontal dorsolateral, los ganglios basales —en las profundidades del lóbulo frontal— o el cerebelo, también son importantes para el lenguaje humano.

Esa misma corteza prefrontal dorsolateral que acabamos de mencionar contiene además una parte importante del sistema de *neuronas espejo*, un sistema implicado en la interpretación de las acciones e intenciones de los demás. Esto es así porque son precisamente las mismas células nerviosas que utilizamos para nuestras propias acciones. Se le considera involucrado en el posible origen gestual del lenguaje que proponen algunos autores, y parece incluir parte del área de Broca. Se suele considerar que la corteza prefrontal dorsolateral es una de las partes más importantes del cerebro para nuestro pensamiento racional.

Como vemos, realmente resulta muy difícil separar en el cerebro humano qué es emocional, qué es social y qué es racional. Su grado de imbricación es muy elevado. Pero, aunque el solapamiento es muy grande, quizá no sea del todo completo, al menos entre lo emocional y lo racional.

De hecho, en el cerebro humano coexisten dos sistemas dedicados a tomar todas nuestras decisiones, especialmente —pero no únicamente— las de carácter social. Uno de ellos sería más «caliente», rápido y emocional, y utiliza en esencia la memoria basada en la amígdala y otras áreas más típicamente emocionales como la corteza orbitofrontal. Es también conocido como el sistema del «¡adelante!». El otro sistema es más «frío», lento, basado en las representaciones y los pensamientos complejos y centrados en el espacio y el tiempo. Este sistema estaría basado sobre todo en la corteza dorsolateral prefrontal y utiliza la memoria basada en el hipocampo, una estructura situada dentro del lóbulo temporal que pertenece al sistema límbico (el sistema de las emociones), pero de las más «frías» dentro de este.

La toma de decisiones de un cerebro social y emocional

El sistema caliente es el más antiguo y lo compartimos con los demás mamíferos. El sistema frío es mucho más reciente y solo existiría en los primates más cercanos a nuestra especie o quizá, como proponen algunos autores, solo en la nuestra. A lo largo del desarrollo individual, el sistema frío madura mucho más despacio, pero cada vez tiene más control sobre el comportamiento del individuo. Además, el sistema frío nos puede proteger de los impulsos provenientes del sistema caliente, ampliando y flexibilizando el repertorio de respuestas. El sistema frío es especialmente útil cuando nos enfrentamos a nuevos problemas que difieren significativamente de otros que ya hayan sido solucionados en el pasado. Muchos autores sugieren que habría surgido en primer lugar por la presión selectiva de solucionar y enfrentarse a los problemas derivados de los complejos sistemas sociales humanos, la competencia social. Pero una vez desarrollado pudo aplicarse a todo tipo de problemas complejos, sociales o no.

Los dos sistemas, el caliente y el frío, interactúan continuamente y nunca funcionan por separado. Esto es crítico a la hora de entender cómo tomamos nuestras decisiones, incluidas, precisamente, las más importantes y vitales. Sigmund Freud decía que, cuando tenía que tomar una decisión de poca importancia, le resultaba útil considerar los pros y los contras —usar el sistema frío—, pero que en temas vitales la decisión debía surgir del inconsciente, «de nuestro interior» —del sistema caliente—. Sin embargo, hay evidencias de que elegir un sistema u otro en función del tipo de decisiones que haya que tomar en realidad no es posible. Hasta en las más simples influye el sistema caliente; las emociones están presentes en absolutamente todas las decisiones. Para algunos autores, quizá algo extremistas, incluso sería una falacia distinguir entre áreas racionales y emocionales dentro de nuestro cerebro.

Nos encontramos, en cualquier caso, entre dos mundos: un sistema reflejo (el caliente) y uno deliberativo (el frío). Este último es mucho más reciente y, por tanto, todavía más imperfecto que el otro, que tiene una historia evolutiva de cientos de millones de años. Por eso el sistema caliente es en definitiva el que siempre predomina. Arrastramos una larga historia evolutiva con un guion según el cual somos criaturas forzadas a actuar, no a pensar. Es más, nuestro sistema cerebral para el placer tampoco ha sido afinado aún; sentimos muchas emociones por cosas útiles desde el punto de vista evolutivo, cosas primarias y básicas, pero también por muchas simplezas, como el chismorreo. El negocio de la publicidad lo sabe muy bien; sabe que tienen más éxito las marcas conocidas porque se les da un valor superior solo por el hecho de ser conocidas. La publicidad casi nunca es informativa; va dirigida principalmente al sistema caliente. Para Gary Marcus, esta forma de ser de nuestro cerebro explica que sea tan reciente la adquisición de la agricultura, pues estaríamos hechos para el «más vale pájaro en mano»; para consumir inmediatamente. Esperar tanto tiempo como el que necesita una cosecha para crecer y estar madura va un poco en contra de nuestro sistema caliente. No solo las personas con déficit de atención —en particular, los niños— tienen problemas para centrar la atención; todo ser humano tiene dificultades para mantener la atención, se deja cosas para más tarde o deja para mañana lo que no le apetece hacer hoy. El sistema caliente para tomar decisiones sigue siendo aún el soberano de nuestro cerebro. Incluso para las decisiones que necesitan su tiempo.

Es frecuente que creamos que solucionamos los problemas conscientemente. Una gran cantidad de evidencias indican, sin embargo, que esto está lejos de ser así. Nuestro cerebro está continuamente tomando muchas decisiones a la vez, pero en el mejor de los casos solo somos conscientes de estar tomando una. El cerebro resuelve problemas por sí solo, todo el tiempo, seamos o no conscientes de ello, y muchas decisiones surgen aparentemente solas, de forma espontánea, pasadas unas horas y cuando estábamos haciendo otra cosa. Si además se duerme en esas horas que transcurren entre el planteamiento del problema y su solución, esta surge con más facilidad. Gran parte de las decisiones que toma el ser humano son por lo tanto instintivas, utilizando el sistema caliente o reflejo, aplicando reglas heurísticas —generales y poco definidas—. Aparecen de repente en la consciencia y con un «sentimiento visceral», una corazonada acerca de si la decisión es buena o mala. De las razones que han llevado a ella, sin embargo, no somos del todo conscientes, puede que en absoluto; pero tienen la suficiente fuerza como para que obremos en consecuencia. Y aunque no sepamos por qué hemos tomado una determinada decisión, para eso está el intérprete del hemisferio cerebral izquierdo, que se inventaría unas razones que muchas veces se alejan de la realidad pero que al menos sirven para justificar nuestras acciones ante nosotros mismos y ante los demás.

Aun así, curiosamente, estas reglas heurísticas de nuestro sistema caliente aciertan la mayoría de las veces, mucho más que las fórmulas más lógicas, conscientes y regladas que pueda aplicar el sistema frío; aunque parezca paradójico. La mente consciente suele concentrarse en los elementos más obvios y llamativos de una situación en vez de examinarla en su conjunto, y al hacerlo puede perder una visión global mucho más ventajosa. A la mente inconsciente se le dan mucho mejor las decisiones complejas. No olvidemos que el nuestro es un gran cerebro, de ahí que tenga el tejido neuronal suficiente como para que sus soluciones a los problemas suelan ser más acertadas cuando aplica heurísticos. El control consciente de la toma de decisiones en realidad las entorpece.

La aplicación de reglas generales para solucionar problemas (que es la forma propia de operar del sistema caliente) tiene una de sus principales razones de ser en que, por muy grande que sea nuestro cerebro, la memoria siempre es limitada. Es más, debe serlo, ya que si no el cerebro se desbordaría con los distintos detalles, la inmensa mayoría inútiles, y no habría abstracciones. La capacidad de abstraer, de obtener esencias, es necesaria, y podría ser también uno de los requisitos más importantes para que nuestro cerebro genere arte.

Esta forma de trabajar del cerebro humano se debe en gran parte a que evolucionó en un mundo predominantemente social, donde hay que tomar decisiones rápidas y donde «quien pega primero pega dos veces». Un mundo en el que quien gana es generalmente el que primero detecta las oportunidades. Y, en muchas ocasiones, también quien consigue engañar a los demás. Pero para poder engañar a los otros hay que conocerlos, conocer sus costumbres, sus gustos, sus necesidades, sus limitaciones; anticiparse a su comportamiento, predecir sus reacciones. Para poder hacer todo esto hay que poder entender la mente de los otros, lo que tienen en ella; cómo ven las cosas, cómo las verán, cómo las han visto.

Meterse en la mente del otro

Esta *teoría de la mente* (7e), según la cual cada uno tendría una *teoría* —una suposición o hipótesis— acerca de lo que hay en la *mente* de los otros, es para muchos autores el gran abismo que nos separa de las demás especies. Los macacos pueden alcanzar un cierto nivel y los chimpancés algo más, pero, en cualquier caso, muy bajo en comparación con nuestras posibilidades. Los chimpancés, por ejemplo, pueden deducir la perspectiva visual de los otros; también pueden engañar intencionadamente cuando hay competencia, en especial si es comida lo que está en juego. Pero los chimpancés no pueden manipular deliberadamente los contenidos y estados mentales de los otros; pueden engañar ocultando información, pero es muy raro que lo hagan añadiendo información falsa. Tampoco pueden entender que los otros puedan tener un modelo mental acerca de ellos mismos. Ni mucho menos que los demás puedan tener un modelo mental del modelo mental de otros. Nuestra especie sí. Solo nuestra especie tiene *intensionalidad* (con *s*): no solo sé que yo tengo una creencia sobre tu estado mental, sino que también sé que tú tienes otra sobre el mío. Estos son estados mentales normales, digamos que rutinarios, en el ser humano. Como decíamos, no es el caso de los chimpancés, cuyas limitaciones se parecen mucho —van más bien en paralelo— a las de la recursividad que manifiestan para el lenguaje. También es significativo que la teoría de la mente dependa en gran medida del *sistema humano por defecto* del cerebro, del que ya hemos hablado, y que sirve para revivir o, más bien, introducirse mentalmente en situaciones presentes, pasadas o futuras. Los chimpancés y algunos otros primates cuentan con un sistema parecido, pero mucho más limitado en cuanto a la cantidad de neuronas implicadas, especialmente en las regiones más frontales del cerebro.

La teoría de la mente muestra su máxima expresión en el ser humano gracias a que también poseemos un conjunto complementario de competencias mentales que incluyen el análisis de la cara y el cuerpo de los otros, de su lenguaje o del grado de familiaridad que tenemos con ellos. Una de las bases de nuestra teoría de la mente, al menos en parte compartida con otros primates pero llevada al extremo en nuestra especie, es la simulación interior de las acciones y emociones de los otros. Es algo que hacemos automática e inconscientemente. Una cara de miedo en otra persona genera en nosotros una reacción intensa de nuestra amígdala. Lo más llamativo es que esto ocurre incluso aunque no seamos conscientes, no ya de nuestra propia reacción emocional, sino ni siquiera de haber visto la cara de miedo. De hecho, nuestro cerebro está continuamente imitando de forma inconsciente a los demás; imita sus emociones, sus expresiones, sus acciones. La mayoría del tiempo estas imitaciones se quedan dentro del cerebro, pero muchas veces el fenómeno llega a exteriorizarse. Es muy común que repitamos estructuras sintácticas empleadas por nuestros interlocutores al construir nuestras propias oraciones, o que empleemos sus mismas palabras y expresiones. O que hagamos de forma visible sus mismos gestos, posturas corporales y expresiones faciales. Es como si todo el cerebro estuviera lleno de neuronas espejo —algunos autores así lo defenderían—. Todo esto hace que el otro se sienta más a gusto interactuando con nosotros, pero también nos facilita la comprensión de lo que pasa por su mente; sus percepciones, sus sentimientos, su punto de vista y sus intenciones.

Para poder introducirse en la mente de los otros, lo primero que hay que tener es *autoconsciencia*, es decir, consciencia de uno mismo, de la identidad, de la individualidad. Pero esto se puede complicar, como ya hemos dicho; desde un «yo» como ser social (o «yo» simplemente como otro individuo, distinto de los otros) hasta una *metaautoconsciencia* (se es consciente de que se es consciente de uno mismo). La cuestión es que, según algunos autores, la consciencia es precisamente la culpable de que tengamos teoría de la mente; pero para otros sería la teoría de la mente, especialmente la del nivel al que puede llegar el ser humano, la culpable de que tengamos consciencia. Recordemos que la consciencia va con retraso con respecto tanto a la percepción como a la propia toma de decisiones, y también hemos visto que en este último caso entorpece el proceso más que facilitarlo.

Mentes maquiavélicas

¿Cuál es entonces la utilidad de la consciencia? Según afirma el neurólogo Chris Frith en su libro *Descubriendo el poder de la mente* (2007), la respuesta es muy evidente: tenemos consciencia y nos creemos agentes con voluntad e intenciones, sin que nada de esto sea cierto; pero sirve para creernos que se puede ser culpable de algo, tanto si es bueno como si es malo. Este fenómeno de «culpabilidad ficticia» facilitaría y potenciaría las relaciones sociales y la convivencia dentro del grupo, pues nos ayudaría a controlar nuestro comportamiento social, algo que es primordial en nuestra especie. La consciencia, pues, solo sería una ilusión creada por nuestro cerebro. Como lo sería la división entre lo mental y lo físico. Para Frith, esta división también es falsa. De hecho, tampoco tenemos acceso al mundo real, pero tenemos la ilusión de que sí. A lo único que tenemos acceso es a nuestro modelo cerebral del mundo, de los otros y de nosotros mismos, que no serían más que construcciones cerebrales basadas en lo que le llega a nuestro cerebro desde los sentidos y su integración con nuestros conocimientos y experiencias pasadas.

Además, si bien es cierto que el ser humano destaca por su capacidad para la cooperación, para comprender la mente de los demás y para hacer que los demás entiendan la suya, también es cierto que las relaciones humanas están lejos de ser idílicas. Difícilmente los grupos humanos son un paraíso en el que todos colaboramos y nos ayudamos. Muchas de las habilidades y mecanismos para entender la mente de los demás se emplean, *de facto*, para manipular sus mentes en beneficio propio. Y para que no manipulen la nuestra, para detectar el engaño. La búsqueda del beneficio propio y del engaño son dos fenómenos harto frecuentes en todos los grupos humanos.

En el reino animal, solo mienten los simios y los humanos. Pero, mientras que en los primeros la mentira parece algo ocasional o muy raro, en nuestra especie más bien abunda. Incluso nos mentimos a nosotros mismos, algo que ningún otro ser vivo del planeta es capaz de hacer, y muchas veces sin que seamos conscientes de ello. Aprendemos a mentir desde niños, inducidos y guiados por los adultos. Ponemos a un niño al teléfono y le decimos: «Dile a la abuelita que la quieres mucho». Forma parte de la conducta social cotidiana del ser humano. El lenguaje humano, por sus características, es muy propicio para mentir, pues habla de situaciones, de objetos, de personas o de lugares que no están a la vista. En palabras de Gary Marcus, los abogados inteligentes saben que no existe el contrato perfecto: se redacte como se redacte, nunca se conocen absolutamente todas las normas y leyes que pueden ser aplicables, y muchas de estas son más bien ambiguas, contradictorias, con un alto grado de incertidumbre; siempre hay lugar para el engaño. Todos sabemos que en un juicio un buen abogado, con las mismas leyes, no obtiene los mismos resultados que uno malo.

El engaño y los mecanismos para detectarlo son complejos en la especie más mentirosa del planeta. Cuando mentimos, muchas veces se nos «escapan» de manera inconsciente e involuntaria expresiones faciales y corporales. Duran apenas unos milisegundos, pero manifiestan la verdadera emoción que siente quien miente, pero que intenta reprimir. Le delatan. Curiosamente, de esas *microexpresiones* que se escapan no son conscientes ni el emisor ni el receptor, pero sus cerebros sí las detectan. Esto vuelve al mentiroso más inseguro y al engañado, más suspicaz, aunque ni uno ni otro sepan decir por qué. Somos capaces de detectar en los otros movimientos oculares de apenas dos milímetros a un metro de distancia, lo que nos permite detectar sutilmente las pequeñas desviaciones de la mirada que realiza un mentiroso sin saberlo. No obstante, en este comportamiento tan complejo hay una gran variabilidad. Hay quien controla mejor o peor los mensajes corporales que delatan su mentira —o su suspicacia—. Normalmente se controla el engaño de manera deliberada, y se puede comprobar como la activación cerebral en estos casos es superior en ciertas regiones prefrontales del cerebro, reflejando el enorme esfuerzo que se está realizando para no delatarse. También parece que hemos desarrollado la posibilidad de impedir que afloren en nuestra mente nuestros propios puntos de vista durante una conversación, principalmente con el fin de no expresar emociones que pudieran delatarnos.

En numerosas ocasiones, con mucha más frecuencia de lo que solemos creer, el autoengaño es real, es decir, que nos llegamos a creer realmente nuestras propias mentiras. Esto hace que el engaño sea aún más difícil de detectar; entre otras cosas, porque resultamos más convincentes al no exhibir esas «microexpresiones» que nos delatan. Este comportamiento tan exquisito beneficia al individuo, pues no solo le hace más creíble ante los demás, sino que se autoprotege, mejora su autoestima e incluso su humor y, con ello, su salud mental y su rendimiento. Probablemente, el intérprete del hemisferio cerebral izquierdo tenga la culpa una vez más de este curioso comportamiento. Un comportamiento que, aunque quizá sea algo retorcido, es muy útil para salvaguardar íntegra una mente muy vulnerable y sensible, especialmente al contenido de las mentes de los demás.

11

INTIMIDAD

> Determinar en qué período de su desarrollo adquirieron los progenitores del hombre la facultad de sentir la influencia de las alabanzas o vituperios que sus compañeros les daban, y de guiarse por los impulsos que de ellas recibían, es punto menos que imposible. Mas sea de esto lo que quiera, lo que importa es consignar la existencia de tales sentimientos.
>
> [...]
>
> El sentido moral es secuela, en primer término, de la naturaleza persistente y constante de los instintos sociales; segundo, del aprecio en que tiene el hombre la aprobación y desaprobación de sus compañeros, y tercero, de la extraordinaria actividad de sus facultades mentales y de la extrema viveza con que se reproducen los hechos pasados: por estas últimas cualidades difiere de los animales inferiores.
>
> Charles Darwin, *El origen del hombre* (1871)

En las profundidades del alma

En este capítulo nos vamos a adentrar todavía más en las profundidades de la mente humana, en lo más íntimo de nuestro ser. Ya no podremos ir más lejos; el zoom que hemos utilizado para explorar nuestra mente y nuestro cerebro terminará aquí su cometido. Entonces constataremos que, incluso a este nivel, el protagonismo de la competencia social resulta tan marcado como cuando hablábamos de los grupos sociales más extensos. Y así es como lo más íntimo y lo más externo del ser humano resultarán ser un continuo, los dos extremos de un círculo que se tocan y que aquí cerramos.

En el capítulo anterior habíamos llegado a la conclusión de que la mente del ser humano actual se explica en gran medida por la confluencia de dos factores: el emocional, por ser la mente de un mamífero, y el social, por ser la de un primate. En este capítulo hablaremos más extensamente de las emociones y de cómo estas determinan el sentido de la vida de los mamíferos, incluido el ser humano, en cuyo caso, además, la cosa se complica por su gran cerebro y su extremo carácter social.

Hablaremos, por tanto, de las emociones más específicamente humanas (7h), como la culpa o el orgullo, que marcan el camino de la mayor parte de las relaciones sociales y, como consecuencia de ello, del comportamiento individual del ser humano. También trataremos con amplitud el lugar por el que más se nos «escapan» las emociones al mundo exterior, ese «espejo del alma» que es nuestra cara. Ya hemos hablado de las microexpresiones, pero aquí hablaremos un poco más sobre la cara humana. La cara no solo nos identifica individualmente, sino que también es una fuente importante de información sobre nuestros sentimientos más profundos (7o). Este es uno de los rasgos más distintivos de nuestra especie, la más social del planeta; tan dada al juego social que ha generado productos tan propios como el arte o la religión. De esto también hablaremos.

El cerebro emocional

Las emociones son el principio regulador principal de la conducta de todos los mamíferos. Sin ellas no habría impulsos hacia algunas cosas ni alejamiento de otras. Estos movimientos de aproximación y huida —de hacer o no hacer, en definitiva— son vitales para entender su vida. En el caso del ser humano, además de las emociones que podamos encontrar en cualquier otro mamífero, como el hambre o la sed (que para algunos autores son emociones), el dolor o el placer (que para muchos son los sentimientos básicos de todas las emociones), o de las que podamos encontrar en especies algo más cercanas a nosotros, como el júbilo o la tristeza, nos encontraremos con algunas emociones que dan la impresión de ser exclusivas del ser humano. Y si no lo son, al menos sí parecen presentar aspectos únicos, quizá extremos, en nuestra especie. Son emociones complejas, probablemente originadas por la combinación o transformación de otras más básicas. Aunque pueda parecer sorprendente, nos definen como especie, posiblemente más y mejor que la inteligencia.

La culpa, la vergüenza, el orgullo, la compasión, el odio, la envidia, el amor, la admiración, la humillación, los remordimientos, el miedo al rechazo, el deseo de venganza o la pasión son algunos de los ejemplos más notables de las emociones de las que estamos hablando. Son el producto de una mente que está al servicio de los demás. Solo podremos entender de verdad cómo es nuestra mente, qué mecanismos y principios mueven de verdad nuestros pensamientos, si tenemos en cuenta que, aun siendo una mente individual, sus principales gozos y sufrimientos dependen de las mentes de los demás. Para algunos autores, como Paul Ekman, aunque pueda haber excepciones y algunas emociones sean impersonales —como, por ejemplo, la que sentimos ante una puesta de sol—, la totalidad de las emociones del ser humano tienen que ver con cómo nos relacionamos con los demás.

A la mayoría de las *emociones sociales* humanas (7h) se las considera emociones morales. Es decir, que se desencadenan específicamente por acontecimientos que atañen a las normas y prohibiciones que rigen las relaciones entre los miembros de un grupo. Algunas se desencadenan cuando se cumplen esas reglas, pero son muchas las que lo hacen cuando se transgreden. Los miembros de un grupo se autocastigan con una emoción negativa cuando no cumplen con las normas de convivencia, con las reglas del juego social. Este mecanismo ha sido de enorme utilidad, ya que favorece la cohesión del grupo. Muchas religiones han utilizado este fenómeno para potenciarlo.

Algunas de estas emociones las podemos encontrar, en mayor o menor medida, en otras especies sociales, especialmente en primates. La compasión, por ejemplo, parece manifestarse en los macacos, pero también en las cobayas. En los reptiles, sin embargo, no; no son sociales. Para Darwin, la compasión es una estrategia de supervivencia eficaz. Pero nuestras emociones son mucho más complejas. Con una mente tan recursiva como la nuestra, particularmente en su pensamiento social, las complejidades de las relaciones pueden ser tremendas —y, ciertamente, muy retorcidas—. Por consiguiente, también lo serán las emociones ligadas a ellas.

Sabemos que buena parte de nuestro cerebro emocional se solapa con nuestro cerebro social, coincidiendo sobre todo en las regiones que usamos para solucionar todo tipo de problemas. Curiosamente, no existe ninguna zona de nuestro cerebro relacionada con estas emociones sociales que no esté también en otros mamíferos. Su tamaño es más grande en el ser humano, pero simplemente por estar contenidas en un cerebro más grande. Parece que las regiones cerebrales relacionadas con las emociones sociales humanas no han sufrido un aumento fuera de lo normal. Algunos autores, no obstante, sugieren que nuestra amígdala podría ser algo mayor de lo esperable. Otra excepción sería el cíngulo anterior, ese gran detector de conflictos de todo tipo —especialmente sociales— que contiene más células Von Economo en el ser humano que en ninguna otra especie.

Las emociones sociales, por tanto, activan en nuestro cerebro sistemas y circuitos muy parecidos a los de otras especies, incluidos la gran mayoría de los mamíferos. Muchos de ellos, además, también participan en otras emociones algo menos sociales. Entre otros, podríamos mencionar algunas zonas relacionadas con el *deseo*, como la corteza orbitofrontal —involucrada en la valoración de lo que es «bueno» y lo que es «malo»—, el núcleo accumbens —implicado principalmente en la sensación de placer—, el núcleo pálido, la ínsula —escondida entre los lóbulos frontal, parietal y temporal— y, especialmente, la amígdala. Las dos últimas estructuras, la ínsula y la amígdala, también participan en el sistema cerebral de castigos. Y es que las emociones se clasifican, básicamente, en positivas o negativas. Hacen que nos sintamos bien o mal. De esta forma regulan todo nuestro comportamiento: siempre queremos evitar lo que nos hace sentir mal y obtener lo que nos hace sentir bien. Así de simple.

Emociones simples, emociones complejas

Pero en el ser humano la cosa se complica un poco. En nuestra especie, hasta las emociones menos sociales y más básicas, como el hambre o la sed, están teñidas de lo social. Es bien conocida la enorme influencia de lo cultural en nuestros gustos y preferencias alimenticios. Sirva de ejemplo la aversión que sienten los musulmanes por la carne de cerdo, que sin embargo es todo un manjar para otras culturas.

Al igual que en otras especies, cada una de las distintas emociones implica una serie de áreas cerebrales, muchas de las cuales serán más o menos compartidas con otras; pero también habrá otras áreas específicas —de la corteza y de debajo de ella— que le darían precisamente ese carácter peculiar y único a cada emoción. La complicación viene en el momento en que las zonas cerebrales implicadas en dos o más emociones se activen conjuntamente, dando lugar a emociones más complejas. Muchas de las emociones humanas parecen ser de este tipo, y su proporción en nuestra especie sería mayor que en ninguna otra. Por esta razón todavía sigue habiendo un grandísimo desacuerdo en el seno de la comunidad científica acerca de cuál es la lista definitiva de las emociones —es decir, cuántas y cuáles son—, especialmente en el ser humano. Hay propuestas que hablan de seis y otras de nada menos que cuarenta y ocho. Solo hay cierto acuerdo en que algunas son básicas y otras, derivadas de la activación simultánea de dos o más de aquellas. Una de las clasificaciones más conocidas, que debemos a Robert Plutchik, habla de ocho emociones básicas, agrupadas por pares opuestos: alegría-tristeza, confianza-disgusto, miedo-ira y sorpresa-anticipación. Combinándolas, tendríamos otras ocho emociones complejas y más «humanas». Por ejemplo, el remordimiento sería una mezcla de tristeza y disgusto; el optimismo, de anticipación y alegría, y el amor, de alegría y confianza. Pero, como decimos, la clasificación de Plutchik es solo un ejemplo, ya que realmente no hay unanimidad ni en el número ni en la denominación de las básicas, y el desacuerdo es todavía mayor cuando se trata de las complejas.

Las emociones tienen la virtud de activar el *hipotálamo*, una parte del cerebro situada aproximadamente detrás de la cavidad nasal y que gobierna todo el complejo y dinámico sistema de hormonas que regulan el funcionamiento de los órganos vitales. A causa de esto, muchas emociones pueden tener consecuencias muy negativas sobre nuestro organismo. Con las emociones sociales, esto ocurre con mucha frecuencia. El *estrés* es fundamentalmente de origen social, y de hecho se encuentra muy presente en otras especies de primates sociales como los macacos o los babuinos, que tienen una organización social muy rica y compleja. No es de extrañar, por tanto, que el ser humano muestre estrés con tanta intensidad y frecuencia. La respuesta hormonal al estrés, que supone un aumento considerable de los niveles sanguíneos de adrenalina y, sobre todo, de cortisol, surgió evolutivamente como un mecanismo para reaccionar con rapidez ante un peligro físico y real, como un depredador. El aumento del pulso y la respiración —para aportar más oxígeno a los músculos— o la supresión temporal del sistema inmunitario —para no emplear energía en cosas menos urgentes— constituyen los principales efectos de estas hormonas. Muchos mamíferos muestran esta respuesta durante los breves períodos en que realmente es necesaria. Ante un león, la respuesta más inteligente de una cebra es salir corriendo. Pero en las especies sociales, y en particular en el ser humano, es curioso observar como esta respuesta se mantiene en el tiempo, a veces de forma indefinida, y que no es precisamente un depredador quien la ha provocado, sino normalmente otro miembro de la misma especie, un compañero del grupo. Las relaciones sociales suponen con frecuencia una lucha constante por mantener o mejorar la posición dentro de la estructura jerárquica del grupo. La consecuencia de mantener una respuesta al estrés durante mucho tiempo es que, a la larga, aumentan la presión arterial y las enfermedades coronarias, el sistema inmunitario no funciona bien y se contraen fácilmente diversas enfermedades e infecciones, o se produce una úlcera gástrica. En ocasiones, el estrés acaba matando.

El color del cristal con que se mira

Las emociones en general, sean sociales o no, también tienen la virtud de alterar nuestra forma de ver el mundo y, sobre todo, nuestra percepción de las acciones de los demás. Cualquier juicio sobre el comportamiento de una persona será evaluado de forma que sea coherente con lo que sentimos por ella. Para esto tenemos al tantas veces mencionado y generalmente poco objetivo «intérprete» propuesto por Gazzaniga. Cuando sentimos animadversión hacia una determinada persona, cualquier cosa que diga o haga será utilizada en su contra, y servirá de ejemplo para confirmar y mantener nuestros sentimientos más hostiles hacia ella. Algunas áreas de la corteza cerebral se desactivan con emociones como el odio o el amor, por lo que el análisis de la información no se produce correctamente en estas circunstancias. Es fácil que en estos casos nos volvamos muy poco objetivos. Precisamente una de las funciones de las emociones es dirigir nuestra atención, y por lo tanto nuestra consciencia, hacia estímulos relevantes del entorno; de esta forma, las personas que más nos generan emociones acapararán muchos de nuestros recursos mentales.

Ocurre, sin embargo, que al ser humano no le es indiferente ninguno de los otros seres humanos. En mayor o menor grado, todos, conocidos o desconocidos, no solo las personas por las que sentimos amor u odio, nos generan emociones. Las expresiones de ánimo o desánimo que espectadores anónimos emiten durante una competición deportiva provocan efectos emocionales detectables en los deportistas, que afectan a su rendimiento —esta es precisamente la razón por la que se emiten esas expresiones—. El ser humano busca como estímulo imperativo la aprobación de los demás, su admiración, y tiene miedo al rechazo, a la desaprobación, tanto de los conocidos como de los desconocidos.

Dice el propio Darwin en una de las citas que encabezan este capítulo que el ser humano tiene la facultad de sentir la influencia de las «alabanzas o vituperios» de sus congéneres. Pero también podemos darle la vuelta a este argumento, y es que tampoco nosotros somos indiferentes para los demás; y lo sabemos, mostrando así, una vez más, lo ubicuo de nuestro pensamiento recursivo. Esta importancia mutua que nos concedemos los seres humanos es un factor importante de nuestra idiosincrasia como especie.

La vulnerabilidad de nuestra mente a estímulos sociales puede ser la razón de que seamos tan sensibles a todo tipo de estímulos externos, no necesariamente sociales. Este mecanismo es adaptativo porque potencia las relaciones sociales; facilita la posibilidad de sentir lo que sienten los otros de manera inmediata y, por tanto, de entender sus mentes, de introducirnos en ellas de forma automática. Es una habilidad en la que nuestra especie destaca particularmente y que explicaría fenómenos tan curiosos de nuestro comportamiento como el llamado *contagio grupal*, el contagio inmediato de ideas, puntos de vista e incluso percepciones. Muchas veces se habla de alucinaciones colectivas, que tendrían su base precisamente en esta sensibilidad inmediata de nuestras mentes al contenido de las de los demás, así como en el hecho de que nuestras percepciones son siempre meras reconstrucciones —ilusiones, como diría Chris Frith— basadas solo en parte, y muy pequeña, en lo que realmente nos llega a través de los sentidos. Recordemos que, según sus conexiones, la corteza cerebral parece vivir más «en su mundo» que en el que está fuera.

Pues bien, esta susceptibilidad a los estímulos sociales se habría desarrollado tanto en la especie humana que al final somos sensibles a prácticamente todo, tanto si es social como si no lo es. Sería una vez más una «hipertrofia» de uno de nuestros dispositivos mentales. Nuestra especie parece haber desarrollado mecanismos mentales únicos, pero que no han evolucionado aún lo suficiente como para tener bien definidos sus límites; aún no se ha producido su «ajuste fino». Se ha comprobado en reiteradas ocasiones que muchos estímulos externos, a veces aparentemente absurdos y triviales, afectan a nuestra forma de pensar y de comportarnos. Y lo hacen sin que seamos conscientes de ello. Basta estar unos minutos realizando unos ejercicios en los que abunden las palabras relacionadas con la vejez (como *anciano*, *arruga* y otras por el estilo), y el comportamiento de las personas se vuelve en general más lento, incluido el del movimiento de sus piernas al caminar.

Entre estos mecanismos que nos hacen ser tan susceptibles a toda la realidad exterior, sea social o no, aunque originalmente estuvieran destinados a poder captar de inmediato los estados emocionales de los demás, se encontraría la facilidad con que solemos ir más allá de la información inicialmente disponible y realizar numerosas inferencias. Como ya dijimos en el capítulo dedicado a la mente individual y la explotación de los recursos ecológicos, esta capacidad se habría podido aplicar por «hipertrofia» a los fenómenos naturales del mundo, permitiéndonos descubrir numerosos mecanismos que estarían más allá de las meras apariencias (4f). Pero su origen es social. De hecho, para autores como Gary Marcus o Chris Frith, es algo que el ser humano hace de manera absolutamente imperativa en el ámbito social, es decir, sin posibilidad de evitarlo. No podemos dejar de hacer continuamente inferencias sobre los demás, sobre lo que piensan, sobre sus intenciones o sobre cómo van a reaccionar. Esto es parte de lo que se llama *inteligencia social*, la cual, cuando se pone en práctica con el propósito principal de manipular a los demás, se ha denominado también *inteligencia maquiavélica*.

Para poder alcanzar mejor esa comprensión y realizar

esas inferencias sobre las mentes de los demás, empleamos no solo nuestro cerebro, sino todo nuestro cuerpo. Adoptar la postura corporal de aquellos con quienes hablamos es algo que hacemos con mucha frecuencia, aunque muchas veces solo lo hagamos con la corteza cerebral motora, sin llegar a manifestarlo externamente. Este curioso comportamiento facilita aún más el trabajo de entender el contenido de las mentes de los otros, ya que nos ayuda a tener el mismo estado emocional. Hay bastante evidencia experimental de que la posición de nuestros propios músculos afecta a nuestro estado de ánimo. Se sabe, por ejemplo, que forzar una sonrisa durante al menos treinta segundos —conseguida, por ejemplo, sujetando un lápiz horizontalmente con los dientes— mejora nuestro estado de ánimo. Si imitamos las posturas de los demás, nos será más fácil sentir lo que sienten ellos.

La vulnerabilidad de nuestro cerebro a los estímulos externos es tal, pues, que la postura del cuerpo de los demás y sus expresiones faciales provocan en nosotros sus mismas emociones, incluso hasta el punto de suscitar también reacciones hormonales y de órganos vitales como el corazón, el sistema digestivo o el respiratorio. Cuando los demás nos provocan emociones, no solo nuestra mente se altera, sino también todo nuestro cuerpo. Se puede decir que, siempre que nos relacionamos con otras personas, tanto ellas como nosotros sufrimos alguna influencia biológica mutua. Realmente nos relacionamos con los demás en cuerpo y alma.

La cara como espejo del alma

Los razonamientos anteriores nos han llevado a tener que adentrarnos ahora en un terreno crucial para las relaciones humanas, algo en lo que nuestra especie está indudablemente especializada: la cara y las expresiones faciales. No es la casualidad, sino la selección natural, lo que explica la singularidad de nuestros ojos en cuanto a su curiosa disposición: la esclerótica es muy blanca y rodea un iris relativamente pequeño (14c). Es lo que en el lenguaje de la calle llamamos «el blanco de los ojos». Cualquier otro primate, incluidos los chimpancés, está muy lejos de mostrar esta señal social de manera tan clara. Gracias a esta curiosa disposición podemos saber adónde miran los otros, y por tanto qué parte del mundo, o de nosotros mismos, es relevante para ellos. Existe una conexión directa entre nuestros ojos y una región de la corteza cerebral prefrontal conocida como *campos oculares frontales*. En los primates, esta región sirve en esencia para mover los ojos a voluntad; en el ser humano, además —y en especial—, para ajustarnos emocionalmente con otras personas. Por tanto, es necesaria para la empatía, para la teoría de la mente. Los campos oculares frontales conectan de forma directa la corteza cerebral con la amígdala y el tronco cerebral, donde se controlan muscularmente los movimientos de los ojos. Precisamente la amígdala, el núcleo central de las emociones y sobre todo del sistema «caliente» para tomar decisiones, está continuamente escrutando a los otros, y los ojos son una de sus referencias principales. Cuando dos personas se miran a los ojos, vinculan sus respectivos campos oculares frontales. Y, como es natural, sus emociones. Ya dijimos en su momento que el blanco de los ojos es lenguaje humano.

La posición de los ojos no es la única información relevante de nuestra cara, ni mucho menos. Es una creencia popular muy extendida, lo que da idea de su fuerza, que los rasgos faciales estáticos —no nos referimos, por tanto, a las expresiones emocionales— dicen algo acerca del carácter o la forma de ser de una persona. El hecho de que las facciones, sus proporciones, tamaños y disposiciones hagan que una persona resulte a nuestros ojos más o menos bella estéticamente o, lo que es aún más sorprendente, que pueda parecer más o menos inteligente, o más o menos de fiar, es uno de esos mecanismos evolutivos que posee nuestra mente para poder llegar a conclusiones rápidas acerca de los demás. Es lo primero que hacemos en el mismo instante en que conocemos a una persona.

Verdaderamente, la especie humana se caracteriza por ser la que más variabilidad facial muestra —aunque los chimpancés no parecen irnos muy a la zaga—, lo que sin duda sirve para identificar a las personas. Sin embargo, a pesar de los esfuerzos realizados por multitud de estudiosos que en siglos pasados se dedicaron a estudiar la «fisiognómica», los rasgos faciales no parecen relacionarse de manera sistemática con la personalidad. Decir que una persona tiene «cara de bueno» o «cara de malo» seguramente no proporciona información realmente veraz, a pesar de lo cual la tendencia a juzgar —subjetivamente— a los demás a partir de este tipo de información es realmente muy fuerte. En todos los ámbitos se suele preferir a las personas que presentan determinadas facciones. Parece ser que, en general, las más atractivas se llevan los mejores puestos de trabajo y tienen más probabilidades de triunfar en la vida. Algunos autores sostienen que envían el mensaje de que son portadoras de buenos genes. Si este fuera el caso, este comportamiento tan peculiar de nuestra especie estaría realmente enraizado en la selección sexual.

Pero nuestra cara proporciona otra información mucho más veraz y fiable —aunque no siempre— que sus estáticos rasgos: las *expresiones faciales* (70). Tenemos nada menos que cuarenta músculos faciales. Gracias a ellos ejecutamos un completo y complejo repertorio de expresiones emocionales cuyo objetivo principal parece ser el de llamar la atención (y provocar la acción) de los demás. El blanco de los ojos de los seres humanos y, sobre todo, su disposición con respecto a los párpados también cumplen una importante función a la hora de expresar emociones con la cara. Las expresiones faciales son una forma muy elaborada de comunicación humana.

Podríamos empezar destacando que ninguna especie llora por motivos emocionales salvo la humana. Muchas especies tienen glándulas lacrimales y de hecho lloran, pero por diferentes razones. Quizá la única excepción destacable sea el chimpancé, que curiosamente también posee un número similar de músculos faciales y al que, en ocasiones (según testimonio de Jane Goodall), se le ha visto llorar. Los chimpancés y los humanos parecen ser, por tanto, muy similares en cuanto a expresión facial. Pero no idénticos. Entre las diferencias más destacables parece estar la de ruborizarse. Para Darwin, que dedicó todo un libro a las expresiones emocionales, *La expresión de las emociones en el hombre y en los animales* (1873), el rubor es una característica exclusivamente nuestra, visible en todos los seres humanos —incluidas las personas de piel muy oscura— y con un propósito claramente social.

A todas las emociones, dada la importancia de comunicarlas, les corresponde una expresión facial definida. Salvo excepciones. Según algunos autores, las excepciones serían la culpa, la vergüenza y la turbación, que no siempre emiten una señal clara, rápida y reconocible, dado que suele ser preferible que los otros no sepan que estamos experimentando realmente esos sentimientos.

Aunque muchos autores considerarían que la presencia de tan gran número de músculos y de expresiones faciales tuvo su origen fundamental en el hecho comunicativo —en el hecho social—, Darwin no pensaba así. Para él, la mayoría de las expresiones faciales, al menos en origen, no eran sino meras respuestas fisiológicas y naturales, consecuencia de otros procesos más mecánicos. Este sería de hecho el primero de los tres principios que, según Darwin, regirían en las expresiones emocionales, tanto en el hombre como en los animales, el *principio de utilidad*. Según este principio, algunas expresiones se originaron a partir de movimientos útiles. Por ejemplo, al mentir con poco convencimiento entornamos los ojos para «resguardarnos» socialmente, es decir, para no ver las reacciones de los demás. Un ejemplo más puramente fisiológico sería que abrimos la boca al sentir ira para proteger los ojos y los oídos de un posible exceso de flujo sanguíneo. El segundo principio es el de *antítesis*, por el cual algunas expresiones se seleccionaron para parecer justo lo contrario de lo que expresa una emoción que surgió por el principio de utilidad. Por ejemplo, si abrir la boca con la ira es algo natural, con la calma se cierra. El último es el de la *acción directa del sistema nervioso*, que plantea que estas reacciones son naturales e inevitables, porque algunos músculos faciales no se pueden mover voluntariamente. He aquí la clave, de hecho, para poder pillar a un mentiroso. Una sonrisa falsa es fácilmente reconocible, aunque no sepamos por qué. Un análisis pormenorizado muestra que algunos músculos que rodean a nuestros ojos no pueden ser activados voluntariamente, de ahí que no podamos verlos en acción en una sonrisa que no es auténtica, realizada solo con los labios. Este principio de acción directa pone de relieve el carácter automático de muchos de nuestros gestos faciales, y obliga precisamente a hacer grandes esfuerzos para poder controlarlos en situaciones difíciles.

Monos con personalidad

También la cara aporta otra de las informaciones más valiosas para el ser humano: su *identidad*. La gran variabilidad de las caras humanas —no hay dos iguales—, apenas secundada por las de los chimpancés y algunos otros primates, hace que nos podamos identificar por ella más que por ninguna otra parte o estímulo (oloroso, o de cualquier otro tipo) del cuerpo. Identificamos a las personas, incluidos nosotros mismos, principalmente por sus peculiares y singulares caras. *Persona* es el término que usaban los romanos para denominar a las máscaras del teatro, y los documentos de identidad contienen solo una fotografía del rostro. Los chimpancés y los monos rhesus también reconocen a sus congéneres por sus caras individuales. La capacidad para identificar a los demás reconociendo el rostro tiene además una fuerte base genética, y se sabe que es independiente del nivel intelectual. En nuestro cerebro, al igual que en el de otros primates, hay una pequeña zona en la base del lóbulo temporal que se encarga específicamente de identificar las caras conocidas.

El hecho de que no seamos indiferentes para los demás, y de que lo sepamos, explicaría la importancia que solemos dar a nuestra apariencia facial. De ahí que en muchas culturas se utilicen diversos tipos de pigmentos para alterar su aspecto, o que en algunos casos los hombres se dejen crecer el bigote, la barba o ambas cosas. Tampoco debemos ignorar la importancia que en numerosas culturas se otorga al peinado o a otros elementos añadidos más recientemente, como las gafas. Todos estos elementos adicionales u opcionales definirían en gran parte a la persona que los porta y formarían parte de ella. Esos adornos estarían a medio camino de lo que algunos autores denominan *consciencia tectonoética* humana. Es decir, que nuestro «yo» iría más allá de la piel e incluiría las joyas, los ornamentos, la ropa, nuestros objetos personales y un largo etcétera.

Este tipo de conducta es muy antigua. Para algunos autores, sería una manifestación evidente de que estamos ante una conducta (o mente) *simbólica*, al margen del lenguaje. Este comportamiento se podría deducir del registro arqueológico cuando nos encontremos ante estilos regionales para la realización de artefactos y utensilios, ornamentos personales (como las cuentas de collar), el uso de pigmentos, objetos incisos y con muescas (como huesos, cáscaras de huevo, minerales de ocre, piedras, etc.), enterramientos con objetos votivos, o imágenes y representaciones (el arte). Ya hemos dicho que se han encontrado cáscaras de huevo de avestruz con marcas lineales, que tienen unos sesenta mil años, y los grabados lineales de la cueva de Blombos, en Sudáfrica, llegarían a los cien mil, habiéndose mantenido dichas tradiciones durante decenas de miles de años. Incluso, como en el caso de las cáscaras de huevo de avestruz, hasta nuestros días. Parece ser que muchas de esas representaciones lineales podrían identificar al portador de un determinado objeto como miembro de un grupo, o puede que al individuo mismo. Y aún podemos ir más atrás en el tiempo para encontrar manifestaciones de esta conducta simbólica, ya que parece ser que los pigmentos, probablemente para ornamento corporal, se llevan utilizando varios cientos de miles de años; también por especies distintas del *Homo sapiens*, como los neandertales. Se han encontrado conchas marinas perforadas y pintadas de rojo y amarillo que fueron utilizadas por los neandertales al menos diez mil años antes de que esta especie se encontrara con la nuestra, hace unos cuarenta mil años.

Nuestra cara y toda una serie de objetos, adornos e incluso acciones nos identifican individualmente. También lo hacen en el ámbito del grupo, como cuando llevamos un uniforme o algún otro tipo de distintivo social. Incluso marcan nuestro estatus, nuestra posición en la jerarquía social. Hay ropa que es mucho más cara que otra. Pero en especial también nos proporcionan nuestra *personalidad*. La personalidad es una característica muy acusada en nuestra especie, un rasgo que en definitiva sirve para que se puedan predecir nuestras reacciones individuales. Por lo tanto, también es muy útil para que podamos predecir el comportamiento de los demás. Curiosamente, como ocurre con muchos rasgos de nuestro comportamiento, la personalidad tiene un fuerte componente genético —lo que algunos autores llaman el *temperamento*—, además de un componente cultural y de experiencia personal. De hecho, parece que los cinco grandes rasgos de personalidad en los que los psicólogos clasifican a los seres humanos (*extraversión*, *apertura*, *responsabilidad*, *amabilidad* y *neuroticismo*) los podemos encontrar también, aunque con algunas variantes, en otros primates.

Los «Cinco Grandes» rasgos de nuestra personalidad

El estudio de la personalidad es una de las disciplinas más arraigadas dentro de la psicología, entre otras cosas por su posible utilidad para los procesos de selección de personal. Aunque haya llovido mucho desde que Hipócrates (s. V al IV a. C.) propusiera su teoría de los humores, según la cual nuestros rasgos de personalidad vendrían determinados por la proporción de los distintos fluidos del cuerpo —bilis negra, bilis amarilla, sangre y flema—, las más modernas teorías no difieren excesivamente de aquella en cuanto al número de rasgos de personalidad propuestos y sus descripciones. La teoría actual más ampliamente aceptada habla de cinco factores principales de la personalidad, conocidos como los «Cinco Grandes» («Big Five» en inglés) y se la debemos a Paul T. Costa y Robert R. MacCrae. Todos los seres humanos nos clasificaríamos en cada uno de estos cinco rasgos en función de nuestra proximidad a uno u otro de sus extremos, que son opuestos. Los Cinco Grandes son:

a) *Extraversión* (o extrovertido/energético frente a solitario/reservado), un factor que distribuye a las personas por su mayor o menor propensión a relacionarse con los demás; las personas extravertidas suelen ser habladoras, sociables y de emociones positivas.

b) *Apertura* a la experiencia (o inventivo/curioso frente a sistemático/cauto), donde se clasificaría a las personas por su mayor o menor capacidad de inventiva, creatividad, curiosidad y preferencia por la novedad y la variedad.

c) *Responsabilidad* (o eficiente/organizado frente a despreocupado/descuidado); se refiere a la capacidad para la autodisciplina, previsión, planificación y organización del propio comportamiento.

d) *Amabilidad* (o amistoso/compasivo frente a frío/cruel), o tendencia a ser agradable con los demás; de ahí que una persona en su extremo más positivo se caracterice por ser cooperativa y compasiva, mientras que en su extremo negativo sería suspicaz y hostil.

e) *Neuroticismo* (o susceptible/nervioso frente a firme/seguro), también conocido como *labilidad emocional*, que clasifica a las personas según su propensión a sentir emociones negativas, tales como la ansiedad, la ira o la tristeza, y a ser inestable emocionalmente o con poco control de los impulsos.

Los Cinco Grandes se dan no solo en todas las culturas estudiadas, sino también en los chimpancés; al menos la extraversión, la responsabilidad y la amabilidad, mientras que la apertura y el neuroticismo no están del todo claros. Los chimpancés, además, parecen presentar un factor adicional de personalidad, la *dominancia*.

Yo y mis circunstancias

La *personalidad*, la *persona*, el *individuo* o el *yo*; con estos términos vive y lucha día a día el ser humano. Un juego entre el «yo» y los demás, y a veces contra sí mismo. Esta lucha se centra muchas veces en conseguir que los demás tengan una buena imagen de uno mismo. Buscamos que nos admiren, que nos hagan «alabanzas», y evitamos los «vituperios». Cómo nos vean los demás influye en sus comportamientos hacia nosotros. Pero también influye en cómo nos vemos a nosotros mismos, lo que a su vez repercute en nuestro propio comportamiento. Por esta razón hay una gran relación entre la *autoestima* y el rendimiento, algo que probablemente sea exclusivo del ser humano. Una autoestima elevada puede conseguir vencer dificultades enormes, otorgar fuerzas suplementarias. Y, por supuesto, hacer que nos sintamos satisfechos y, por consiguiente, con mejor estado de ánimo. Hay abundante evidencia experimental que indica que el buen estado de ánimo nos vuelve más flexibles e inventivos y más placenteros para los demás, lo que a su vez mejoraría la imagen que ellos tienen de nosotros, con su consiguiente efecto en nuestra autoestima. Caben pocas dudas, por tanto, de que tener una buena autoestima resulta muy adaptativo para el ser humano.

Pero muchas veces no se conseguiría una buena autoestima si no fuera por una serie de mecanismos mentales que utilizamos para defendernos a nosotros mismos. Lo que hacen estos mecanismos, en general, es buscar justificación para todos nuestros actos, pero con el fin de que siempre salgamos airosos —si funcionan bien—. Intentaremos creernos responsables de lo bueno y sin culpa de lo malo. Esta es quizá una de las aportaciones más valiosas de Sigmund Freud y que aún se respeta en el ámbito científico. Él los llamó, precisamente, los *mecanismos de defensa*. Acciones mentales como echar la culpa a otros o a las circunstancias, o bien ignorar determinadas cosas o darles excesivo peso a otras, son algunos de los mecanismos que nuestra mente utiliza para mantener íntegra y en buenas condiciones la idea que nos hacemos de nosotros mismos. Está en juego nuestra autoestima. Quien se encargaría de estas funciones según Michael Gazzaniga no podía ser otro que el *intérprete* del hemisferio cerebral izquierdo. Para este autor, la cuestión esencial aquí es que los seres humanos estamos motivados para pensar racionalmente, pero —cuidado— no para llegar a la verdad; lo realmente importante sería salir bien situados socialmente. Por lo tanto, el cerebro sería antes una máquina para ganar discusiones que para encontrar la verdad. La competencia dentro del grupo aparece una vez más como una fuerza moldeadora del comportamiento humano.

La pasión y otros productos de un cerebro fantasioso

Para terminar estas páginas dedicadas a explorar la mente humana y que describen en gran medida lo que es el presente de la humanidad, vamos a hablar a partir de ahora de algunos de los fenómenos quizá más difíciles de explicar desde un punto de vista zoológico. Hablaremos de todos esos productos de un cerebro que, más que por su gran inteligencia, su capacidad de razonamiento y planificación, su tecnología, o por la comprensión de fenómenos y relaciones complejas de la realidad del mundo natural, se caracterizaría por estar muy volcado hacia los demás miembros de su especie y, a la vez, ser muy emocional —muy socialmente emocional, podríamos decir—. Si entendemos, como hemos visto en estas páginas, que el ser humano es fundamentalmente social y emocional, entenderemos también que lo racional ocupe solo una mínima parte, y que no sea precisamente la más relevante. Si entendemos esto, entenderemos también por qué algunos de los productos más significativos del ser humano se alejan tanto de lo puramente racional y aparentemente lógico.

Resolver problemas sociales en un grupo con un buen número de individuos, en el que uno mismo desempeña un papel determinado respecto a los otros, y para lo que se necesita saber lo que hay en las mentes de los demás respecto a uno mismo y respecto a los demás, es un juego difícil y complicado. Quien fue capaz de vencer en este juego dejó más descendencia. Y para vencer en este juego se necesita ver la realidad más allá de los datos aparentes. Hay que descubrir causas y consecuencias complejas, abstraer lo relevante y descartar lo superfluo. Probablemente, por tanto, nuestras capacidades intelectuales más destacadas tienen su origen en este juego social; ya lo hemos dicho en varias ocasiones.

Ese mismo juego y las emociones que provoca posiblemente sean el origen de otros fenómenos de nuestra mente que parecen más difíciles de explicar, en especial si nos queremos reafirmar en la idea de que lo que de verdad distingue a nuestra especie es su inteligencia y su lenguaje. Nos parece más bien aceptable que sea una mente marcadamente social, vulnerable y emocional lo que explique de forma más satisfactoria la existencia de fenómenos en apariencia tan disparatados y extraños (intelectualmente hablando, o lingüísticamente hablando) como la imaginación, la fantasía, la música, la poesía, el baile, el cine, el teatro, las novelas, los mitos y leyendas, los horóscopos, la alta cocina, los juegos, el humor o la fe —incluso en hechos invisibles, imposibles e inaceptables lógicamente—, por poner solo unos pocos ejemplos. Y todos ellos siempre acompañados de emociones, la mayoría de las veces con *pasión* —en mayor o menor grado—, esa emoción probablemente exclusiva del ser humano que conlleva desear o entusiasmarse con intensidad por alguien o por algo, muchas veces por una idea.

Muchos de estos productos de nuestro cerebro que suelen mover intensas pasiones los podríamos clasificar —aunque quizá muy libremente— dentro de dos facetas universales del comportamiento humano: el arte y la religión. Ambos son definitorios de nuestra especie; no hay grupo humano en el que no aparezcan, en mayor o menor medida, ni otra especie que los manifieste excepto la humana. Desde el punto de vista de la supervivencia pueden parecer inútiles, y sin embargo han marcado con fuerza el devenir de la historia y la prehistoria del ser humano.

En realidad, una mente así (que ha dado lugar a todos estos productos, a los que otorga además una importancia mayúscula, pues conllevan fuertes emociones) solo se puede describir resumidamente de una manera: en efecto, como dijo Johan Huizinga, somos *Homo ludens*. No sería la *sapiencia* nuestra principal característica, sino el *juego*, el hecho de que vivimos permanentemente en un juego, en una novela, en una película; que sea aburrida o no es otra historia. Para algunos autores, así es la mente simbólica.

Nos gusta jugar y que el juego sea excitante, con cierta intensidad. Si nuestro juego es aburrido, o si queremos cambiar —porque la exploración de novedades también es una motivación muy característica de los primates—, podemos intentar jugar a otras cosas. Muchas veces lo hacemos entremetiéndonos en las vidas ajenas, debido a nuestra propensión innata a introducirnos en las mentes de los demás. Por eso tienen tanto éxito los programas y las revistas del «corazón». Y nuestra capacidad para salirnos mentalmente del presente, del aquí y el ahora —capacidad especialmente humana—, nos permite también emocionarnos con intensidad incluso con un libro; con papel y tinta. Esto sería otro ejemplo de cómo se comporta una mente simbólica, la mente que trasciende —y mucho— la realidad inmediata. Sería el mismo tipo de mente que ya tenían los neandertales que se adornaban con conchas coloreadas.

Una de las peculiaridades más interesantes del ser humano es que disfruta sintiendo emociones, propias o ajenas. Disfruta incluso con las aparentemente negativas: miedo, terror, tristeza. El cine o la literatura provocan estas y otras emociones intensamente —algunas positivas, desde luego—. En estas simulaciones de la realidad siempre hay zonas del cerebro encargadas de distinguir sentimientos propios de ajenos. La corteza cerebral situada entre los lóbulos parietal y temporal del hemisferio derecho parece ser importante a la hora de realizar estas distinciones. Cuando se sobreestimula, no funciona adecuadamente y se tienen experiencias místicas, experiencias en las que la mente sale del cuerpo o en las que nuestro «yo» se unifica y se identifica con el resto del mundo, con el universo entero. También algunas regiones prefrontales nos permiten distinguir la realidad de la fantasía. Pero, como todo en nuestra mente, el sistema no es infalible, y las fronteras entre lo real y lo imaginario con frecuencia quedan disueltas. A veces para disfrute propio.

El arte (o, mejor, las artes) y la religión (las creencias religiosas), en un sentido general, podrían verse como un juego, como parte del juego social. Y estos extraños productos —desde el punto de vista zoológico— podrían haber sido producidos por una combinación de factores más básicos y que ya estaban ahí. La mayoría de ellos son sociales y conllevan fuertes emociones, por lo que la competencia social podría ayudarnos una vez más a entender hasta lo más aparentemente inexplicable de la mente humana.

Artistas por naturaleza

Los niños pequeños pronto cantan, bailan o dibujan, y lo hacen espontáneamente. No hay que forzarlos para que lo hagan. Muchos autores están de acuerdo en que el arte produce placer, un placer biológico, intenso y tangible. El arte visual lo hace porque explota las peculiaridades y los límites de nuestro sistema visual. Parece que retar al sistema visual produce placer; los retos forman parte del juego social. La música, por su parte, explota el placer de lo predecible, especialmente si es dentro de una estructura con una cierta complejidad.

Para autores como David Freedberg y Vittorio Gallese,[1] la apreciación del arte, de todo tipo de arte, implica movimiento, acción —aunque sea mentalmente—, también emoción y empatía —una manifestación de la teoría de la mente—. Por eso las áreas del cerebro que se activan cuando contemplamos una obra de arte incluyen no solo las áreas perceptivas correspondientes, sino especialmente circuitos cerebrales que tienen que ver con la teoría de la mente y con las emociones. Es el caso del córtex orbitofrontal y el cíngulo anterior, que, como hemos visto, son áreas del cerebro a la vez sociales y emocionales, y muy importantes en la gran mayoría de nuestras decisiones. El sistema de premios y castigos, que incluye al núcleo accumbens y zonas de la ínsula, también se activa ante una obra de arte. Además, la corteza motora (frontal y parietal) se ha visto muy activa no solo cuando bailamos o escuchamos música, sino también cuando apreciamos obras de arte visuales: las que nos gustan provocan un impulso de aproximación; las que no nos gustan, de alejamiento, aunque no lo exterioricemos.

1. D. Freedberg y V. Gallese, «Motion, emotion and empathy in esthetic experience», *Trends in Cognitive Sciences*, n.º 11 (2007), pp. 197-203.

Las relaciones entre la música y el lenguaje parecen muy estrechas, pero no está claro que una sea el origen del otro, o viceversa. Como vimos en su momento, hay propuestas para todos los gustos. Los chimpancés son capaces de producir ritmos rudimentarios, y parece que, aunque en raras ocasiones, también danzan. Los peces y las palomas pueden aprender a distinguir estilos musicales. Las palomas incluso aprenden a distinguir estilos pictóricos. La misma Jane Goodall que ha visto a los chimpancés llorar o bailar los ha visto también contemplando con placer unas cataratas.

La antigüedad evolutiva de lo musical parece algo ampliamente aceptado. La música es útil para dar cohesión al grupo, para emocionar e incluso para demostrar que se está en buenas condiciones (como criterio para una selección sexual). En cambio, no parece estar tan clara la razón de ser del arte pictórico. Poner a prueba el sistema visual puede ser una, pero puede haber otras. Los primeros ornamentos personales, collares y otros adornos, o el uso de pigmentos, en realidad son antiguos, y ya hemos dicho que podrían haberlos utilizado de manera independiente los neandertales y los humanos modernos. Son claramente muy anteriores a otras manifestaciones artísticas —estamos hablando de hace aproximadamente cien mil años—, y por tanto pueden ser posibles precedentes de estas. Las primeras manifestaciones de arte figurativo —es decir, que representan imágenes reconocibles de objetos, animales o humanos— tienen alrededor de cuarenta mil años, quizá un poco más. El origen social de los adornos corporales es innegable. Sirven para amplificar o alterar el «yo», nuestra imagen de nosotros ante los demás. Para Francesco d'Errico y Christopher Henshilwood,[2] representan algo simbólico y recursivo: yo

2. C. Henshilwood y F. d'Errico, «Ochre as a media for symbolic expression during the southern Africa Middle Stone Age: examining

los llevo para que tú los veas, y yo sé que los ves. Serían manifestaciones evidentes de una mente que ha surgido por competencia social. Algunos autores piensan que el arte figurativo posterior podría haber sido fruto de la evolución cultural de los ornamentos personales. Pero la función social del arte figurativo no resulta muy evidente, aunque también se haya propuesto como una manera de impresionar a los otros. Con el arte figurativo se demuestra tener unas habilidades motoras más precisas y refinadas. Algo que según algunos autores habría ocurrido, por ejemplo, cuando nuestra especie quiso demostrar su superioridad mental a los neandertales en Europa; de ahí que haya tanta abundancia de arte paleolítico en esa parte del mundo.

También es posible que la explicación más satisfactoria para el arte sea que este, como tantas otras facetas del ser humano, no es más que un juego. El juego puede que no parezca estrictamente necesario para la supervivencia, pero lo es para la vida en sociedad, ya lo hemos visto. Las especies que más juegan son las más sociales; y si el juego es necesario para la vida social, lo es también para la supervivencia en la especie más social del planeta. La ciudad de Las Vegas, en Estados Unidos, una ciudad entera dedicada al juego, no es producto sino de la especie *Homo sapiens*. ¿Qué otra especie haría esto?

Una fe ciega

Uno de los juegos más trascendentales a los que ha jugado y juega el ser humano quizá sea la religión. Su origen es

the evidence from the Western Cape, South Africa», en C. Henshilwood y F. d'Errico, eds., *Homo symbolicus: The dawn of language, imagination and spirituality*, Benjamins, Ámsterdam, 2011, pp. 75-96.

muy antiguo. Se suele admitir que los enterramientos intencionados indican que en el grupo que los practicaba había creencias religiosas, al menos en mundos trascendentes a los que viajarían las almas de los difuntos. Uno de los primeros enterramientos intencionados conocidos data de hace noventa y cinco mil años y lo realizó nuestra especie. Pero los neandertales también enterraban a sus muertos muchos milenios antes de que supieran siquiera de nuestra existencia. Y la Sima de los Huesos, en Atapuerca, puede ser un lugar de acumulación intencionada de cadáveres humanos con quinientos mil años de antigüedad y realizado por el *Homo heidelbergensis*. En el surgimiento de la religión parece haberse dado una combinación muy especial y fortuita de factores, ya que probablemente ninguno de ellos por separado podría haberlo explicado todo.

En primer lugar, y con un papel destacado, tenemos que mencionar al intérprete propuesto por Gazzaniga y que tantas veces ha aparecido ya en estas páginas; ese sistema de nuestro hemisferio cerebral izquierdo que pretende explicarlo todo. El intérprete busca agentes, causas y consecuencias, responsables, y tiene una fuerte tendencia a funcionar *teleológicamente*; es decir, que por encima de todo busca propósitos e intenciones. Por este motivo costó —y aún cuesta tanto— que se acepte la evolución como la vio Darwin. No nos encaja que la selección natural funcione ciegamente y sin propósito, mientras que el creacionismo resulta mucho más aceptable para una mente que busca agentes e intenciones y que no necesita llegar siempre a la verdad. Es la consecuencia de tener una mente moldeada casi exclusivamente para vivir en sociedad. Al aplicar de manera excesiva esta forma de pensar —porque sufriría una «hipertrofia»—, llegamos a considerar como agentes causales muchas cosas que no lo son. Así, las nubes, los astros o las piedras pueden tener vida y voluntad, tener intenciones. Somos buscadores de mentes, es una de nuestras especializaciones, y las encontramos por todas partes; hasta donde no las hay. Las creencias religiosas podrían tener su origen en estos mecanismos mentales.

Como el intérprete es fundamentalmente de origen social, piensa no solo en agentes, sino en jerarquías. Por eso nos relacionamos con las entidades del más allá de una manera jerárquica, donde ellos, los dioses o los espíritus, suelen ser los superiores. También intercambiamos favores con ellos. Nos relacionamos con las entidades religiosas como si fueran otras personas, como nos relacionaríamos, por ejemplo, con un padre o un jefe.

Las creencias religiosas también han podido desempeñar un papel relevante en la cohesión del grupo. Para algunos autores esta es de hecho su principal razón de ser, su ventaja adaptativa. Además, serían el origen de la moral. Sin embargo, ya hemos comentado que hay evidencias que indican que la moral es más bien un comportamiento automático y universal que no depende del nivel de religiosidad de una cultura ni del de una persona. Moral y religión serían, por tanto, fenómenos relativamente independientes. Esto probaría, más bien, que la religión hace uso de este comportamiento social. No lo origina, aunque muchas veces lo regule o lo potencie.

Otra posible razón del éxito de las religiones sería que también hacen uso de una curiosa manifestación, al parecer única del ser humano. El ser humano puede ser *sugestionado*, influido por otra persona hasta unos límites difíciles de creer —especialmente desde un punto de vista zoológico, o racional—. Si quien sugestiona es, además, jerárquicamente superior al sugestionado —es decir, una autoridad—, el efecto es mucho mayor. Es un ejemplo más de lo fácilmente influenciables que somos por estímulos externos, sobre todo si son otras personas. Es también un ejemplo del marcado carácter social de nuestra mente. Esta es la base del *efecto placebo* —la curación por sustancias o acciones inocuas—, que explica un respetable porcentaje de éxito en los tratamientos médicos. Su efecto más conocido, pero no el único, es su capacidad para mitigar o incluso anular el dolor. Y si se consigue hacer desaparecer el dolor de una persona, esta puede seguir siendo productiva y contribuir a la supervivencia propia y la del grupo. Por eso el efecto placebo es tan adaptativo. Muchas religiones podrían haber utilizado este efecto para potenciar su credibilidad; gran cantidad de curas «milagrosas» podrían ser efectos placebo. La sugestión puede también producir efectos contrarios, el llamado *efecto nocebo*, que también ha podido utilizarse en algunas religiones, esta vez como amenaza (como en la práctica del vudú, por ejemplo). Otro fenómeno tan controvertido como sorprendente que puede provocar la sugestión y que, según diversos autores, es también específico del ser humano, sería la *hipnosis*. Esta parece basarse en el hecho de que la sugestión puede llegar a alterar hasta límites increíbles el funcionamiento de los sistemas de atención de nuestro cerebro, entre otras cosas, afectando así de manera importante a nuestras percepciones y acciones.

Finalmente, otro factor que ha podido contribuir al enorme éxito de las creencias religiosas es que estas son una forma de explicar el mundo y lo que en él sucede. Algo que también preocupa mucho al intérprete. Muchas veces, la voluntad de un dios o el deseo de unos espíritus pueden convertirse en explicaciones «convincentes», o al menos satisfactorias, para entender fenómenos que pueden ser difíciles de explicar, incluidos nuestro propio comportamiento y el de los demás. Muchas de las historias que se manejan en el ámbito religioso tienen que ver con el origen del mundo, de la vida, de los fenómenos naturales; del universo entero. Se ha comprobado que este tipo de historias son especialmente atractivas para nuestra mente. Buena parte de los temas que tratan las creencias religiosas son trascendentes; afectan a la vida, a la muerte, a la eternidad, al mundo, al infinito. Por eso, según afirma William James en su libro *Las variedades de la experiencia religiosa: Un estudio en la naturaleza humana* (publicado en 1902), la religión es algo que se toma realmente en serio; es solemne y muy emotiva. Probablemente por esta razón, la risa o el humor habrían estado con frecuencia prohibidos y marginados en muchas religiones (una notable excepción que confirmaría la regla sería el sufismo islámico). El humor (7i) sería la antítesis de la religión; supone disfrutar de las incongruencias, aumentar la tolerancia a la incertidumbre, desafiar a la autoridad y a veces incluso tratar con material sexualmente explícito. La risa supondría una pérdida de autocontrol y autodisciplina; justo lo contrario de lo que las religiones predican con frecuencia. Pero no debemos olvidar que la risa y, sobre todo, el humor parecen ser tan específicamente humanos como la religión.

A lo largo de las páginas dedicadas a la mente y el comportamiento del ser humano actual, hemos realizado un viaje que ha comenzado con la humanidad entera y que ha culminado en lo más íntimo y profundo del ser humano. El viaje nos ha enseñado que, aunque la competencia dentro de la especie quizá no lo explique siempre todo en el ser humano, sí que explicaría al parecer gran parte de sus peculiaridades. Por eso esta idea nos ha servido de guía en estas páginas. Richard Alexander proponía que la presión ecológica fue cediendo cada vez más protagonismo a la presión social en la evolución humana. Esto explicaría algunas de nuestras características físicas y desde luego muchas de nuestras características psicológicas, algunas muy difíciles de explicar de otro modo. Efectivamente, en todas las etapas de este viaje hemos podido sentir el poder de lo social como fuerza importante de presión selectiva, una fuerza que lo impregna todo. En ese largo recorrido que hemos realizado por el presente de la humanidad, hemos encontrado que lo que le ocurre al ser humano a los niveles de los grupos más grandes y planetarios tiene relación con lo que le ocurre a niveles más íntimos e individuales; y también a niveles celulares, pues el cerebro humano parece en gran medida un producto directo de la competencia social.

La competencia en el seno de la especie, en efecto, parece explicar con un cierto grado de satisfacción —o de plausibilidad y parsimonia, por usar la terminología científica— muchas de las peculiaridades de nuestro comportamiento más difíciles de entender para un naturalista que quiera estudiar al ser humano.

Una vez visto el presente, queda ahora saber qué nos deparará el futuro. Un futuro incierto. Intentaremos averiguar, adivinar más bien, hacia dónde puede o podría llevar su juego la especie que más juega de este planeta. Y hasta dónde puede llevar a la especie humana su propio juego.

FUTURO

12

DIOS Y LAS ECUACIONES

> No solamente ha evolucionado el ser humano. *Está* evolucionando. Nuestros antepasados no muy remotos eran animales, no humanos. El paso del animal al humano es —en tiempo geológico— bastante reciente [...]. El futuro del hombre depende inexorablemente de las interacciones entre las fuerzas sociales y las biológicas. La comprensión de estas fuerzas y de sus interacciones puede ser, con el tiempo, el principal logro de la ciencia.
>
> THEODOSIUS DOBZHANSKY, *Mankind Evolving: The Evolution of the Human Species* (1962)

LA FÓRMULA DE DRAKE

Una vez, un científico importante nos contó que su editor le había proporcionado la fórmula infalible para convertir un ensayo científico, género más bien minoritario, en un gran éxito comercial: «Cada vez que escribas la palabra *Dios* se doblarán las ventas, y cada vez que pongas una fórmula matemática, por muy sencilla que sea, se reducirán a la mitad los ejemplares vendidos. Así que tú verás».

Efectivamente, al poco tiempo nos encontramos en la librería con una obra de aquel famoso profesor que traía muchas referencias a Dios, ya desde la portada, y ninguna fórmula. Muchos que se llaman a sí mismos «divulgadores científicos» y algunos investigadores recurren a esta misma técnica todos los años. Con éxito, ciertamente, y por eso se hace.

Se ve que los números les resultan a la mayoría de las personas más arduos que la teología. Y no deja de ser curiosa esta aversión general a las matemáticas combinada con la curiosidad por el Sumo Hacedor, ya que Galileo afirmaba que el universo era la carta que Dios había escrito a los hombres, y que estaba redactada en lenguaje matemático. Las ecuaciones no serían, por lo tanto, otra cosa que las palabras del Creador.

Este libro apenas incluye referencias a Dios, salvo unas pocas en este capítulo, pero, en compensación, tampoco hay casi fórmulas. Un sacrificio en aras de la fácil comprensión del texto, porque encontramos una belleza abstracta, fascinante y misteriosa en las matemáticas; cuando pensamos en que la fuerza con que se atraen dos cuerpos es inversamente proporcional al cuadrado de la distancia (exactamente proporcional, no más o menos proporcional, y justamente al cuadrado de la distancia, no aproximadamente), entran ganas de gritar: «¿Hay alguien ahí?». En todo caso, he aquí una fórmula que tiene buen aspecto (se parece a las notas de una especie de partitura cósmica):

$$N = R^{*} \times fp \times ne \times fl \times fi \times fc \times L$$

Donde R^{*} es una constante: el ritmo anual al que se forman (por término medio) las estrellas en nuestra galaxia; *fp* representa las probabilidades de que una estrella tenga planetas (como el Sol); *ne*, el número (promedio) de planetas, por cada sol, que reúnen las condiciones necesarias para que (potencialmente) surja la vida; *fl*, la fracción de esos planetas en los que realmente se llega a desarrollar la vida; *fi*, la parte de los anteriores en los que nace la inteligencia; *fc*, la probabilidad de que en un planeta con vida inteligente emerja una civilización tecnológica que envíe señales de su existencia al espacio que puedan ser detectadas por otra inteligencia, y *L* es el tiempo que duran (por término medio) las civilizaciones tecnológicamente avanzadas.

Se llama *ecuación de Drake* (el astrónomo Frank Drake fue su autor en 1960) y calcula el número de civilizaciones extraterrestres en nuestra galaxia con las que podríamos entrar en contacto (hay muchísimas otras galaxias en el universo, pero, a pesar de lo que se ve en las películas de ciencia ficción, están demasiado lejos para que soñemos siquiera con viajar a ellas).

Como puede verse, la ecuación la forman tres números desconocidos, *R*, *ne* y *L*, multiplicados por cuatro probabilidades, porque se tienen que dar muchas circunstancias favorables para que nos comuniquemos con los extraterrestres. Las probabilidades van de 0 (imposible) a 1 (seguro) y, al multiplicarlas unas por otras, va disminuyendo cada vez más el producto, al tratarse de fracciones de fracciones.

Cuando Frank Drake les puso números a las incógnitas de su ecuación —respectivamente, 10 estrellas/año; 0,5 (la mitad); 2 planetas; 1 (o sea, el ciento por ciento); 0,01 (1 por ciento); 0,01 (1 por ciento); 10.000 años—, el resultado fue que habría 10 planetas con los que podríamos comunicarnos si nos lo proponemos ($N = 10 \times 0{,}5 \times 2 \times 1 \times 0{,}01 \times 0{,}01 \times 10.000 = 10$).

Por supuesto, ninguno de los valores introducidos en la ecuación es seguro, aunque la tasa anual de formación de estrellas se considera bastante cercana a la real. En nuestro sistema solar, la Tierra alberga vida y Marte muy bien pudo haberla tenido en el pasado, ya que parece seguro que corrieron ríos de agua por su superficie. Además, hay satélites de Saturno y Júpiter que tienen «buena pinta». Es decir, el valor 2 para *ne* no es descabellado.

Pero usted mismo puede jugar con los números. ¿Cree que la probabilidad de que en un planeta con vida aparezca una especie inteligente es muy superior a 0,01, o sea, en un porcentaje del 1 por ciento de los casos? ¿Quizá la proporción sea del 10 por ciento? ¿O será incluso fatal (probabilidad 1) que termine evolucionando una criatura especializada en darle vueltas a la cabeza? ¿Es la formación de sociedades tecnológicas inevitable una vez que surge la razón? Si piensa que una civilización como la nuestra puede durar 100.000 años, entonces el número de planetas de la Vía Láctea donde hay seres que se hacen la misma pregunta («¿hay alguien más ahí?») ascendería a 100. No está mal.

En todo caso, el número de inteligencias extraterrestres debe de ser muy bajo, y, en cambio, el espacio es tan vasto que será muy difícil establecer contacto con ellas, aunque el famoso Proyecto SETI (que presidía el propio Drake) lo intenta, sin resultado hasta la fecha. Conocimos a Frank Drake cuando vino a Madrid en 2011 a recoger el premio que le concedió la Sociedad Geográfica Española por sus «exploraciones» en el más grande de los «océanos», el espacio exterior. Era una persona mayor, pero conservaba intacta la esperanza de tener noticias de otros seres inteligentes si se ponían encima de la mesa los medios económicos necesarios para ello.

Si tuviéramos suerte y algún día llegáramos a conocer a seres inteligentes y tecnológicos evolucionados en otro planeta, ¿cómo serían? ¿Como nosotros? ¿Por qué?

Cuerpos sin fecha de caducidad

A los extraterrestres se los representa clásicamente con una forma más o menos humana, a menudo como enanos cabezones de miembros atrofiados, los típicos hombrecillos verdes de las historias de marcianos. Me estoy refiriendo, claro, a los extraterrestres inteligentes que «contactan» con los humanos, no a los monstruos devoradores de terrícolas al estilo de *Alien, el octavo pasajero*.

La iconografía de las sagas de la nave *Enterprise* y de *La guerra de las galaxias*, o el más reciente filme *Avatar*, insisten en el aspecto antropomórfico (humanoide) de los extraterrestres listos, aunque añadiendo a veces pilosidades varias, cuernos, rabo, probóscide, verrugas y otras excrecencias. Pero, a pesar del disfraz, el personaje casi siempre lo puede interpretar un actor (a veces, si es pequeño, un niño), que no deja de ser eso, un humano disfrazado.

Hay una inquietante excepción en el cine a esta regla. Los tripulantes de la nave espacial de la película *2001. Una odisea del espacio* (estrenada en 1968) se encuentran con la desagradable sorpresa del extraño comportamiento de una criatura inteligente y consciente que, sin embargo, no es de naturaleza orgánica: el ordenador asesino HAL.

En la novela del mismo título se especula indirectamente con el futuro de la especie humana. Si es que vamos a viajar algún día por las inmensidades del cosmos, tendremos que parecernos a los cosmonautas extraterrestres que, supuestamente, ya lo hacen. Los biólogos del futuro (el año 2001, un horizonte que les parecía lejano a los autores, pero que ya hace tiempo que hemos rebasado) discutían acerca del viejo problema de cómo serían los extraterrestres inteligentes, y se dividían en dos campos.

Unos afirmaban que tenían que ser humanoides, porque «creían que el diseño de dos piernas, dos brazos y principales órganos sensoriales de superior calidad era tan básico y tan razonable que resultaba difícil pensar en uno mejor». Sin embargo,

> este pensar antropomórfico era ridiculizado por otro grupo de biólogos, auténticos productos de la Era Espacial que se sentían libres de los prejuicios del pasado. Señalaban que el cuerpo humano era resultado de millones de opciones evolutivas, efectuadas por azar en el curso de períodos geológicos dilatadísimos. En cualquiera de esos incontables momentos de decisión, el dado genético podría haber caído de diferente manera, quizá con mejores resultados.

Y había aún un tercer grupo de pensadores «que sustentaban puntos de vista aún más avanzados. No creían en absoluto que seres realmente evolucionados poseyeran un cuerpo orgánico», sino que irían reemplazando partes de su cuerpo natural (y perecedero, con fecha de caducidad, como el nuestro) por piezas de metal o de plástico, logrando así la inmortalidad.

Ese camino de las prótesis y del hombre *biónico* ya se había empezado a recorrer en la Tierra, con tímidos pasos, cuando Arthur C. Clarke (1917-2008) y Stanley Kubrick (1928-1999) trabajaban en el libro y el guion cinematográfico de *2001*. Al final solo quedaría el cerebro como elemento orgánico, y después de todo, ¿por qué no integrar también a la informática en el cuerpo humano del mañana y convertir la mente en algo verdaderamente inmaterial, una especie de *software*?

> Mas, ¿era aún esto el fin? Unos cuantos biólogos inclinados a la mística iban todavía más lejos. Especulaban —basándose en diversas religiones— que la mente terminaría liberándose de la materia. El cuerpo-robot, como el de carne y

hueso, sería solamente un peldaño hacia algo que, hacía tiempo, habían llamado los hombres «espíritu». Y si más allá de *esto* había algo, su nombre solo podía ser Dios.

Como no nos contamos entre los «biólogos inclinados a la mística» pese a pertenecer de lleno a la era espacial, proponemos descender a cuestiones más orgánicas, más propias de estos tiempos en los que todavía nos servimos de un cuerpo mortal, hecho de carne, sangre, huesos, sesos y ADN, y preguntarnos qué hay detrás de esa insistencia en el cine y la literatura en presentar a los extraterrestres como hombrecillos. ¿Se trata de un caso de antropocentrismo? Es decir, ¿estamos tan pagados de nosotros mismos que solo podemos concebir que pueda ser inteligente una criatura que se nos parezca mucho?

Esta misma cuestión, aunque planteada de otro modo, nos interesa también a los paleontólogos. ¿Es una casualidad que la *reflexión* haya surgido en un cuerpo como el nuestro, o solo podía emerger precisamente en un organismo de nuestras características?

Una vez más, las especulaciones sobre el futuro tienen puntos de contacto con las elucubraciones sobre el pasado. La ciencia ficción imagina posibles futuros (los futuribles), y ya veremos (o, mejor dicho, ya verán) cuál de ellos se convierte en realidad el día de mañana. A los paleontólogos a veces nos da por plantear situaciones que podrían haber llegado a hacerse realidad, pero que por alguna razón no se convirtieron nunca en presente. Don Miguel de Unamuno llamaba a estas ensoñaciones *ex futuros*; ya no tienen ninguna oportunidad porque su tiempo pasó. Y es que de los muchos futuros que una vez fueron posibles, y de los muchos caminos que pudo haber tomado la historia de la vida, solo hay una línea que conecte el pasado con el presente, y por eso no podemos evitar pensar (erróneamente, por supuesto) que era forzoso, que estaba escrito.

Era inevitable, por otro lado, que el aspecto de algunos extraterrestres de esos que son tan inteligentes (como el E.T., de Steven Spielberg) se pareciera mucho al que se pronostica para el hombre del futuro: mucha cabeza y un cuerpo raquítico, enclenque. Y sin dientes. Hemos visto que algunos van más allá y predicen un tiempo en el que nos desprenderemos del cuerpo y seremos «energía pura» que viajará por el espacio a la velocidad de la luz. Ya nos gustaría saber qué se quiere decir con esto; a nosotros, lo de liberarse de las cadenas de la carne y de las leyes de la biología que nos atan nos suena a prédica religiosa.

Pero como la cuestión que nos importa ahora es la de la forma que tendrá el hombre del futuro, nos vemos obligados a preguntarnos: nuestros hábitos, ¿cambian nuestra naturaleza?; lo que hacemos, ¿influye en lo que algún día seremos?

¿Es la evolución una cuestión de costumbres?

La atrofia del cuerpo y de la dentadura que se nos avecina, según se dice para dentro de muy poco, sería el resultado de la falta de ejercicio físico y de comer tanto alimento blando (la perniciosa *fast food*), del mismo modo que el cerebro nos crecerá de cavilar todo el día (aunque nos preguntamos si leemos y reflexionamos cada vez más... o todo lo contrario).

Este modo de razonar suena muy lógico, pero es completamente erróneo porque, con independencia de la vida que llevemos, solo transmitimos a nuestros hijos aquello con lo que nacemos (en realidad una parte, porque nuestra pareja pone la otra).

Antes de que Darwin escribiera sobre las transformaciones de las especies a lo largo del tiempo, lo había hecho un biólogo francés llamado Jean-Baptiste Pierre Antoine de Monet, caballero de Lamarck (1744-1829), quien sí creía en la transmisión a la descendencia de las modificaciones producidas durante la vida en el organismo por el uso o el desuso de los diferentes órganos.

Darwin no descartaba por completo esa forma de herencia biológica, pero en la evolución le daba mucha más importancia a la selección natural. La explicación que encontró el naturalista inglés lleva precisamente ese nombre porque Darwin intuía algo parecido al trabajo de mejora de las razas que llevan a cabo los criadores; entre la variación que se produce espontáneamente en las poblaciones, los campesinos eligen para vivir y procrear a aquellos individuos que presentan alguna característica que le interesa al hombre, sea lana, carne, leche, un huevo al día, velocidad o un gran olfato.

Buscando un símil deportivo (lo sentimos, es el signo de nuestro tiempo), Lamarck diría que los jugadores de baloncesto se estiran al practicar su actividad y que sus hijos se benefician de ello, naciendo más altos que los hijos de los demás. Darwin, por el contrario, afirmaría que solo los jugadores altos (de nacimiento) llegarán a triunfar en el deporte de la canasta (y tendrían hijos altos que también serían buenos baloncestistas).

En otras palabras, para Lamarck son los organismos los protagonistas de la evolución, mientras que para Darwin no hacen absolutamente nada, sino que el responsable es el ambiente, del mismo modo que nadie considera a las vacas, las cabras, las gallinas o las berzas responsables de lo que son ahora, porque el mérito se lo llevan las generaciones de agricultores y ganaderos que han llevado a cabo una selección cuidadosa y paciente durante innumerables años.

Las ruedas de la evolución

Y siendo cierto esto último, aún quedaría tal vez un resquicio, aunque sea en forma de metáfora, para salvar algo del papel de los organismos en su propia adaptación al ambiente y reclamar un puesto de honor para Lamarck en la historia de la ciencia, en la que ahora ocupa el lugar de «El Gran Equivocado»; creemos sinceramente que no se merece tanto oprobio. Si pueden «elegir el deporte que practican» —todas las comillas son pocas para una expresión así—, serán los propios animales quienes crearán las reglas del juego, las llamadas «presiones de selección», que son las fuerzas que determinan quién está bien dotado y quién no lo está para un modo de vida en particular. A los que optan por jugar al rugby les conviene ser anchos, fuertes y pesados (pero rápidos; gordos, abstenerse), y a los corredores de fondo les va mejor ser muy delgados, fibrosos.

El premio Nobel Jacques Monod (1910-1976) lo explicaba así en su famoso e importante libro *El azar y la necesidad* (1970):

> Si los vertebrados tetrápodos han aparecido y han podido dar la maravillosa expansión que representan los anfibios, los reptiles, las aves y los mamíferos, es porque en el origen, un pez primitivo «eligió» el ir a explorar la tierra donde no podía sin embargo desplazarse más que saltando dificultosamente. Él creó así, como consecuencia de una modificación de comportamiento, la presión de selección que debía desarrollar los poderosos miembros de los tetrápodos.

El cambio de hábitos de vida (salir del agua) habría precedido, pues, a la modificación de la forma del cuerpo, y no otra era, en definitiva, la idea central de Lamarck.

Pero no ha sido Monod el único que se ha resistido a aplicar la metáfora darwiniana de la domesticación —llevada hasta sus últimas consecuencias— a la evolución de las especies. Un animal salvaje no es tan pasivo respecto de su futuro evolutivo como una oveja, dicen. Pensadores tan admirados como el premio Nobel de Física (con grandes preocupaciones biológicas) Erwin Schrödinger (1887-1961) y el filósofo de la ciencia sir Karl Popper (1902-1994) consideraban a los animales mucho más activos: como buscadores constantes y «solucionadores» de problemas. Y sin defender la herencia de los caracteres adquiridos, y precisamente porque aceptaban la selección natural como la fuerza poderosa que actúa sobre la variación espontánea, les otorgaban a los organismos su cuota de protagonismo.

El cambio de hábitat, o el de nicho ecológico, por parte de los individuos crea nuevas presiones de selección al trastornar la lógica de lo que es beneficioso y lo que es perjudicial, ya que ninguna estructura o función nueva podrá ser favorecida por la selección natural si el individuo no la usa. Además, los seres vivos, con sus actividades, modifican su propio entorno, y por lo tanto no están sometidos completamente a lo que se encuentran «fuera». De alguna forma, al menos los animales de conducta más compleja llevan a cabo con ellos mismos algo remotamente parecido a la selección artificial.

Karl Popper discute en el libro *El yo y su cerebro* (1977) el famoso ejemplo del largo cuello de la jirafa, que según Lamarck es el resultado del hábito de sus antepasados de ramonear. Como sabemos perfectamente que da igual la vida que lleven los animales, que nada de lo que hagan afectará a los genes que transmitan a sus hijos, la explicación lamarckista, tomada al pie de la letra, es sin duda errónea. Pero, sigue Popper:

Con todo, eso no quiere decir que las acciones, preferencias y elecciones de los predecesores de la jirafa no hayan desempeñado un papel fundamental (aunque indirecto) en su evolución. Por el contrario, crearon un nuevo medio para sus descendientes, con nuevas presiones de selección que son las que han llevado a la selección de los cuellos largos. Hasta cierto punto se puede decir que incluso a menudo las preferencias resultan decisivas.

El propio Darwin aborda este tema en *El origen de las especies* (concretamente en el capítulo VI, «Problemas de la teoría»), donde hace la siguiente reflexión: «Es, sin embargo, difícil de decidir, y nos da lo mismo, si cambian generalmente los hábitos primero y la estructura luego; o si ligeras modificaciones estructurales llevan a modificar las costumbres. Probablemente las dos cosas cambian casi simultáneamente».

A Popper, en cambio, le parece que la cuestión importa, y mucho, en general y más aún en «nuestro caso», por cuanto con esta «reformulación» del darwinismo se entiende mejor cómo ha surgido la mente humana, que es, junto con el propio origen de la vida, el gran problema de la evolución. «Se podría decir —afirma Popper— que al decidirse a hablar, el hombre ha podido desarrollar su cerebro y su mente, que el lenguaje, una vez creado, ejerció la presión selectiva bajo la cual ha tenido lugar la emergencia del cerebro humano y de la consciencia del yo.»

Como nos ocurre casi siempre, nosotros nos ponemos aquí del lado de Darwin. Creemos que el nuevo hábito y el cambio orgánico se producen casi a la vez y que sería difícil saber qué fue primero. Y una vez que echa a andar la rueda —como un circuito que se retroalimenta—, comportamiento y órgano evolucionan conjuntamente, uno a impulsos del otro.

El cuello de la jirafa

Para complicar las cosas, hay autores que ni siquiera ven tan claro que el alargamiento del cuello de las jirafas sea —o solo sea— una adaptación para alcanzar las hojas de las copas de los árboles. Tal vez tenía otras ventajas en el pasado y puede que las siga teniendo (por ejemplo, los machos se pelean dándose cabezazos, y un cuello largo, fuerte y flexible podría mejorar los golpes). Más aún, ponen este caso como ejemplo de que no es tarea fácil asignar una única función a una estructura animal, porque los seres vivos son un todo integrado y el cuello, en este caso, puede servir para muchas cosas. Por eso las adaptaciones son tan difíciles de identificar, ya que no hay unidades anatómicas ni funciones totalmente independientes de las demás en los organismos.

Se trata de una apasionante discusión evolutiva, que tiene mucho que decir sobre nuestro extenso pasado, pero poco sobre nuestro futuro inmediato. Veamos. Es muy razonable pensar que, desde que nuestros antepasados empezaron —hace casi tres millones de años— a usar herramientas de piedra que ellos mismos tallaban, se metieron *de cabeza* en un nuevo nicho ecológico. Incluso podríamos decir que crearon toda una nueva *zona adaptativa* (un espacio ecológico más amplio que el nicho) que llamamos *cultura*. Con ello cambiaron algunas presiones de selección y surgieron otras nuevas, ya que se verían favorecidos, con más vida y con más hijos, quienes mejor confeccionaban y usaban las herramientas —en su beneficio o en el del grupo— y de ese modo se establecería un continuo *feedback* que haría avanzar al mismo tiempo las capacidades cognitivas y la tecnología. Seguramente, también aumentaría *pari passu* la complejidad social y las facultades mentales necesarias para procesar ese tipo tan crucial de información.

Pero respecto de lo que le espera al ser humano, por mucho que utilicemos el coche o el ordenador, no vamos a cambiar lo más mínimo, ya que los cuerpos de nuestros hijos no serán raquíticos. La falta de ejercicio no altera los genes, y por esta razón no nos convertiremos en enanos cabezones y desdentados, como el extraterrestre de *E.T.* Tampoco hay motivos para pensar que se verán favorecidos con más hijos los humanos que sean más hábiles con la tecnología.

¿Qué haría, pues, que nos transformáramos en otra cosa? ¿Tal vez una macromutación como se ve en las películas apocalípticas? Las catástrofes nucleares ayudan mucho en el cine a la aparición de monstruos, aunque todos padecen graves taras. Las mutaciones son precisamente modificaciones en los genes, que es lo que se necesita para cambiar. ¿Serán «mutantes» los humanos del futuro? ¿Habrá incluso diferentes tipos de ellos? ¿Es así como se han producido las viejas especies y como se formarán las nuevas?

Otra idea popular muy extendida es la de que todos los grupos biológicos siguen a lo largo de su historia un sendero de progresiva especialización, por el que las ballenas son cada vez más ballenas, las medusas cada vez más medusas, las tortugas cada vez más tortugas y los humanos cada vez más humanos, razón por la que el futuro nos depararía más de lo mismo, y se puede por lo tanto predecir. ¿Seremos hiperhumanos? ¿En qué consiste eso?

13

MIL MUNDOS, MIL RAZAS

¿Es posible un cambio absoluto y completo? Hace algunos años los darvinistas, los evolucionistas, nos aseguraban que no. Nos decían: en la Naturaleza las cosas cambian con lentitud por la acción del medio ambiente. Así, por ejemplo, el leopardo llegó a transformarse en jirafa a fuerza de vivir durante miles de años en países en donde no tenía más alimento que el fruto de las palmeras. La elevación en que se encontraba el fruto hacía que en esta especie de animales no pudiesen subsistir más que los individuos de cuello muy largo y se fuese formando de este modo una especie nueva.

Pío Baroja, *Divagaciones acerca de Barcelona* (1910)

Darwin y Mendel

El redescubrimiento en 1900 de las leyes de la herencia biológica que habían sido formuladas años antes por Gregor Mendel (1822-1884) no parecía una buena noticia para el motor de la evolución que proponía Darwin en 1859: la selección natural. La teoría de la transmisión de los caracteres entre generaciones que manejaba Darwin era equivocada, porque creía que las herencias biológicas recibidas del padre y de la madre se mezclaban en los hijos. Por el contrario, las leyes de Mendel, que no admitían la fusión de los factores hereditarios procedentes de los dos progenitores, resultaron ser correctas.

Es más, la teoría de la herencia mezclada que le gustaba a Darwin iba en contra de la selección natural, porque si un individuo era portador de un carácter excepcionalmente favorable, al reproducirse con un individuo normal a sus hijos solo les quedaría la mitad de la ventaja que tenía el progenitor afortunado; a los nietos, la cuarta parte, y así sucesivamente.

Darwin también creía, erróneamente, en la *pangénesis*, o sea, en que las diferentes partes del cuerpo producían unas partículas o «gémulas» (como si fueran sus representantes en un parlamento central) que se desplazaban por el cuerpo para participar en la reproducción; con este mecanismo, la herencia de los caracteres adquiridos (de Lamarck), es decir, la transmisión a los hijos de las modificaciones producidas durante la vida en el cuerpo, era perfectamente posible, y así lo tenía que admitir el propio Darwin.

El descubrimiento en 1900 de la mutación por el holandés Hugo de Vries (1848-1935) también parecía ser un duro golpe a Darwin, porque le disputaba a la selección natural el protagonismo de la evolución. La selección natural era un proceso lento, muy lento, que operaba sobre las pequeñas variaciones que se observaban en las poblaciones. ¿No podría, sin embargo, una mutación producir en una sola generación un nuevo tipo de organismo, una nueva especie?

En la cita del comienzo del capítulo, Pío Baroja, que estaba muy al tanto de las novedades científicas, expresa la visión de la evolución que defendían los darwinistas de principios del siglo xx —o «darvinistas», como escribían entonces los autores españoles—, es decir, un proceso muy lento y gradual. Pero el botánico holandés Hugo de Vries, nos cuenta el novelista vasco, trabajando con una especie de planta descubrió que no siempre es así. A veces, la aparición de una nueva especie no requiere mucho tiempo, sino que ocurre en una sola generación. «Aquello no era que la planta enfermase; aquello era que la planta cambiaba; que en la naturaleza existía la mutación brusca, como la llamó Hugo de Vries; aquello demostraba que la evolución, lenta y pausada, no es el único proceso de la vida; aquello demostraba que en la naturaleza se hacen también revoluciones.»

Por su parte, los viejos paleontólogos tampoco se referían casi nunca en sus relatos de la historia de la vida a la selección natural, ni siquiera al ambiente como causa de la evolución. Más bien, esta parecía seguir trayectorias lineales, las llamadas *tendencias evolutivas*, que se atribuían a fuerzas desconocidas o impulsos internos de los propios organismos y que nada tenían que ver con lo que pasara fuera.

Era la teoría de la *ortogénesis* o evolución recta, según la cual cada tipo de organismo lleva en sí las líneas maestras de su futuro, que se desarrollará a lo largo de unas vías predeterminadas, al margen de los obstáculos que el ambiente ponga en su camino. Los linajes o grupos evolutivos podían describirse en términos de propensiones, como si cada uno de ellos tuviera una única aspiración (una voluntad de futuro): volar por la noche y capturar mosquitos como un murciélago, nadar y comer camarones como una ballena, cazar cebras como un león, devorar cadáveres como un buitre, cavar como un topo...

Por supuesto, nuestra tendencia como primates, la «vocación» que definía a todo el grupo desde sus orígenes, era a la *encefalización*: al aumento del cerebro y su progresiva complicación, para dar lugar a criaturas cada vez más inteligentes hasta llegar a nuestra especie. Una vez que se puso en marcha la evolución de los primates, nuestra triunfal llegada al escenario de la vida era solo cuestión de tiempo.

Esta idea ingenua de evolución orientada es la que subyace en la pregunta, tantas veces formulada, de «hacia dónde se dirige la evolución humana», como si solo hubiera que prolongar las trayectorias evolutivas del pasado para prever el camino que seguirán los diferentes tipos de organismos en el mañana. Y en qué se convertirán.

Del lado del darwinismo, en su sentido más estricto de seleccionismo, solo se alineaban los *biométricos* (con Francis Galton, el primo de Darwin, a la cabeza), que eran los biólogos que estudiaban y medían las variaciones en las poblaciones y encontraban que eran continuas y permitían enlazar unos individuos con otros. Sobre esa variabilidad podría obrar, al modo que proponía Darwin, la selección natural, el ambiente, modificando poco a poco las poblaciones en una dirección determinada. (La selección es un molino que muele despacio, pero muele muy fino, y el número de generaciones sobre las que trabaja es casi ilimitado.)

Para eso hacía falta que el medio, que es el que selecciona, actuase favoreciendo siempre a los mismos y a lo largo de mucho tiempo, y que las pequeñas variaciones se transmitieran de padres a hijos. Esta base genética necesaria no estaba tan clara una vez producidos el redescubrimiento de las leyes de Mendel y el hallazgo de la mutación, y de hecho los biométricos y los mendelianos estaban enfrentados.

Después de Gregor Mendel, la otra gran figura de la genética fue el norteamericano Thomas Hunt Morgan (1866-1945, premio Nobel en 1933), y las cosas empezaron a cambiar, sobre todo con los trabajos de Ronald Fisher, J. B. S. Haldane y Sewall Wright, que sentaron las bases para el desarrollo de la genética de poblaciones. Los nuevos conceptos parecían ahora compatibles con las ideas de Darwin, en el sentido de que la mayor parte de la variación hereditaria resultaba ser continua (es decir, con todas las —casi infinitas— formas intermedias). Si los efectos de las mutaciones eran pequeños, pero no tanto como para que no confirieran ventajas y desventajas a los individuos en la dura competencia de la vida, entonces la selección natural podría actuar eficazmente. Los favorecidos transmitirían sus genes, y de los perdedores a largo plazo no quedaría nada. Las grandes mutaciones simplemente no darían lugar a individuos viables y no contarían para la evolución.

El ritmo al que se producen las mutaciones no puede ser alto, porque la mayor parte de los cambios en el genoma son *deletéreos* (perjudiciales) y la selección no tendría tiempo para eliminarlos, con lo que al cabo de unas pocas generaciones surgirían monstruos inviables y la especie se extinguiría inevitablemente. Pero tampoco pueden aparecer variantes génicas a un ritmo muy bajo, porque eso impediría que la selección natural mejorara la adaptación de la especie para adecuarla a los continuos cambios en el ambiente.

Asimismo, como sostiene la «hipótesis de la Reina Roja» de Leigh M. Van Valen, esas alteraciones ambientales son inevitables, aunque no cambie el clima o la geografía, ya que cualquier mejora en la adaptación de una especie del ecosistema, la que sea, deteriora, «degrada», el nivel de adaptación de todas las demás, un poco como si la adaptación fuera una cantidad constante en cada comunidad que se reparten las diferentes especies que la componen. Lo que es bueno para una especie es malo para el resto. Si una aumenta su trozo del pastel, peor para las otras, que tendrán que moverse para recuperar lo perdido, algunas de las cuales no lo conseguirán. Por este motivo se producen continuamente extinciones de especies, a un ritmo bastante constante. Volveremos un par de veces sobre esta hipótesis mucho más adelante.

Mutantes

Acostumbrados como estamos a ver mutantes raros y muy feos en las películas de ciencia ficción (especialmente si están ambientadas después de una catástrofe nuclear), pensamos que una mutación, por lo menos en los seres humanos, es algo excepcional y de efectos devastadores, algo que sucede muy de cuando en cuando (en las películas, a causa de la radiación nuclear) y crea seres deformes. *Mutante* es sinónimo de *aberrante*.

Pero, en casos muy afortunados, una mutación podría producir un organismo viable y realmente diferente. Si eso ocurriera a menudo, entonces la protagonista de la evolución no sería la selección natural, porque la mutación ya le ha dado todo el trabajo hecho. La evolución caminaría, así, a saltos. Intuitivamente, la gente capta muy bien la teoría de la mutación de Hugo de Vries (la aparición repentina, por un gran cambio genético, de una nueva especie), que fue rival del seleccionismo de Darwin en los primeros años del siglo xx y que más tarde actualizó el importante genetista Richard Goldschmidt (1878-1958), quien a su vez desafió, sin gran fortuna, al neodarwinismo.

No nos paramos a pensar que cualquiera de nosotros es portador de por lo menos cien nuevas y pequeñas mutaciones, aunque la gran mayoría de ellas no tienen consecuencias en nuestros cuerpos. Eso se debe a que solo una pequeña parte de nuestro ADN se *expresa*, y el resto no tiene ningún papel en el programa de desarrollo (el que convierte a una sola célula, el cigoto, en cada uno de nosotros). Incluso las mutaciones que se traducen en el fenotipo tienen, por lo general, efectos reducidos, y por lo tanto no nos convierten en una especie diferente de la de nuestros padres. Pero, según el neodarwinismo, proporcionan la materia prima para la evolución, porque la selección natural sí que es capaz de detectarlas y de evaluarlas.

En consecuencia, tanto Darwin como Mendel, los dos monstruos de la biología del siglo XIX, uno muy famoso y el otro casi ignorado por entonces, estaban en lo cierto, pero cada uno en la parte que le tocaba. Darwin se equivocaba en la genética y Mendel, sin duda, no creía en la evolución.

Otros campos de la biología, incluida la paleontología, se fueron sumando al nuevo darwinismo de los genéticos de poblaciones y elaboraron entre todos una nueva síntesis evolucionista, a modo de versión actualizada e integradora del pensamiento de Darwin, que es la que prevalece hoy, en la que ni la teoría de la mutación de Hugo de Vries ni la ortogénesis, o evolución en línea recta, de los viejos paleontólogos desempeñan papel alguno. Fundamental en la elaboración del nuevo paradigma fue el genetista Theodosius Dobzhansky, quien en su libro de 1956 *The Biological Basis of Human Freedom* («Las bases biológicas de la libertad humana») explicaba así de claro las diferencias entre el viejo darwinismo y el nuevo:

> A primera vista, la distinción entre las versiones clásica y moderna de la teoría de la selección natural puede parecer pequeña. En realidad, la diferencia es importante. El «mejor adaptado» en el sentido clásico era el vencedor poderoso e implacable en la permanente lucha por la existencia con sus congéneres y con otras criaturas. La adaptación requería vi-

gor, fuerza y brutalidad. El concepto moderno destaca el éxito en la reproducción, lo que significa dejar una gran progenie. La fuerza es importante solo en la medida en que contribuye a eso. «El mejor» es algo tan poco espectacular como el progenitor con el mayor número de descendientes vivos.

No obstante, cabe decir que tampoco se le escapaban a Darwin las diferencias entre la lucha por la vida y la supervivencia de los mejor adaptados («survival of the fittest»), y la lucha por la descendencia, porque en *El origen de las especies* escribe: «Debo sentar la premisa de que utilizo el término "lucha por la vida" en un sentido amplio y metafórico, incluyendo la dependencia de un ser respecto de otro, e incluyendo (lo que es más importante) no solo la vida del individuo sino el éxito en dejar descendencia».

La geografía crea especies

Ahora procede preguntarse cómo aparecen las nuevas especies a partir de sus antecesoras. ¿Lo hacen por lenta transformación de una en otra, o surgen a partir de una pequeña población de la especie madre que está aislada geográficamente? Nuestra especie es ahora cosmopolita, así que la pregunta tiene mucho sentido: ¿puede convertirse el *Homo sapiens* en «*Homo otra-cosa*», o el ser humano ya no va a cambiar sustancialmente y tan solo podría dar lugar a otra especie en algún remoto lugar, totalmente aislado, como por ejemplo en un planeta de otra estrella?

Como acabamos de comentar, para los darwinistas modernos la selección natural es principalmente *reproducción diferencial*, o sea, que unos individuos contribuyen más que otros al patrimonio genético de la siguiente generación. Pero otros factores podrían haber desempeñado un papel importante, y uno de los fundadores de la versión actualizada del darwinismo, Ernst Mayr, prestó gran atención a la geografía en su libro clásico *Systematics and the Origin of Species* (1942). La evolución se entiende mejor cuando miramos a nuestro alrededor y observamos que muchos animales están divididos en variedades regionales o razas que se identifican por cosas tales como el tamaño y el color, y que a menudo las especies estrechamente emparentadas ocupan zonas vecinas.

En otras palabras, con un plano delante, las clasificaciones que elaboran los biólogos adquieren otra dimensión. El mapa nos enseña que la aparición de una especie seguiría una serie de pasos en los que se iría diferenciando lentamente, primero como una mera población local apenas modificada, luego como una subespecie regional, mucho más reconocible físicamente, más tarde como «especie incipiente», muy distinta, para alcanzar finalmente el aislamiento genético, esto es, el punto en el que sus miembros ya no se cruzan con los componentes de otras especies (y si producen descendientes son estériles o poco fértiles). Entonces ha quedado fijada para siempre y se convierte en una entidad histórica, que solo puede prevalecer o extinguirse y pasar al registro fósil.

Dos especies del mismo género pueden vivir juntas, en el mismo territorio, y entonces se llaman *simpátricas*, o ser vecinas y *alopátricas*. La especiación geográfica era la que le interesaba a Mayr, y produce especies separadas geográficamente o alopátricas. Pero cuando nos encontramos, al juntar la clasificación con la cartografía, con que dos especies parecidas viven juntas (*simpátricamente*), nos vemos obligados a preguntarnos: ¿qué ha pasado? ¿Cómo es posible que hayan evolucionado por separado, y divergentemente, en el mismo lugar? ¿Qué les impedía a los individuos de las dos líneas cruzarse cuando todavía podían, antes de que se produjera el aislamiento genético? Mayr creía que al viejo darwinismo le faltaba la geografía para ponerse al día:

> Darwin pensaba en individuos cuando hablaba de competición, lucha por la existencia entre las variantes y supervivencia del mejor adaptado en un ambiente determinado. Tal lucha entre individuos lleva a un cambio gradual de las poblaciones, pero no a la aparición de nuevos grupos. Ahora se está comprendiendo que las especies se originan en general por la evolución de poblaciones enteras. Si uno cree en la especiación a través de los individuos, se es necesariamente partidario de la especiación simpátrica, porque los dos conceptos están muy unidos. Sin embargo, cada vez menos casos se interpretan como prueba de especiación simpátrica, y se ve más claramente que es necesario el aislamiento reproductivo [por la geografía] para hacer permanente la brecha entre dos especies incipientes, y que tal aislamiento reproductivo se puede desarrollar *solo en circunstancias excepcionales* [la cursiva es nuestra] entre individuos de una única población, que se cruzan entre sí [en un único sitio].

Algunos años después, Mayr empezó a ver que muchas nuevas especies podrían surgir a partir de una pequeña población periférica más o menos aislada, sin que el grueso de la especie participara en el proceso, ya que no experimentaría apenas modificaciones. Las poblaciones grandes, las centrales, cambian más lentamente que las pequeñas y aisladas, que están, además, sometidas a presiones de selección distintas y más fuertes, en sus ambientes particulares.

Las nuevas especies surgen, según este modelo, en la dura frontera, a partir de unos pocos individuos que fundan las poblaciones geográficamente marginales, que viven a menudo en hábitats poco favorables y tienen que adaptarse al nuevo nicho ecológico. Es lo que se conoce como *especiación alopátrica* («en otra casa», en traducción muy libre; parece que Darwin estaba más bien a favor de la *especiación simpátrica*, o «en casa», es decir, lo contrario de la alopátrica, pero quién sabe, tampoco podemos preguntárselo).

Si los paleontólogos comprobasen que ese modelo alopátrico ha sido preponderante en la historia de la vida, entonces la selección natural no habría sido la única protagonista de la evolución, porque su actuación a lo largo del tiempo sobre las poblaciones grandes no habría dado lugar a nuevas especies. La selección natural sería necesaria, pero, sin el aislamiento geográfico, insuficiente.

Posteriormente, en 1972, dos paleontólogos, Niles Eldredge y el famoso ensayista y divulgador Stephen J. Gould, partieron de la especiación alopátrica de Mayr para desarrollar su modelo evolutivo —que ya conocemos— del Equilibrio Puntuado. Según su interpretación del registro fósil, la aparición de una especie sería rápida —a escala geológica, se entiende— comparada con la duración posterior de la vida de la especie, durante la que apenas experimentaría cambios.

Para los darwinistas de la Síntesis Moderna la evolución es un proceso constante, algo que pasa en todas las generaciones, ya que la selección natural nunca descansa. Para Eldredge y Gould, durante la mayor parte del tiempo geológico no se da, en realidad, la evolución (hay fluctuaciones, variaciones sin dirección en las poblaciones, pero intrascendentes a largo plazo).

Si ese es el patrón verdadero, nuestra especie no se va a convertir en otra —al menos aquí, en la Tierra—, ya que el nuevo ser humano solo podría originarse a partir de una población incomunicada y pequeña, que ya no existe en este planeta que tanto maltratamos.

Pero cabe la posibilidad, con la que especulan los autores de ciencia ficción, de que algún lejano día los humanos habitemos mil mundos, por supuesto más alejados entre sí de lo que puede estarlo de cualquier tierra firme Hawái, el archipiélago más remoto de nuestro planeta. Así, dentro de mucho tiempo, por adaptación a las condiciones locales, la especie humana podría dividirse en mil razas, o tal vez en mil especies genéticamente aisladas entre sí, incapaces de reproducirse ya entre ellas.

Esa posibilidad de futuro, curiosamente, no la ha planteado ningún novelista, suponemos que por las mismas dos razones por las que Mayr no creía que en el pasado, al salir de África, el género *Homo* se hubiera escindido en múltiples especies locales: 1) porque la cultura hizo —y hará— innecesaria la adaptación biológica a las condiciones particulares de cada territorio, respondiendo a las presiones locales de selección, ya que los humanos nos adaptamos por medio de la tecnología, y 2) porque las diferentes poblaciones humanas siempre han estado —y estarán— en contacto unas con otras, intercambiando genes e imposibilitando la especiación.

En la ya clásica novela *Dune*, de Frank Herbert, hay muchos mundos habitados por el hombre, pero en todas partes la especie es la misma, *Homo sapiens*, con su físico, su inteligencia y sus pasiones. Sin embargo, las Bene Gesserit llevan innumerables generaciones tratando de producir, por medio de emparejamientos cuidadosamente estudiados, al Kwisatz Haderach: un mesías; humano, desde luego, aunque de superior linaje y talento. En 1965 el pobre Herbert se imaginaba a las sociedades supertecnológicas del lejanísimo futuro jugando a la selección artificial, como haría un pastor neolítico. No podía esperar que en un futuro mucho más cercano, solo medio siglo después, sería posible modificar directamente el genoma de cualquier especie, sin tener que recurrir a tantos cruces y líneas puras de descendencia.

14

EXPERIMENTOS MENTALES

Hay rocas que conservan, alegatos
al diluvio anteriores, las señales
que dejaron rastreros animales
de su paso en la tierra. Los estratos
pedernosos en esos garabatos
como con grandes letras capitales
nos dicen las memorias ancestrales
de sus vidas. El sabio los hiatos
de esas huellas supone y con tanteos
logra fijar la alcurnia de una raza
que pasó, mas el cielo a los ondeos
del volar de las aves no da caza.
En la historia del hombre los rastreos
quedan así, no de sus vuelos traza.

MIGUEL DE UNAMUNO,
«Paleontología» (1910)

UNA RECETA PARA FABRICAR UN SER INTELIGENTE... QUE REQUIERE MUCHO TIEMPO

Otro de los grandes artífices de esa Síntesis Moderna de la Evolución fue el biólogo inglés Julian Huxley. Este científico nos interesa ahora porque abordó la cuestión de las condiciones necesarias para el origen de una inteligencia (terrícola) como la nuestra en *The Uniqueness of Man* (una recopilación de artículos anteriores a 1941) y en su influyente obra de 1942 *Evolution: The Modern Synthesis* (*La evolución. Síntesis moderna*). Recordemos que Julian Huxley era hermano de Aldous Huxley, el célebre autor de *Un mundo feliz*, y que ambos eran nietos de otro Huxley famoso, el biólogo Thomas Henry Huxley, el principal valedor que tuvo Darwin en su tiempo.

La conclusión a la que llegó Julian Huxley era que hacía falta ser más o menos como somos los humanos para poder desarrollar una civilización tecnológica. Aunque Julian Huxley no se interesaba por los extraterrestres, se puede suponer que su razonamiento también sería válido para una inteligencia que evolucionara en otro planeta.

La cuestión que en realidad le inquietaba a Julian Huxley era la de si había habido progreso en la historia de la vida, una pregunta que puede parecer una simpleza, pero a la que no han dejado de darle vueltas los biólogos evolutivos, empezando por Lamarck, para quien la evolución *es* progreso. El problema reside en que para contestarla hay que decidir primero qué vara de medir se va a utilizar para evaluar el grado de complejidad de un organismo (casi todo el mundo parece admitir que «aumento de la complejidad» y «progreso evolutivo» son términos casi sinónimos). Solo cuando tengamos criterios objetivos para comparar unas especies con otras podremos saber qué grupos de organismos son superiores y cuáles inferiores en la biosfera actual, y si los seres vivos de ahora han progresado —son más avanzados, mejores, por decirlo claramente— respecto de los de la Era Terciaria (como se decía antes), y si estos superan a los de la Secundaria y, a su vez, los últimos a los de la Primaria (y no digamos a los anteriores, los del Precámbrico).

Al lector puede parecerle obvio que un mamífero está «más evolucionado» —como suele decirse vulgarmente— que un reptil o un pez, pero seguramente se encontraría en un aprieto si se le pidiera que diera una razón objetiva para pensar así. Y, antes de que lo intente, nos gustaría añadir que cualquier criterio que se pueda resumir en «cuanto más parecido sea un organismo a la especie humana, más ha progresado» suena bastante subjetivo y algo tramposo. Si un mejillón escribiera un tratado de zoología, solía decir en clase un profesor de la universidad, dividiría el mundo orgánico en «moluscos» y «no moluscos» (el gran paleontólogo Simpson opinaba, en cambio, que, si un pez pudiera hacer este tipo de consideraciones, entonces *sería* un humano).

Julian Huxley huyó de rasgos concretos, como el tamaño del cerebro o el número de neuronas, por ejemplo, que podrían parecer sospechosos de antropocentrismo (o sea, de barrer para casa), y se quedó con dos propiedades que son bastante más abstractas. La medida del progreso biológico sería la capacidad de un organismo para controlar su espacio interior y también el exterior, y para independizarse de él.

Puesto que, según J. Huxley, aplicando esos criterios somos la especie que más ha progresado, merece la pena preguntarse cómo lo hemos logrado, qué camino hemos tenido que seguir. De entrada, un organismo superior tiene que ser pluricelular, porque resultaría ridículo imaginar una ameba sabia. Los primeros seres vivos aparecieron en nuestro planeta hace mucho, unos 3.600 millones —sí, millones— de años (o más).

Durante una enormidad de tiempo solo hubo organismos unicelulares. Los primeros animales son mucho más modernos, ya que tuvieron que pasar cerca de tres mil millones de años desde que surgió la vida para que evolucionaran. No debe de ser fácil, pues, que se muevan muchas células juntas en un solo cuerpo.

Además, el ser pluricelular debe tener un medio interno con cavidades aisladas del exterior; una esponja tampoco es un buen candidato para construir naves espaciales y para viajar en ellas (la idea de una esponja con escafandra de astronauta resulta muy divertida, aunque ahora hay un popular personaje televisivo de dibujos animados... que es una esponja).

Un organismo de estas características —cierta complejidad y cavidades internas aisladas— puede llegar a diferenciar un tejido nervioso con un sistema más o menos centralizado de procesamiento de la información y coordinación de los movimientos de respuesta ante los estímulos, además de poseer unos órganos de los sentidos bien afinados que permitan, junto con el sistema nervioso central, formarse una aceptable representación del mundo exterior.

Huelga decir que solo los animales pueden llegar a ser inteligentes, porque únicamente en ellos tiene sentido hablar de comportamiento. Una planta, o cualquier otro tipo de organismo sintetizador de materia orgánica (es decir, *autótrofo*), no fabricará naves espaciales en ningún planeta, por muy bien que le vaya en términos de biomasa producida.

Nos vamos acercando a un ser inteligente, y también a una especie de nuestras características. Si el organismo vive en un mundo en el que la temperatura ambiente cambia —porque existen estaciones marcadas o por las oscilaciones entre la noche y el día—, es necesario que tenga un sistema para mantener la temperatura interna constante, sin caer en largos períodos de letargo e inactividad. En nuestro planeta solo las aves y los mamíferos son *endotermos*, es decir, que regulan por mecanismos fisiológicos su temperatura corporal. Para hacerlo es conveniente disponer de una epidermis con estructuras que mejoren el aislamiento térmico, como las plumas y los pelos. Es posible que algunos dinosaurios fueran también endotermos; a fin de cuentas, las aves son dinosaurios emplumados, y ya se conocen otros dinosaurios emplumados que no eran aves (sino grupos próximos).

Julian Huxley señalaba también la necesidad, para llegar a ser inteligente, de tener un desarrollo embrionario prolongado en un ambiente muy protegido, como la placenta (eso de soltar huevos por ahí, aunque luego se incuben, obviamente no es lo mismo).

Los mamíferos tienen el metabolismo muy alto y necesitan más calorías para vivir por cada gramo de peso que los demás animales, pero a cambio son —somos— muy activos, con comportamientos muy elaborados, entre ellos la vida en sociedades complejas. De entre todos los mamíferos, los primates llamados «superiores» tienen dos características muy útiles —si no imprescindibles— para convertirse en productores de tecnología. Por una parte, son —somos— los mamíferos más encefalizados; por otra, poseen —poseemos— un órgano, la mano, con grandes habilidades para la manipulación de objetos pequeños. De entre todos los primates superiores, el grupo de los *hominoideos* —formado por los grandes simios y nosotros— es el más encefalizado. (La encefalización, recordemos, se expresa como el tamaño del encéfalo —cerebro, puente y cerebelo— de una especie una vez que se elimina el factor talla, ya que hay grandes diferencias de tamaño dentro de los mamíferos.)

Los primates superiores tienen —tenemos—, además, unos ojos situados frontalmente que permiten una visión tridimensional —o estereoscópica— de los objetos situados delante de la cara y al alcance de las manos. Los humanos podemos fabricar y utilizar herramientas gracias a esas dos capacidades propias de los monos: la de ver los objetos en relieve y la de manipularlos con precisión. Ambas se las debemos a nuestro pasado aéreo, ya que surgieron como adaptaciones a la vida en los árboles.

Pero a esa larga historia como primates se debe otra de nuestras más importantes características: mientras que en la mayoría de los mamíferos predomina el sentido del olfato, nosotros nos representamos el mundo en imágenes. Es difícil que se pueda pensar por medio de olores (y de hecho imaginamos a base de... imágenes).

Bueno, escribía Julian Huxley, ya solo hacía falta que el prehomínido se bajara de los árboles para que se convirtiera en un homínido y que desarrollara el lenguaje para que llegara a hacerse consciente. Aunque este último paso no es tan simple como parece, tenemos completado el argumento de J. Huxley, que sería: la reflexión solo podía surgir en un primate, y de nuestras características.

Podríamos pensar que todas esas capacidades son indispensables para desarrollar una civilización tecnológica en cualquier planeta: representarse el mundo en imágenes, tener apéndices para manipular objetos, la visión tridimensional, por supuesto un órgano muy potente para el procesamiento de información —un cerebro—, desarrollo embrionario prolongado en una cavidad interna del cuerpo de la madre, control de la temperatura corporal, etc.

Recapitulando, la fórmula magistral para producir un ser dotado de razón, al menos en la Tierra, que proporciona J. Huxley no puede ser más clara:

> Estamos ahora en condiciones de definir la singularidad de la evolución humana. El carácter esencial del hombre como organismo dominante es el pensamiento conceptual. Y este solo pudo haber surgido en un animal pluricelular, con simetría bilateral, cabeza y sistema circulatorio, un vertebrado en vez de un molusco o un artrópodo, entre los vertebrados uno terrestre, y entre los terrestres un mamífero. Finalmente, solo podía aparecer en una línea de mamíferos gregarios, que tuvieran un solo hijo cada vez y no varios, y que recientemen-

te se hubieran vuelto terrestres después de un largo período de vida en los árboles.

Si esta receta fuera universal, todos los extraterrestres con los que contactemos en el futuro tienen que ser «hombrecillos», y quizá con un pasado arbóreo, o algo parecido, en otro planeta.

Centauros

William W. Howells, anteriormente citado a propósito del posible valor funcional —o, por el contrario, resultado del azar— de las diferencias físicas entre los pueblos de la Tierra, se preguntaba en el último capítulo, titulado «Cómo ser un humano», del libro *Mankind in the Making*, si los humanos habíamos aparecido enteramente por casualidad o si había algún determinismo en nuestra forma de ser; es decir, si las leyes de la materia imponían alguna condición a nuestra anatomía, o si la inteligencia y la consciencia podían haber tomado asiento en un cuerpo cualquiera.

La respuesta podría estar, concluye, en la ciencia ficción. ¿Cómo serán los extraterrestres, entonces? Porque Howells estaba convencido de que los había. Aunque solo existiera vida inteligente en una estrella de cada mil millones, dado el tamaño del universo esa sería una excelente probabilidad. Sin saber que Julian Huxley había especulado años antes en términos parecidos, solo que para la vida en la Tierra, Howells llegó a conclusiones no muy diferentes. Por cierto, nosotros tampoco habíamos leído esos dos libros cuando nos pusimos a pensar, hace mucho tiempo, en escribir sobre los extraterrestres como un «experimento mental» que nos ayudara a entender cuáles de nuestros rasgos son inevitables (necesarios o esenciales) y cuáles son anecdóticos (circunstanciales o accesorios).

Hace falta tener órganos de los sentidos, se le ocurre a Howells, lo normal es que estén delante, que haya un sistema nervioso de tipo eléctrico, que tenga un gran centro de control cerca de los órganos de los sentidos, es decir, que haya una cabeza. Con su fino sentido del humor, dice que no se imagina cosas tales como los cereales del desayuno moviéndose por todo el cuerpo, así que tiene que haber un sistema circulatorio, etc.

Y por cierto, ¿reproducción sexual o asexual? Y en el primer caso, ¿cuántos sexos tendrán los extraterrestres? Esta cuestión es muy interesante, porque los animales —en este planeta— tienen sexo y, como dice Howells, sin quejas. Pero no es fácil contestar a la pregunta de por qué se ha impuesto, en general, la reproducción sexual sobre la asexual en los organismos multicelulares. Bien mirado, ¿qué ganamos con renunciar a la mitad de los genes de nuestros hijos si se les podría transmitir —asexualmente— el genoma entero? ¿Qué ventajas tiene «mezclar las sangres» en lugar de producir clones —copias exactas— de nosotros mismos? ¿Por qué no prosperan las hembras partenogenéticas que se reproducen sin el concurso del macho en algunas especies de reptiles? Poniendo el mismo número de huevos que las normales —no partenogenéticas—, transmitirían el doble de genes y llegarían a ser mayoría en poco tiempo en una población.

Obviamente, la reproducción sexual da lugar a nuevas combinaciones de genes, y por eso no hay dos individuos iguales (salvo que sean gemelos, es decir, clónicos). La selección natural opera sobre la variación y tiene más cancha con la reproducción sexual, ya que aparece en el planeta un nuevo genotipo con cada recién nacido. La respuesta a los cambios ambientales es también mejor, al menos en teoría. Pero, claro está, el sexo no existe *para* que la selección natural tenga más variantes entre las que elegir, ya que no hay propósito en la naturaleza. Es posible que a largo plazo —a la escala de tiempo geológico— los organismos sexuados hayan sido, gracias al trabajo de la selección natural, más aptos que los asexuados, pero tiene que haber, piensan muchos, algún beneficio más inmediato.

Tal vez la recombinación genética sea un arma fundamental contra el acoso de los parásitos microscópicos; como ellos se reproducen a gran velocidad y se adaptan muy deprisa a su hospedador, lo tendrían mucho más fácil si una especie estuviera formada por una serie de líneas genéticas que no cambian.

Pero, puestos a elucubrar, el hecho es que podría haber tres sexos, y cada uno de ellos aportaría la tercera parte de los genes a los descendientes. ¿Serían más divertidos los tríos? Puede ser, y habría más recombinación genética, pero también costaría más trabajo formarlos. En las especies de fecundación externa, como los erizos de mar o los peces, las hembras y los machos sueltan sus gametos —o células sexuales— en el agua para que allí se junten. Al parecer, podría funcionar bien un sistema con más de dos sexos. En las especies de fecundación interna —como los reptiles, aves y mamíferos, también en los tiburones— hay que acoplarse, lo que complica las cosas para formar tríos. Isaac Asimov escribió una interesante novela titulada *Los propios dioses*, en la que, si no recordamos mal, una extraña especie inteligente se reproduce con tres sexos. Por su parte, Howells piensa que dos sexos es lo más probable también para los alienígenas.

Sin embargo, no le convence nuestra postura bípeda. Es necesario liberar las manos para que sean una herramienta eficaz, razona, un órgano capaz de producir y manejar tecnología, y eso nos ha obligado a erguirnos, pero solo porque nuestros antepasados eran cuadrúpedos, como el resto de los primates. Y eso se debe, en última instancia, a que los primeros anfibios eran tetrápodos (seres de cuatro patas) porque procedían de unos vertebrados acuáticos —los *crosopterigios* o peces de aletas lobuladas— que solo tenían un par de aletas delante —las pectorales— y otro par detrás —las pelvianas—. Si hubieran tenido tres pares, entonces seríamos hexápodos, como los insectos, y las extremidades anteriores se podrían haber utilizado para la manipulación y los dos pares posteriores, para la locomoción. ¿Qué tiene de malo el diseño de un centauro? No se puede crecer demasiado siendo un primate bípedo, ya que hay que soportar todo el peso sobre las piernas (los tiranosaurios se ayudaban de una cola muy gruesa), pero un extraterrestre de seis patas podría tener un cuerpo algo mayor que el nuestro, incluso en una gravedad como la de la Tierra.

La Máquina

«Usted —me suele decir Recalde— es uno de los tipos verdaderamente europeos que tenemos en Lúzaro. Su abuelo, el suizo, debía ser un dolicocéfalo rubio, un germano puro sin mezcla de celta ni de hombre alpino. Los Andía son lo mejor de Elguea, del tipo ibérico más selecto. ¡Lástima que se cruzaran con esos Aguirre de cabeza redonda!»

En broma, Pío Baroja refleja en *Las inquietudes de Shanti Andía* (1911) la gran importancia que daban los antropólogos de la época a la forma de la cabeza.

William Howells fue el gran renovador de la antropometría craneal. La forma de la cabeza había sido, en efecto, durante muchísimos años una de las bases de la *raciología*. Utilizando las medidas clásicas y otras nuevas de su cosecha, Howells reunió los valores de muchas series de cráneos y las estudió por medio del análisis multivariante o factorial, que es una técnica matemática que permite tratar a muchos individuos y muchas variables al mismo tiempo, pero que requiere un ordenador por la cantidad de cálculo que comporta. Eso no es ningún problema hoy en día, pero lo fue en el pasado. Uno de nosotros, Juan Luis, utilizó el análisis factorial en su tesis —en la que hacía lo mismo que Howells, pero en el hueso coxal de la cadera—, y entonces teníamos que perforar las tarjetas de datos —una por cada individuo— y llevar el paquete con todas ellas al gran ordenador central de la universidad, que estaba instalado en un edificio que parece un gran cofre de hormigón. En él se encontraba La Máquina, un IBM cuya capacidad, asombrosa en aquella época, era inferior a la de cualquier portátil actual. Al día siguiente, si no te habías equivocado al perforar alguna tarjeta de instrucciones, salía una lista en «papel pijama» (rayado) con los resultados de los cálculos.

Por lo general, los múltiples diámetros que se miden en los sujetos de estudio (cráneos, caderas o lo que sea) no son completamente independientes entre sí, sino que se pueden agrupar en subconjuntos de medidas relacionadas unas con otras. Esos subconjuntos se llaman *factores*, y a veces es posible explicar casi toda la variación con unos pocos de ellos, simplificando de esta manera el análisis. En vez de con decenas de medidas, trabajamos solo con dos o tres dimensiones, que son combinaciones lineales de las variables brutas de las que se parte. Por lo general, el primer factor tiene mucho que ver con el tamaño, porque en un individuo grande todas las medidas que se tomen tienden a ser mayores que en un sujeto pequeño. El segundo factor y los siguientes ya expresan la forma, o mejor, diferentes componentes de la forma. Una de las grandes ventajas de este tipo de tratamiento de la información métrica es que permite, hasta cierto punto, separar el tamaño de la forma, lo que sin duda es útil, porque dos especies de la misma talla pueden ser muy diferentes, aunque lo contrario es igualmente frecuente.

De este modo, Howells pudo entender por fin qué diferencias había entre las poblaciones humanas en la forma del cráneo —un tema clásico donde los haya en antropología— y ver cómo se agrupaban entre sí las colecciones de esqueletos que procedían de diferentes regiones geográficas. Otros estudios, como los lingüísticos y los primeros trabajos de biología molecular y genética, fueron despejando el camino para el conocimiento moderno y riguroso de la variabilidad humana.

No se puede descartar que lo comprobemos algún día, aunque nos confesamos muy escépticos. Pero a los más inclinados a creer puede que les ilusionen estas enigmáticas palabras del final del prólogo de la novela *2001. Una odisea del espacio*:

> ¿Por qué no han acontecido ya tales encuentros, puesto que nosotros mismos estamos a punto de aventurarnos en el espacio?
>
> ¿Por qué no, en efecto? Solo hay una posible respuesta a esta muy razonable pregunta. Mas recordad, por favor, que esta es solo una obra de ficción.
>
> La verdad, como siempre, será mucho más extraordinaria.

El planeta de los simios

Queda un tema por tocar. Una cosa es que la consciencia solo pudiera nacer —aquí y en cualquier otro planeta— en un organismo del «estilo» de un homínido y otra muy distinta que, desde el momento en que apareciera la vida, la evolución subsiguiente tuviera que producir, necesariamente, tal clase de organismo. ¿Cuál es el valor de la quinta incógnita de la ecuación de Drake?: la probabilidad de que florezca la inteligencia en un planeta con vida, que la materia se vuelva consciente y se piense a sí misma. Casi nada. Hay mucha gente que está convencida de que tal resultado es inevitable (probabilidad = 1), porque a través de la competencia entre diseños la selección natural terminará por crear el más perfecto de todos: el nuestro.

Otros, por el contrario, piensan que en realidad la selección natural, tal y como la concibió Charles Darwin al menos, no promueve la excelencia, sino que simplemente aumenta la adaptación de los organismos. O mejor aún, puesto que son muchas las especies que evolucionan en este competitivo mundo, la selección natural permite que los organismos mantengan su nivel de adaptación —los que puedan, claro— mientras otros pierden aptitud, porque sus genes, traducidos en el diseño o plan general de su cuerpo, ya no «dan más de sí» y se acaban extinguiendo. Como le dice la Reina Roja a Alicia (en *A través del espejo*, de Lewis Carroll): «Lo que es *aquí*, como ves, hace falta correr todo *cuanto una pueda* para permanecer en el mismo sitio. Si se quiere llegar a otra parte hay que correr por lo menos dos veces más rápido».

Volviendo a la ecuación de Drake, en el caso particular de nuestro planeta, ¿cuál era el valor de la quinta incógnita el día en que surgió el primer ser vivo en él —un organismo unicelular, parecido a una bacteria, que vivía en una atmósfera sin oxígeno—, de esto hace quizá 3.800 millones de años? ¿Qué probabilidad tenía aquel ser microscópico de, andando el tiempo, dar lugar a una especie tecnológica?

Hay una forma de jugar a este juego de si la aparición de la inteligencia es la consecuencia inevitable de la evolución en cualquier planeta en el que prende la llama de la vida. Cambiemos las preguntas. ¿Qué pasaría si se extinguiera el ser humano y quedaran los grandes monos? ¿Evolucionaría alguno de nuestros parientes más cercanos, el chimpancé, el bonobo y el gorila en África, o el orangután en Asia, para producir una segunda versión humana, como en la película *El planeta de los simios* (1968), de Franklin J. Schaffner?

¿Y si se extinguieran todos los «primates superiores»? ¿Y qué ocurriría si no quedara ningún mamífero placentario y solo hubiera marsupiales, como los canguros? ¿Y si no se hubieran extinguido catastróficamente los dinosaurios a causa de la inesperada llegada de un meteorito aniquilador y siguieran reinando en los ecosistemas terrestres? Porque si para que aparezca un ser inteligente en la Tierra tienen que darse circunstancias tan concretas como las de nuestra historia, que son irrepetibles, eso quiere decir que no es tan fácil que ocurra.

El paleontólogo Dale Russell ha especulado acerca de la posibilidad de que algún dinosaurio del tipo *Troodon*, de haber sobrevivido a la extinción del final del Mesozoico, hubiera podido desarrollar una gran inteligencia, sin necesidad de convertirse antes en un mamífero (o similar), un primate, un simio, etc., o sea, saltándose los 70 millones de años de evolución de los monos y todos los anteriores de los mamíferos ancestrales que convivieron con los dinosaurios. La reconstrucción del aspecto que tendría el reptil superdotado es bastante humanoide, aunque nos recuerda más a algunos extraterrestres de fría piel de reptil que visitan la Tierra en las obras de ciencia ficción (y que son crueles, despiadados y perversos, como en la serie de televisión *V* o en el filme *Depredador*).

Es paradójica la idea de Julian Huxley de que si hemos llegado tan lejos —si hemos progresado tanto— es porque nos hemos especializado poco, porque en cierto modo somos primitivos. Es verdad que los primates, como orden zoológico, han conservado muchas estructuras antiguas que en otros órdenes se han perdido o modificado mucho, como, por ejemplo, el número de dedos de las manos y de los pies (el caballo solo tiene uno, y los delfines, que son muy inteligentes, han transformado de tal modo sus extremidades en aletas que no podrían manejar herramientas con ellas).

Asimismo, dentro de los primates superiores, en el grupo de los *hominoideos* nosotros somos los más «generalizados» o «generalistas» —los menos especializados—, según Julian Huxley. Los simios se han metido en callejones sin salida, hasta el punto de que, si los seres humanos desaparecieran de la Tierra, nuestros parientes más cercanos no podrían dar lugar a otra criatura inteligente, opina este autor, ya que han dejado atrás la cepa «generalizada» de la que podría rebrotar un ser pensante. Somos la línea a través de la cual podría generarse más progreso, concluye. Más aún, todos los animales vivientes están demasiado especializados, y la nuestra es la única especie que aún puede evolucionar. Para el resto de la biosfera, el cambio ha concluido. Vivimos, según J. Huxley, el final de la historia de la vida.

Es curioso como en cada momento se tiene la impresión de estabilidad, de que nada sustancial va a variar en el futuro y de que ya hemos llegado al término del viaje. Somos habitantes del presente. El final de la historia (social) ya ha sido decretado varias veces, por el filósofo Hegel y por otros; la más reciente, por el neoconservador estadounidense Francis Fukuyama en un libro que tuvo mucho eco.

El paleontólogo George G. Simpson había leído y elogiaba el libro de J. Huxley, que consideraba una excelente explicación del nuevo darwinismo, pero no coincidía en todos los puntos. Para empezar, recelaba de la idea de progreso como principal argumento de la evolución, porque tenía muchas dudas acerca de cómo podría definirse el progreso evolutivo y, según los criterios utilizados, el resultado variaba, y desde luego el hombre no siempre figuraba a la cabeza (aunque era el que lo hacía más a menudo). Además, en su libro *The Meaning of Evolution* dice respecto de la posibilidad de que la razón pudiera evolucionar otra vez:

> Se ha sugerido que todos los animales se encuentran ahora especializados y que las formas generalizadas de las que dependen los grandes desarrollos evolutivos ya no existen.

Sin embargo, Simpson pensaba que todavía quedan formas poco especializadas y, por lo tanto, aún muy adaptables, del mismo tipo de las que en el pasado dieron lugar a las grandes radiaciones evolutivas, y que podrían hacerlo otra vez: «La zarigüeya [un marsupial americano] no está ahora mucho más adaptada que en el Cretácico [último período de la Era Secundaria o Mesozoico] y es casi seguro que podría volver a radiar si hubiera de nuevo espacios ecológicos disponibles».

Las *radiaciones adaptativas*, utilizando el lenguaje de la paleontología, se producen cuando a partir de un animal poco especializado (un mamífero primitivo, por ejemplo), en un momento en el que hay poca competencia ecológica (debido a la desaparición de los dinosaurios, pongamos por caso), surgen en diferentes direcciones evolutivas, como rayos, múltiples variantes del mismo tipo de animal, pero con formas más especializadas, cada una a su manera: carnívoros, cetáceos, murciélagos, elefantes, primates... Y prosigue Simpson:

> Incluso, una re-radiación de los primates sería enteramente posible si los monos actuales fueran eliminados y sus nichos ecológicos vacíos continuaran existiendo, porque las actuales tupayas [los parientes vivos más cercanos de los pri-

> mates] no tienen especializaciones que claramente les impidieran repetir la radiación. Por supuesto, tal radiación no sería idéntica [...] porque una repetición exacta de las mismas condiciones es imposible.

¿Y qué pasaría si los extinguidos fuéramos nosotros?

> Si el hombre desapareciera, es muy improbable que algo muy similar evolucionara de nuevo, aunque no lo veo imposible. Las formas ancestrales exactas han desaparecido [...]. Sin embargo, es cierto que la inteligencia humana y la adaptabilidad individual tienen un alto valor selectivo en la evolución y que otros animales tienen una base para un desarrollo similar. O al menos, sus requisitos más antiguos y fundamentales son bastante comunes entre los mamíferos, incluso fuera de los primates: el uso de las extremidades anteriores como las manos para la manipulación, con una coordinación precisa con el ojo, está presente no solo en todos los primates sino también en muchos roedores y algunos carnívoros.

Deducimos, por lo tanto, que para Simpson no era descartable que apareciera un ser pensante, y que habría de ser capaz de manipular objetos con precisión.

Pero ¿qué pasaría si la vida empezase otra vez, desde la primera y remota célula? ¿Surgiría algo que recordara —aunque fuera vagamente— a un humanoide? Simpson se planteó esta pregunta en 1963 en un libro titulado *This View of Life: The World of an Evolutionist* («Esta forma de ver la vida. El mundo para un evolucionista»; el capítulo 13, que es el que nos interesa ahora —titulado «The Nonprevalence of Humanoids»—, apareció también en la revista *Science*). En él Simpson examina las posibilidades de vida inteligente fuera de nuestro planeta, y —en su caso— las de comunicarnos con nuestros «iguales» extraterrestres. Dedica Simpson mucho espacio a describir la complejidad de la vida, y la dificultad de que surja incluso en su forma más elemental. A pesar de ello, y dada la vastedad del universo, no se puede descartar.

Sin embargo, el desarrollo de la vida, si llegara a producirse en un planeta cualquiera, no tiene ninguna dirección y no conduce necesariamente a un ser inteligente y tecnológico. La evolución está regida por la *contingencia*, la serie de circunstancias que se producen a lo largo del tiempo (que no es lo mismo que el azar), y no por el *determinismo* (ya que el futuro no está escrito). La visión no finalista de la evolución —y, por lo tanto, plenamente darwinista— que tenía Simpson le llevaba a la siguiente conclusión:

> La suposición, tan liberalmente hecha por astrónomos, físicos y algunos bioquímicos, de que una vez que arranca la vida donde sea aparecerán inevitablemente los humanoides es completamente errónea. Las posibilidades de duplicar al hombre en cualquier otro planeta son las mismas que las de que el planeta y sus organismos hayan tenido en todo lo esencial la misma historia que la Tierra durante miles de millones de años. Dando por hecho la afirmación no probada de millones o miles de millones de posibles hogares planetarios para la vida, las posibilidades de una repetición histórica como esa son todavía infinitamente pequeñas.

La Bomba

William W. Howells, el antropólogo, también quiso hacer este experimento mental de barrer a la humanidad de la Tierra —o, más bien, de imaginar que fuera tan estúpida de hacerlo ella misma en una guerra nuclear— a ver qué pasaba, sin saber que ya se les había ocurrido la misma idea a J. Huxley y G. G. Simpson. Los grandes monos le parecían demasiado especializados y excesivamente entretenidos en buscar fruta por los árboles como para liberar las manos. Los monos más pequeños podrían volverse humanos, y entonces tendríamos cola (por cierto, como los humanoides que habitan el bosque del planeta Pandora en la reciente película *Avatar*, de James Cameron); pero ¿por qué no han realizado ningún movimiento en todo el tiempo que llevan existiendo para parecerse a los antropomorfos o a nuestros antepasados directos?

El resto de los mamíferos está demasiado especializado, salvo tal vez la pequeña tupaya —la favorita de Simpson para recomenzar la evolución de algo parecido a los primates—, a la que no obstante habría que despejar el camino de competidores —como los propios monos actuales, para empezar— y depredadores, porque si no, ¿cómo iba a hacerlo?

Si la tupaya fallara, entonces estamos listos porque nos faltan todos los «eslabones perdidos» de nuestra evolución y los vertebrados que hay ahora no sirven. Por ejemplo, los únicos peces de aletas lobuladas que podrían evolucionar, los celacantos, se ocultan a demasiada profundidad en el mar como para colonizar de nuevo la tierra firme.

Pero es que, además, en este momento los continentes están llenos de vida. El problema de fondo es que, aunque hubieran sobrevivido los «eslabones perdidos», ahora no tendrían un mundo que conquistar como en su tiempo. Para producir un ser con nuestra inteligencia habría entonces que empezar la vida de nuevo, a partir de moléculas, por lo que será mejor, concluye sarcásticamente Howells, detener la mano antes de soltar la Bomba.

Rebobinar la cinta de la vida

Contábamos con que Stephen J. Gould, siempre opuesto a todo lo convencional, despreciara por completo la idea de que la aparición de la razón fuera un resultado probable, o incluso esperable, de la evolución, como si fuera su destino. Una idea demasiado apegada a la tradicional soberbia de la raza humana y a su pretensión de ser una especie elegida, el fin y la culminación de toda la evolución; así creíamos que pensaría Gould. Pero nos equivocábamos. La quinta incógnita no era para él tan cercana a 0. En su conocido libro *El pulgar del panda* (1980), Gould compara la evolución con la lluvia en la montaña. Pendiente abajo se forman regueros que se unen en cauces que terminan formando valles que llegan al mar:

> ¿Acaso no implica la pendiente inicial una leve predecibilidad? Tal vez el reino de la consciencia ocupe una extensión tan grande de la costa que, finalmente, algún valle tendría que alcanzarlo.

Claro que hay que tener muy en cuenta el factor tiempo:

> Casi todas las gotas se secan. Costó tres mil millones de años que se formara cualquier valle de consideración sobre la pendiente inicial de la Tierra. Podría haber costado seis mil millones de años, o veinte mil, por lo que podemos saber. Si la Tierra fuera eterna podríamos hablar de inevitabilidad. Pero no lo es.

Ahora bien, una cosa es que la inteligencia pueda —como mera posibilidad— surgir en alguna clase de criatura, del tipo que sea, si se dispone de tiempo suficiente, y otra muy distinta es que la llegada de nuestra especie en concreto, el advenimiento de la humanidad al teatro de la vida, tuviera que producirse como una consecuencia forzosa de la evolución, irrevocable desde que esta se puso en marcha.

En otras palabras, ¿estábamos predestinados a nacer los seres humanos? ¿Era inevitable que llegáramos a existir? ¿O del mismo modo que aparecimos los humanos en este planeta podríamos no haber evolucionado nunca, ni nosotros ni nada parecido, ni siquiera los primates, ni los mamíferos, ni tampoco los vertebrados? ¿Está la historia de la vida gobernada por la contingencia (las circunstancias, el azar)? ¿No hay asomo de necesidad?

En su celebrado libro *Vida maravillosa*, Gould propone un experimento mental para abordar esta cuestión de la necesidad de la especie humana. Rebobinemos la cinta de la vida —era la época del vídeo—, parémosla en un punto determinado, por ejemplo, hace 530 millones de años, en la época (Cámbrico Medio) del famoso yacimiento canadiense de Burgess Shale, que registra una asombrosa y desconcertante explosión de organismos pluricelulares marinos de muchos tipos, entre los que se cuenta el cordado *Pikaia*, uno de los antepasados de los vertebrados, y apretemos el botón de *play*. ¿Qué pasaría entonces? Si fuera posible dar marcha atrás en el tiempo, no tendríamos que hablar de *exfuturos*, sino de futuribles (pero este experimento solo se puede realizar dentro de nuestras cabezas).

En resumidas cuentas, Gould viene a decir que el ser humano no habría existido —ni nada parecido, ni siquiera los vertebrados en su conjunto— si un tipo de organismo muy concreto llamado *Pikaia* no hubiera sobrevivido a la gran extinción de final del Cámbrico, que truncó muchas de las avenidas evolutivas que estaban abiertas en Burgess Shale. (Aunque hoy sabemos que *Pikaia* no es nuestro antepasado, porque se han encontrado auténticos vertebrados de su misma edad en China, el razonamiento no cambia.)

Gould añade que algunas personas encuentran deprimente que seamos un mero producto de la contingencia, una entidad histórica más, y no la encarnación de alguna «gran ley del universo». Pero a él esa idea le parece una fuente de libertad y de responsabilidad moral: «Somos hijos de la historia y debemos buscar nuestros propios caminos en este universo, uno de los posibles, tan diverso e interesante, que es indiferente a nuestro sufrimiento, y nos ofrece en consecuencia libertad máxima para triunfar o fracasar en el camino que escojamos».

Nos llama la atención que este final sea tan semejante al célebre párrafo con el que termina Jacques Monod su obra *El azar y la necesidad*: «La antigua alianza ya está rota; el hombre sabe al fin que está solo en la inmensidad indiferente del universo de donde ha emergido por azar. Igual que su destino, su deber no está escrito en ninguna parte. Puede escoger entre el reino y las tinieblas».

Mejor que no vengan

En *Vida maravillosa*, Gould presta mucha atención a las investigaciones del paleontólogo inglés Simon Conwoy Morris sobre las faunas cámbricas de Burgess Shale. Y, sin embargo, este autor[1] no llega a las mismas conclusiones que Gould sobre la naturaleza radicalmente contingente de la historia de la vida (es decir, del absoluto predominio de las circunstancias, de los caprichos del ambiente).

Por el contrario, cree que, dadas las características de la materia viviente, las principales líneas de su evolución son

1. «Predicting what extraterrestrials will be like: and preparing for the worst», *Philosophical Transactions of the Royal Society A*, n.º 69 (2011), pp. 555-571.

inevitables. Se basa para ello en las numerosas convergencias evolutivas que se observan en el registro fósil y que podemos encontrar también en la actualidad (tantas formas de animales o de plantas que se parecen entre sí, pero que tienen orígenes muy diferentes). Eso quiere decir que una y otra vez aparecen los mismos patrones de organización.

O, dicho de otro modo, eran inevitables la aparición de organismos pluricelulares, de animales, la reproducción sexual, la homeotermia o regulación de la temperatura corporal para mantenerla constante frente a los cambios del ambiente (frente a la contingencia, precisamente), el desarrollo embrionario prolongado en la seguridad del interior del cuerpo de la madre y alimentado por ella, e incluso la inteligencia, que, por cierto, ha evolucionado también en diferentes líneas de animales.

Las grandes catástrofes —en forma de meteoritos, volcanes o cambios climáticos—, que se han sucedido y que han eliminado a grupos enteros de organismos que dominaban hasta ese preciso momento la biosfera, no han hecho más que acelerar lo inevitable, ahorrarle tiempo —cientos de millones de años— a la evolución.

Los dinosaurios y otros grandes reptiles estaban condenados, y su extinción en masa a causa de un cataclismo solo adelantó su final anunciado. Los mamíferos y las aves (que, por otra parte, son un tipo de dinosaurio) los habrían sustituido antes o después; como muy tarde cuando el clima del planeta empezó a enfriarse en la siguiente era.

El resultado de la especulación de Conway Morris es que, si la cinta de la vida se rebobinara y los primeros vertebrados desaparecieran, habría vuelto a surgir algo parecido a los mamíferos, incluso al ser humano. Y esas consideraciones valen para la vida, si es que existe, fuera de la Tierra, de la que Conway Morris no espera grandes novedades.

En primer lugar, porque cree que en nuestro planeta la

vida prácticamente ha llegado a los límites tolerables de presión (muy grande en las profundidades marinas, muy pequeña en la alta atmósfera), temperatura (por arriba y por abajo), salinidad, sequedad, pH (acidez y lo contrario, alcalinidad), etc., en los que es posible que exista, aquí o en cualquier otro planeta. No pueden existir en nuestro planeta formas de vida adaptadas a otros ambientes porque no existen otros ambientes en los que la vida pueda darse (por lo menos en cuanto a la vida basada en el carbono, que es la única que conocemos).

En segundo lugar, Conway Morris no espera mucha originalidad en los extraterrestres, porque no cree que la materia viva pueda organizarse de una forma radicalmente distinta en otro sitio y, por lo tanto, la evolución la habrá llevado a desenlaces similares a los que ya conocemos.

¿Cuáles son, pues, las alternativas? Una es la de que no haya vida en ningún otro lugar del universo, que es lo que Conway Morris considera más probable, porque habiendo multitud de planetas más viejos que el nuestro, si en ellos hubiera brotado la vida ya habrían evolucionado allí seres inteligentes y no hemos recibido nunca su visita. La segunda posibilidad es que existan otros seres muy parecidos a nosotros, y en ese caso, el día que nos visiten podemos prepararnos para lo peor. Mejor que no vengan.

Progreso y *propósito* no significan lo mismo

¿Por qué hemos dedicado tanto espacio en el libro a estos dos improbables experimentos mentales: cómo serían —o, si lo prefiere, cómo son— las criaturas inteligentes del espacio y qué pasaría si desapareciéramos de la faz de la Tierra? La conclusión a la que llegamos siempre después de alguna especulación interesante es que, si la imaginación se eleva sobre una buena base de datos empíricos, puede que no obtengamos ninguna solución totalmente satisfactoria, pero seguro que aprenderemos mucho con el ejercicio. Por ejemplo, sobre aquella parte de nuestra historia evolutiva que es más antigua, pero que se manifiesta en la mayor parte de nuestro diseño corporal y de nuestras funciones. Porque, ya que en este libro no se habla de todos los rasgos que los humanos compartimos con otros animales, sino de los que nos son exclusivos, hemos querido reflexionar antes sobre cuánta evolución fue necesaria para llegar hasta el primer homínido, el fundador de nuestro linaje. Y de todo ello creemos que puede extraerse una importante lección.

Siempre nos hemos preguntado por qué, si ya nadie busca propósitos en el mundo de la química, de la física o de la geología (en las reacciones entre ácidos y bases, en la gravedad, en los desplazamientos de las masas continentales, en el fluir de un río, en un terremoto o en una erupción volcánica, aunque produzcan grandes desgracias), hay que perseguirlo en la biología, que es la otra ciencia experimental. Jacques Monod contestaría seguramente que porque es más difícil desprenderse del pensamiento animista o mágico en el mundo orgánico, donde la mente humana tiende siempre a buscar una voluntad detrás de las cosas, como antaño se atribuía al rayo. Y eso se debe a que los órganos y las acciones de los seres vivos cumplen funciones, como si tuvieran propósito. Por eso decimos normalmente que sirven para algo.

Muchas personas que razonan de buena fe tienen seguramente una confusión entre las ideas de «progreso» y de «propósito» en la evolución. Las palabras se parecen, pero hemos de poner mucho cuidado en distinguirlas. El progreso —el aumento de la complejidad— puede darse por procesos naturales. El propósito, en cambio, requiere siempre finalidad, intención, proyecto, un plan por parte de alguien.

Para el tantas veces mencionado J. Huxley, que creía de veras —como hemos visto— en la idea de «progreso evolutivo», ambos términos no son sinónimos: «El propósito manifestado en la evolución [...] es solo aparente. Es un producto de fuerzas ciegas, como la caída de una piedra a tierra o la subida y bajada de las mareas. Somos nosotros los que hemos creído ver propósito en la evolución, como el hombre primitivo proyectaba voluntad y emoción en fenómenos inorgánicos como la tormenta o el terremoto».

Un gran antropólogo británico, sir Wilfrid le Gros Clark (1895-1971), reconocía en su importante libro *The Antecedents of Man* (1959) que en cierto sentido está justificado considerar al hombre como la cumbre de la evolución de los primates, porque todo indicaba que fue una de las últimas especies en aparecer y, desde luego, la de mayor éxito.

> Pero no debe inferirse de aquí que el *Homo sapiens* era, por decirlo así, el *objetivo* de la evolución de los primates, porque no hay razón para suponer que el curso del cambio evolutivo fue un progreso constante y continuo encauzado en una dirección estrictamente predeterminada que lleva al hombre. Cualquier secuencia evolutiva, examinada retrospectivamente, tal y como aparece en el registro fósil, puede ser arbitrariamente presentada como una tendencia inevitable dirigida por alguna inclinación inherente y desconocida, una concepción a la que se le ha dado el nombre de «ortogénesis». Tal apariencia, sin embargo, es ilusoria y no tiene en cuenta las abundantes ramificaciones que caracterizan a la evolución de todo grupo de animales. La mayor parte de las ramificaciones fueron, en efecto, de corta vida (en términos de tiempo geológico) y se extinguieron. Estas fueron las lí-

neas fracasadas de la evolución, y solo ignorándolas y limitando la atención a las líneas con éxito se obtiene la impresión de una tendencia ortogenética.

Aunque algunos creían en la idea de «progreso evolutivo» y otros eran más escépticos respecto de esa noción, los creadores de la Nueva Síntesis de la Evolución y otros biólogos y paleontólogos de la época influidos por los neodarwinistas estaban de acuerdo en negarle todo propósito. Simplemente, no sería científico. Theodosius Dobzhansky, que era un hombre con firmes convicciones cristianas y creía en una Creación por Evolución, lo expresaba así: «La evolución de la vida solo tiene un propósito discernible, y es la vida en sí misma».

La casualidad es un árbol que no produce frutos

Es injusto que se hable de evolución humana cuando no existe ninguna prueba, no existe y aunque gasten tiempo y dinero jamás la encontrarán. No se puede luchar contra la evidencia de un diseño, de una mente inteligente, de un propósito en cada célula en cada tejido, en cada animal o especie. NO ES HONESTO LO QUE USTEDES HACEN. Están deteniendo con injusticia la verdad y tendrán que rendir cuentas. No se puede enseñar y adoctrinar desde la infancia con HIPÓTESIS EVOLUCIONISTAS cuando todo lo que nos rodea clama todo lo contrario. Está bien ganarse la vida y trabajar, pero lo que ustedes hacen es injusto. ¿Por qué no se publica en *Nature* que las investigaciones sobre genoma humano confirman la evidencia de un Creador y Diseñador? Si le dijeran que su reloj se ha hecho solo contestaría que es una majadería tal propuesta, pero ustedes se empeñan en decir que el hombre es un mono evolucionado que procede de un caldo primigenio. ES ABSURDO y fuera de todo RIGOR CIENTÍFICO. Si les faltan pruebas tan solo dicen: esto es consecuencia de millones y millones de años. ESTO SÍ QUE ES FE. Un saludo.

Este es el texto de un mensaje que recibimos por correo electrónico mientras escribíamos este libro, y nos ha parecido oportuno incluirlo aquí. Le pedimos a quien nos lo envió sus datos y su permiso para citarlo (aunque el mensaje no fuera suyo, ya que tiene todo el aspecto de circular por la red desde algún centro de «pensamiento antievolucionista»). Nadie debe tener reparo en expresar sus puntos de vista. Nadie debería sentirse ofendido en sus sentimientos religiosos por los descubrimientos que hacen los científicos. Pero no supimos más del remitente.

¿Por qué se sentiría tan ofendida con nosotros la persona que lo mandó (da igual que a él o a ella se lo haya remitido otro)? Seguramente ve en nosotros y en los demás científicos (porque todos los biólogos y paleontólogos —es decir, todos los que se ocupan de la vida en el pasado y en el presente— somos evolucionistas) la encarnación del mal absoluto y a unos corruptores de la juventud (a Sócrates lo condenaron por ese mismo delito). ¿Cómo hacerle entender que ya se publican en la revista científica *Nature* los datos genéticos, y que lo que muestran es que más del 98 por ciento de nuestro genoma es idéntico al del chimpancé? No es que vengamos del mono, es que nunca hemos dejado de serlo.

En su autobiografía, Darwin confiesa que, hasta que descubrió la evolución, había creído sin problemas en el razonamiento que seguía William Paley (1743-1805) en su libro *Natural Theology* (1802). En esencia, se trata de la misma idea que esgrimen hoy en día los partidarios de la llamada «teoría del diseño inteligente», que intentan hacer pasar por alternativa científica al darwinismo. Los organismos son tan perfectos, y están tan bien conformados para la vida que llevan, que es inevitable pensar que un ser superior, y benevolente, los ha creado directamente, dotándolos de aquello que necesitan para ocupar su lugar en la naturaleza. Es decir, su diseño obedece a un designio divino, del mismo modo que no puede existir un reloj sin que lo haya fabricado un relojero, decía Paley en su más conocida analogía. (Los europeos no entienden el empeño en calificar de teoría científica a la teología natural de Paley, o su versión moderna del diseño inteligente, teniendo en cuenta que ningún biólogo la defiende; pero es que en Estados Unidos no puede enseñarse religión en las escuelas, y por lo tanto intentan colar el creacionismo en la clase de ciencias naturales.)

Pero Darwin, al descubrir la ley de la selección natural, había borrado la idea de que hubiera propósito en la naturaleza. Trabajó mucho para explicar de un modo científico —es decir, natural— la perfecta adaptación de los organismos a sus modos de vida, un problema que hasta entonces había constituido el principal argumento con el que se oponían los creacionistas a los evolucionistas. Si la naturaleza no tiene propósitos, decían, ¿quién podría sino Dios haber dotado a los seres vivos de las estructuras que necesitan para tantos y tan variados estilos de vida —*nichos ecológicos*, los llamamos hoy— como existen en la naturaleza?

Es verdad que a mucha gente, sin ideas preconcebidas en la cabeza, le cuesta trabajo creer que los seres vivos, con su maquinaria biológica tan compleja —hasta en las criaturas más elementales—, sean fruto de la casualidad, o que hayan aparecido por azar. Tenemos que confesar que nosotros tampoco lo creemos, pero no porque seamos creacionistas, sino porque somos científicos. Y nos explicamos.

La idea popular de casualidad, y de azar, es la de una combinación de cosas o de circunstancias que se produce espontánea y rápidamente, en un instante. Se dice: pensar que un ser humano se haya formado por casualidad es como creer que se pueden lanzar miles de letras al aire y que caigan ordenadas componiendo *El Quijote* (o de notas formando una sinfonía de Mozart). Si esa fuera, en resumen, la teoría de la evolución, nosotros tampoco creeríamos en ella. Pero lo que dice Darwin en el último párrafo de *El origen de las especies* (primera edición) es algo bien distinto: «Hay grandeza en esta concepción de que la vida, con sus diferentes facultades, fue originalmente alentada en unas cuantas formas o en una sola y que, mientras este planeta ha ido girando según la constante ley de la gravitación, se han desarrollado y se están desarrollando, a partir de un comienzo tan sencillo, infinidad de formas cada vez más bellas y maravillosas».

En conclusión, el ser humano y su maravillosa mente consciente no son en absoluto producto de la casualidad, no hemos surgido de una combinación aleatoria de átomos que se han reunido en un instante para producir una persona. Han hecho falta más de tres mil quinientos millones de años de lenta evolución bajo las leyes de la naturaleza para que aparezca el *Homo sapiens*. Nada puede estar más alejado de la casualidad.

15

UN NORUEGO, UN JAPONÉS Y UN ZULÚ

> Algunas personas encuentran insatisfactoria la evidencia bioquímica de la genética porque no parece cuadrar con la experiencia diaria. A diferencia de los guepardos, nosotros no «parecemos» iguales. Noruegos, japoneses y zulúes se ven bastante diferentes. Con la mejor voluntad del mundo, es difícil creer intuitivamente lo que de hecho es cierto: que realmente son más iguales que tres chimpancés que parecen, a nuestros ojos, mucho más similares.
>
> RICHARD DAWKINS, *The Ancestor's Tale* *(El cuento del antepasado)* (2004)

NOSOTROS TAMBIÉN EVOLUCIONAMOS

En la actualidad, las diferencias en el esqueleto de los seres humanos son mínimas, de manera que, aunque los promedios de las variables que miden los antropólogos pueden ser algo distintos entre unas poblaciones y otras, no hay manera de saber —o es muy difícil— la procedencia «étnica» o geográfica de un esqueleto aislado. Con un conjunto de esqueletos ya es más fácil porque se puede comparar el promedio de la colección con los promedios de otras colecciones de diferentes procedencias geográficas (y cuanto más grande sea la muestra, más representativo y más útil para la identificación es el promedio).

Es decir, volviendo a un concepto ya expuesto, la variación dentro de una población es mucho mayor que la que existe entre las medias de las diferentes poblaciones. Dicho de otra manera —conviene dejar claro este concepto—, si desapareciera toda la humanidad salvo una de las poblaciones que ahora existen, se perdería menos de un 20 por ciento de la diversidad genética, porque de las dos partes en las que puede dividirse la variabilidad humana —la que existe entre las personas de la misma población y la que hay entre las diferentes poblaciones de aquí y de allá—, la variación intrapoblacional es abrumadoramente mayor que la geográfica.

Sin embargo, los primeros fósiles que atribuimos a *Homo sapiens* no son claramente como nosotros, luego ha habido evolución dentro de nuestra especie. Mejor sería decir que su esqueleto no es por entero igual que el nuestro, sino algo más robusto; por ejemplo, el reborde óseo sobre las órbitas (y bajo las cejas), llamado *torus* (o toro) *supraorbitario*, puede existir en los esqueletos más antiguos, que a veces tienen también caras grandes y proyectadas hacia delante, con el perfil lateral inclinado. El cráneo humano actual típico se caracteriza por tener un esqueleto facial grácil, o sea, una cara y unos dientes pequeños, y un cráneo cerebral de paredes delgadas y sin prominencias óseas bajo las cejas (aunque no siempre es así y hay individuos algo más robustos, especialmente en ciertas poblaciones como la australiana aborigen).

La forma del cerebro, en cambio, no se distingue de la actual en los primeros *sapiens*, y sin embargo hay especialistas que piensan que ciertas facultades mentales aparecieron más tarde, porque el arte paleolítico europeo solo tiene 40.000 años. Eso da pie a que algunos autores mantengan que «esqueléticamente moderno» no es lo mismo que «mentalmente moderno», y que primero evolucionó el cuerpo y luego surgieron la consciencia plena y otras capacidades que son exclusivas de nuestra especie y que se manifiestan en el arte y en el uso de símbolos en general para expresarse e identificarse. Y no olvidemos que el lenguaje humano es comunicación por medio de símbolos, ya sean voces, objetos o signos.

No obstante, ya vimos que en la cueva de Blombos, en Sudáfrica, se han encontrado caracoles marinos de hace 80.000 años perforados para ser ensartados en un collar, y al adorno personal se lo considera la manifestación de una mente simbólica, igual que el arte rupestre o las esculturas transportables (arte mobiliar o mueble) de los cromañones. Ahora bien, son los pocos fósiles disponibles de nuestra especie anteriores a esa fecha de 80.000 años los que muestran rasgos más arcaicos.

Entre los más antiguos se encuentran los enterramientos de Qafzeh y Skhul en Galilea (Israel, es decir, fuera ya de África), que han proporcionado algunos esqueletos con alrededor de 100.000 años de antigüedad; los cráneos de Herto (160.000 años), en Etiopía, y un par de cráneos de Omo-Kibish, también en Etiopía, que podrían acercarse a los 200.000 años. Entre 150.000 y 200.000 años es la edad que los biólogos moleculares calculan para el nacimiento del *Homo sapiens*. El centro de origen de una especie cualquiera se sitúa allí donde la diversidad genética es mayor. En nuestro caso es África, de donde salieron las gentes que poblaron el resto del mundo, primero Eurasia, luego Australia (desde el Sudeste Asiático) y finalmente América (desde Siberia). Como siempre son más los que se quedan que los que emigran, en este proceso de expansión planetaria se fue reduciendo la diversidad genética, y por eso sabemos que África fue la cuna única de la humanidad (además de porque los fósiles más antiguos proceden de ese continente).

Se ha producido, por lo tanto, una *microevolución* (la evolución que tiene lugar, como una corriente subterránea, en el interior de una especie) en los 200.000 años de historia del *Homo sapiens*, y también en época más reciente, por ejemplo, en relación con la adquisición de resistencia frente a ciertas enfermedades; a fin de cuentas, los que vivimos ahora somos los descendientes de los que las superaron.

Lactantes hasta llegar a viejos

Hay un ejemplo muy bonito de coevolución entre la cultura y nuestra naturaleza biológica. Resulta que la mayor parte de los seres humanos no beben leche de adultos, porque no pueden digerir la lactosa —el azúcar de la leche— que acaba fermentando en el colon y produciendo trastornos y molestias. Cuando somos muy pequeños, lactantes, el cuerpo produce la enzima llamada *lactasa*, que sirve para metabolizar la lactosa. Pero, una vez que dejaban de mamar, nuestros antepasados de la Edad de Piedra ya no la necesitaban, porque no disponían de la leche de las vacas, cabras y otros animales domésticos para alimentarse de ella (y sus ancestros salvajes no se dejaban ordeñar).

Sin embargo, curiosamente, muchos europeos son tolerantes a la lactosa de adultos, es decir, son lactantes toda la vida. Los porcentajes máximos se dan en el norte (Escandinavia, Holanda e Irlanda), descendiendo hacia el Mediterráneo la frecuencia de tolerantes. También hay muchas personas con tolerancia a la lactosa en Oriente Próximo, el sur de Asia y en algunos pueblos de piel oscura de Kenia, Tanzania y Sudán. El resto de los africanos y asiáticos, así como todos los indios americanos, son intolerantes.

Lo que tienen en común esos pueblos que digieren la lactosa después del destete no es la «raza», sino la economía, porque todos ellos han sido pastores desde muy antiguo. En Europa, la tolerancia está producida por una única variante génica, que se calcula que apareció hace unos 7.500 años en la zona de los Balcanes y Europa central. En cambio, los pueblos africanos «negros» que siguen bebiendo leche después del destete han experimentado tres mutaciones diferentes, todas independientes entre sí y respecto de la europea. Sin duda, poder aprovechar este recurso alimentario era una ventaja para la supervivencia del individuo, y por eso se extendieron las mutaciones que lo permitían una vez que aparecieron (en diferentes lugares).

No es que beber leche cuando somos adultos nos haga muy diferentes de los demás, pero no cabe duda de que en este caso el medio artificial creado por el ser humano —con la ganadería— ha modificado las presiones de selección que actúan.

Aire enrarecido

Un tipo de mutaciones por completo diferente (sin relación directa con la alimentación) proviene de otra parte del mundo. Los tibetanos han sido siempre envidiados por los escaladores occidentales del Himalaya por su adaptación al aire enrarecido —pobre en oxígeno— de las altas cumbres. Se sospechaba que esa resistencia a la *hipoxia* era natural, y no adquirida por pasar toda la vida —desde el nacimiento— a gran altitud. Se pensaba que los montañeses estaban evolutivamente adaptados. Y, en efecto, así es.

Cuando los escaladores que vienen de fuera pasan algún tiempo en condiciones de hipoxia por la altitud, aumenta la concentración de hemoglobina —que es el pigmento que transporta el oxígeno— en sangre, ya que hay una menor presión de este gas en el aire.

Sin embargo, cuando se investigó la fisiología de los tibetanos, se descubrió que no tienen *más* hemoglobina en sangre, sino *menos* que sus vecinos los chinos (y que todos los demás humanos), y por lo tanto ¡transportan menos oxígeno en sus arterias! Esta es, paradójicamente, una adaptación a pasar toda la vida en altitud, puesto que un aumento de la viscosidad de la sangre (consecuencia del exceso de hemoglobina) puede, a largo plazo, tener efectos muy adversos para la salud.

Que los tibetanos están bien adaptados a la altitud se aprecia también en que la frecuencia de niños que nacen con poco peso es menor que en otras tierras elevadas del mundo. Se puede decir, literalmente, que los tibetanos han nacido para la montaña.

¿Cómo se las arreglan, pues, los porteadores de altura para trepar tan bien por las crestas del Himalaya con esa *hipoxia arterial* (disminución del oxígeno en la sangre que viene de los pulmones)? No se sabe, pero sin duda tienen que ser más eficaces de lo normal —en el resto de la especie— a la hora de hacer llegar el oxígeno hasta las células. Transportan menos cantidad, es cierto, pero la distribuyen mejor. Para empezar, su ritmo de ventilación pulmonar —medido en reposo— es más alto y no sufren de vasoconstricción pulmonar por hipoxia. Una mayor concentración de óxido nítrico en sangre, que produce vasodilatación y favorece el flujo sanguíneo, combinada con un ritmo más alto de ventilación pulmonar, podría mejorar la disponibilidad de oxígeno en las células del cuerpo de los tibetanos.

Para conocer la herencia de estas adaptaciones se estudiaron los genomas de individuos tibetanos puros. Efectivamente, se han identificado un par de haplotipos —secuencias genéticas— que al parecer tienen que ver con la reducción de la cantidad de hemoglobina en sangre y que son únicos en los tibetanos, pero puede haber más variaciones genéticas.

En resumen, los tibetanos son diferentes de los demás humanos —mutantes, si se quiere— en genes que tienen que ver con la adaptación a la hipoxia asociada a la altitud. Ni siquiera los pueblos andinos tienen tales ventajas. La explicación reside seguramente en que los tibetanos llevan más miles de años que nadie viviendo en altitud y han sufrido una selección positiva, que es como se llama a la que tiene una clara direccionalidad (es decir, la que favorece a los individuos que tienen determinadas características, muy concretas, que mejoran la adaptación). La vida en condiciones extremas nos ofrece algunos buenos ejemplos de selección darwinista en nuestra especie. Si se compara la selección natural (es decir, no dirigida por el hombre) con un cedazo, en el caso de la adaptación a la altura ha cribado bien a las personas.

El color de moda

Para Darwin, preguntarse cuántas especies humanas había —en su tiempo algunos «expertos» identificaban más de sesenta— era perder el tiempo hasta que se estableciese claramente qué se entiende por especie y cuáles son sus límites. Sería algo así como tratar de decidir si un conjunto de casas forman una ciudad, una villa o una aldea sin haber fijado previamente criterios claros de tamaño. Él, además, pensaba que había formas de transición —además de mestizos— entre unas razas y otras, por lo que no estaban lo bastante aisladas como para hablar de especies. Lo importante para Darwin era que todas las razas, sean especies o solo variedades, descienden por evolución de un tronco común.

Darwin llegó a la conclusión, en su libro *El origen del hombre*, de que la mayor parte de los caracteres raciales no eran adaptativos, sino que tenían que ver con la elección de la pareja y los cánones hereditarios de belleza; acabamos de saber que sí es adaptativa, en cambio, la hipoxia arterial en relación con la vida en las altas montañas, o la tolerancia a la lactosa en adultos de poblaciones ganaderas, pero no se traducen en rasgos físicos que se aprecien exteriormente.

Como puede verse en la forma de adornarse, peinarse, mutilarse, deformarse, pintarse, tatuarse y demás arreglos, los diferentes pueblos de la Tierra han desarrollado gustos muy contrapuestos en lo que se refiere a la belleza corporal —por no hablar del vestido y los sombreros— que nada tienen que ver con el ambiente en el que viven las personas. Los tatuajes, los lóbulos de las orejas y los labios estirados por inserción de platos, los «cuellos de jirafa» alargados por medio de aros, los cráneos y los pies deformados por vendajes apretados, los dientes arrancados o afilados, o los peinados no se transmiten en los genes, bien lo sabía Darwin, pero sí podría ser hereditario, en cambio, el gusto por el cabello rizado o liso, los labios gruesos o finos, las narices aguileñas o chatas, el cuerpo y el rostro lampiños o velludos, los ojos rasgados o no, y la piel blanca, amarilla o negra.

Según esta teoría, los blancos serían blancos simplemente porque con este color —o, mejor, con tal ausencia de pigmentación— se atraía más al otro sexo en la prehistoria de determinadas regiones, mientras que lo mismo ocurría con el color oscuro en otras (y no solamente en África, también en Australia, por ejemplo). Así razonaba Darwin en *El origen del hombre*:

> Hemos visto que en los salvajes más inferiores las gentes de cada tribu admiran sus propias cualidades naturales, por ejemplo la conformación de la cabeza y del rostro, los pómulos, la prominencia o depresión de la nariz, el color de la piel, la longitud del cabello, la ausencia de vello en la cara y en el cuerpo, la presencia de una gran barba, y otras por el estilo

> [...]. Por mi parte afirmo que, de todas las causas que han dado lugar a las diferencias que en la apariencia exterior se presentan entre las razas del hombre, y hasta un cierto punto entre el hombre y los animales inferiores, la más eficiente ha sido la selección sexual.

La selección sexual en la especie humana y su relación con las variaciones geográficas siguen siendo temas de debate a los que se vuelve a prestar atención ahora, después de tantos años de olvido casi completo. En principio, todas las diferencias que no encuentran una explicación adaptativa son campo abonado para la teoría de la selección sexual, pero resulta que la más llamativa de todas —el color de la piel— sí se explica por la selección natural, así que se puede afirmar que Darwin estaba equivocado.

En un artículo reciente, Nina G. Jablonski y George Chaplin[1] analizan esta cuestión de la pigmentación en las poblaciones humanas. Parece muy claro que la producción de melanina se relaciona estrechamente con las diferencias en la distribución de la radiación ultravioleta que llega a la Tierra, que a su vez depende del ángulo con que incide la luz cuando el Sol está en el cenit, en su punto más alto.

La variación desde el ecuador a los polos en la cantidad de melanina en la piel es la consecuencia de dos gradientes, no de uno. Por un lado, los pueblos de latitudes muy altas necesitan aprovechar toda la radiación UVB (una parte del espectro de longitudes de onda de los rayos ultravioleta) para sintetizar la previtamina D3 en la epidermis y la dermis, y por eso han perdido melanina. La vitamina D3 interviene en la formación y remodelación de los huesos, entre otras funciones clave. En las latitudes medias, entre 23° y 46°, los

1. «Human skin pigmentation as an adaptation to UV radiation», *PNAS*, n.° 107, supl. 2 (2010), pp. 8962-8968.

humanos adquirieron la capacidad fisiológica de broncearse cuando la radiación UVB es excesiva, o sea, en verano.

Por el contrario, cerca del ecuador conviene evitar que la radiación UVA (el rango alto de longitudes de onda de los rayos ultravioleta) destruya el folato (la forma natural del ácido fólico o vitamina B9) presente en los capilares sanguíneos cutáneos, que es importantísimo para multitud de funciones celulares y del organismo. La pigmentación abundante impide que los rayos UVA penetren muy profundamente. Estos, además, pueden producir melanomas en las pieles sin una adecuada protección pigmentaria, cánceres malignos que matan a los individuos en edad reproductiva y que, por lo tanto, están bajo la vigilancia escrupulosa de la selección natural. Los muertos ya no transmiten más genes a la siguiente generación y no se perpetúan en sus descendientes.

La función fisiológica de la pigmentación alcanza en las personas su máximo en la edad reproductiva. Los niños tienen la piel más blanca, y los muy viejos, que ya han dejado atrás la vida fértil y, por lo tanto, son poco o nada relevantes para la continuidad de sus propios genes —excepto en la medida en que todavía puedan ayudar a sus nietos—, tienden a despigmentarse al final de la vida porque disminuye el número de melanocitos.

La piel de los primeros miembros de nuestra especie era oscura, puesto que aparecimos en África. Luego, cuando se produjo la expansión del *Homo sapiens* desde este continente hacia todos los demás, tuvieron lugar cambios en la coloración de la piel en múltiples ocasiones, en función de la cantidad de radiación ultravioleta propia de la región en la que se asentaron los diferentes grupos y del tiempo transcurrido bajo esas condiciones. Por eso hay tantos pueblos de piel muy oscura fuera de África, como los papúes de Nueva Guinea, por poner un ejemplo, que no tienen ninguna relación especial con los negros del África subsahariana.

Jablonski y Chaplin atribuyen la insistencia de Darwin en atribuir a la selección sexual la paternidad de rasgos claramente adaptativos —como el color de la piel— a que quería evitar críticas al mecanismo de la selección natural exceptuando al hombre de su acción. Le parecía que la evolución humana sería mejor aceptada si la achacaba a nuestras preferencias en vez de a la actuación de fuerzas de la naturaleza, como la selección natural.

Hay que considerar, sin embargo, que Darwin recurría a la selección sexual sobre todo para explicar las diferencias raciales, es decir, lo que separa a unos pueblos humanos de otros, y atribuía a la selección natural lo que tenemos en común todos los seres humanos y lo que nos distingue de los simios. Además, todavía es posible que haya algo de «preferencia en la elección de la pareja» (selección sexual) en el color de la piel, porque se aprecia cierto dimorfismo sexual. Las mujeres necesitan más vitamina D y por eso tienen —de forma natural— algo menos de pigmentación, pero, además, en ciertas culturas los hombres prefieren a las mujeres de piel más clara, exagerando así la diferencia.

La existencia de dimorfismo sexual era para Darwin una pista clara de la actuación de la selección sexual. Es también el caso de la pilosidad corporal, que varía entre los sexos y entre las razas. Los varones son siempre más velludos que las mujeres, sobre todo en ciertas poblaciones. En otras los varones tienen menos pilosidad —en el cuerpo y en la cara— y se aproximan más a las mujeres en eso. Darwin argumentaba que la pérdida de pelo de nuestra especie es producto de la selección sexual, y, sin embargo, es un rasgo sobre todo adaptativo y que apareció en África con el género *Homo*, es decir, mucho tiempo antes de que existiera la especie humana actual. Tiene que ver con la termorregulación, en particular con la necesidad de perder calor a través de la piel cuando se realiza una actividad física intensa a una temperatura ambiente elevada. Esa refrigeración se produce gracias a las abundantísimas glándulas sudoríparas de nuestra piel, cuya función —el enfriamiento de la superficie corporal por evaporación— sería incompatible con una piel cubierta de pelo denso como la de los chimpancés.

Por eso, en las reconstrucciones de homínidos fósiles se tiende a representar a los australopitecos cubiertos de un pelo abundante como el de los chimpancés, ya que pensamos que eran sobre todo forestales y que vivían en un mundo en sombra, y a los homínidos altos, de zancada larga, como el *Homo ergaster*, con la piel desnuda, puesto que la mayor parte de su vida la desarrollarían en espacios más abiertos, bajo la luz del sol.

¿Hacia dónde vamos?

Para la mayoría de los restantes rasgos visibles que diferencian a las poblaciones humanas de la Tierra, no hay, pese a que Carleton S. Coon pensara lo contrario —según vimos—, una explicación adaptativa tan convincente como la de la pigmentación de la piel, por mucho que se haya buscado. Así que es posible que la preferencia en la elección de la pareja que Darwin consideraba tan importante haya tenido cierta influencia.

No se puede olvidar tampoco la deriva genética, el otro mecanismo neodarwinista —alternativo a la selección natural— que aspira a explicar la variación geográfica. Se han tenido que dar en muchos casos las condiciones ideales para que actúe la deriva genética en nuestra especie, es decir, cuando un puñado de humanos han colonizado una región remota donde han permanecido desde entonces aislados y multiplicándose. En ese caso, las diferencias geográficas se deberían, simplemente, al azar.

Richard Dawkins, en *El cuento del antepasado*, cree que las barreras culturales han podido actuar en el pasado como lo hacen las barreras geográficas en las demás especies, separando grupos humanos y favoreciendo la deriva genética en cada uno de ellos, es decir, permitiendo la evolución no adaptativa —al azar—, aunque la selección sexual también podría haber desempeñado su papel en el interior de cada uno de los grupos una vez establecidos por la lengua, la religión o los usos y costumbres. En muchas culturas ha habido —y todavía subsisten— prohibiciones de contraer matrimonio fuera del grupo, con lo que se ha mantenido un cierto aislamiento genético. Pero claramente no habrá en el futuro un reforzamiento de las diferencias llamadas *raciales*, sino cada vez menos barreras entre culturas y más parejas mixtas. La tendencia —aunque lenta— es a la fusión, no a la diferenciación, y en esto coinciden todos los autores.

Por lo tanto, podemos hacer en este punto un vaticinio. Fueran cuales fuesen las fuerzas que promovieron las diferencias (superficiales, nunca mejor dicho) entre las poblaciones humanas que viven en diferentes partes del globo desde la salida de África hace 100.000 años, y fueran estas fuerzas la selección natural (o sea, la adaptación al medio), la selección sexual (elección de la pareja) o la deriva genética (reforzada por el aislamiento cultural), o bien una combinación de todas ellas, este proceso de diferenciación no va a continuar en el futuro, sino que se invertirá la tendencia.

Sin duda, la selección natural aún opera, hoy día, sobre nuestra especie, pero es fundamentalmente una *selección normalizadora*, que elimina a los individuos que se apartan mucho de la normalidad, los que no son viables porque vienen al mundo con grandes alteraciones o defectos. Muchos embriones no llegan siquiera a desarrollarse. Pero esa selección no produce cambio alguno en la especie, ya que no privilegia a los individuos que tienen determinadas características, permitiendo que se reproduzcan más que los demás. Por tal razón la especie no cambia de aspecto, no aparecen adaptaciones nuevas, y no lo va a hacer, de forma natural, en el futuro.

Y, por cierto, el hecho de que no actúe la selección darwiniana no va a producir «la degeneración de la especie» ni nada por el estilo, como creían los partidarios de la eugenesia en el siglo de Darwin y todos los racistas del siglo xx, tan preocupados ellos por que los enfermos congénitos, los miembros de las «razas inferiores» y los pobres en general tuvieran tantos hijos.

En consecuencia, a la pregunta de adónde vamos, la contestación es: a ninguna parte. Ya hemos llegado, salvo que volvamos a las condiciones del pasado en las que operaba la selección natural direccional, la que produce adaptaciones, la que elimina a la mayor parte de los nacidos antes de que se hagan adultos y se reproduzcan. La afilada guadaña de la selección darwiniana, siempre hambrienta de carne en la que cebarse, siempre segando vidas de niños. Una situación que solo podría darse si desapareciera la civilización, por causas naturales o por nuestra propia culpa, y regresáramos a la prehistoria. Panoramas ambos muy sugestivos para la ficción novelística o cinematográfica, pero a nuestro juicio improbables, si bien hay dos tipos de catástrofes naturales que podrían afectar al planeta entero y que la ciencia no descarta en absoluto (sino que más bien predice): el impacto de un meteorito y una nueva glaciación. Sus efectos en nuestro modo de vida serían, desde luego, enormemente graves.

O salvo que la especie humana se fragmente en muchas poblaciones en el espacio infinito y que estas permanezcan separadas durante centenares de miles de años produciendo nuevas especies, lo que no parece lógico puesto que la misma tecnología espacial que las dispersó las mantendría comunicadas.

O salvo que decidamos intervenir y cambiar el curso de la naturaleza.

16

CUANDO LLEGA LA HORA DEL MATRIMONIO

> En el centro de aquel mundo había un hombre sentado al borde de un bajo lecho. Como fascinado, miraba fijamente la luz. Tenía las desnudas piernas cubiertas de un vello espeso, rústico y rojizo. La única prenda que llevaba, la camisa, estaba tan desgarrada como sucia. Anudada diagonalmente sobre el pecho tenía una cinta de seda que, evidentemente, había sido azul en otro tiempo. Una pequeña imagen de San Jorge y el Dragón, de oro y esmalte, pendía de un botón que llevaba atado al cuello. Sentado, con la espalda encorvada, tenía la cabeza inclinada hacia delante y como hundida entre los hombros. Con una de sus manazas extrañamente torpes se rascaba una llaga roja que aparecía entre la pelambre de la pantorrilla izquierda.
>
> ALDOUS HUXLEY, *Viejo muere el cisne* (1939)

EL REINO DE LOS CIELOS

El personaje de la cita no es otro que el quinto conde de Gonister, con la insignia de la Orden de la Jarretera, en la novela *After Many a Summer* (*Viejo muere el cisne*). Obra, por cierto, en la que la guerra civil española está muy presente. En la historia, el doctor Bishop investiga la causa del envejecimiento humano y busca la fórmula para llegar a la inmortalidad. En la flora intestinal de las longevas carpas cree encontrar la respuesta, pero un conde inglés ya había puesto en práctica el método mucho tiempo antes (con una dieta a base de tripas de carpa) y ahora ha cumplido ya los doscientos años... convirtiéndose en algo parecido a un orangután:

> El doctor Bishop siguió hablando. Retardación del proceso de desarrollo [...]. Uno de los mecanismos de la evolución [...] el antropoide era más estúpido cuanto más viejo se hacía [...] la senilidad y el envenenamiento por los esteroles [...] la flora intestinal de carpa [...] el quinto conde se había anticipado a su descubrimiento [...] ningún envenenamiento por los esteroles, desaparición de la senectud [...] tal vez la desaparición de la muerte a no ser por accidente [...] pero mientras tanto el antropoide llegaba a la madurez [...]. Era la broma más sabrosa que había visto en su vida.

En su libro *El sentido de la evolución*, escrito en 1949, George G. Simpson pronostica que nuestra especie será más inteligente en el futuro y tendrá un cerebro mayor, con los cambios necesarios para acomodarlo. Pero añade que el adulto tendrá unas proporciones más infantiles que ahora. Es bien sabido, recuerda, que el hombre se parece más a los simios de temprana edad que a los chimpancés, gorilas u orangutanes adultos. La evolución humana futura podría prolongar esta tendencia y hacernos todavía más infantiles de aspecto al llegar a la madurez.

La idea de que nuestro desarrollo se ha detenido en el curso de la evolución, de manera que retenemos de mayores el aspecto de un niño, no es de Simpson, sino que era muy popular en su época. Se trata de la teoría de la fetalización o de la *neotenia*, defendida antes por el holandés Louis Bolk (1866-1930), según la cual el humano es un ser inacabado, porque no llega nunca a completar su desarrollo.

El prestigioso genetista J. B. S. Haldane (1892-1964), uno de los precursores —o primeros autores, si se quiere— de la Síntesis Moderna o Teoría Sintética de la Evolución, también creía a pies juntillas en la teoría de la fetalización como una importante explicación de la especificidad humana, y decía en su obra *The Causes of Evolution* (1932):

> Si la evolución humana continúa por los mismos derroteros que en el pasado, se producirá verosímilmente una prolongación todavía mayor de la infancia y un retraso de la maduración. Algunos de los caracteres que distinguen al humano adulto se perderán. No fue un paleontólogo ni un embriólogo quien dijo: «Quien no se vuelva como un niño no entrará en el reino de los cielos».

Una idea tan curiosa (y una explicación tan simple de nuestra naturaleza) no podía dejar de asomarse al territorio de la ficción. Los cromañones (el *Homo sapiens*) les parecen muy tiernos, muy infantiles, a los neandertales de la novela *La danza del tigre* (1980), del gran paleontólogo Björn Kurtén.

Y, como acabamos de ver, en 1939 Aldous Huxley explotó a fondo la idea en su espléndido libro *Viejo muere el cisne*. Puesto que el hombre, según la teoría de la neotenia, es un ser que no ha completado su desarrollo, la prolongación de la vida lo llevará inevitablemente a alcanzar su programado final: el simio adulto.

Este famoso novelista sabía de qué hablaba debido a su estrecha relación con el neodarwinista Julian Huxley, su hermano, quien también estaba convencido de la teoría de la fetalización y se fijaba en un carácter infantil que habría sido, según él, clave en nuestro éxito evolutivo:

> La distribución del pelo en el hombre es extremadamente similar a la de un feto avanzado de chimpancé y caben pocas dudas de que representa la permanencia de esta fase temporal del antropoide. Un cuerpo sin pelo no es una característica única del hombre; pero es única entre los mamíferos terrestres salvo para unas pocas criaturas del desierto y algunas otras que han compensado la pérdida de pelo desarrollando una piel paquidérmica. En cualquier caso, tiene importantes consecuencias biológicas, porque debe de haber animado a criaturas humanas relativamente indefensas en sus esfuerzos para protegerse contra especies enemigas y contra los elementos, y así ha sido acicate para el progreso de la inteligencia.

Es decir, gracias a que somos monos lampiños hemos llegado tan lejos.

Años más tarde, en su famoso libro *Ontogenia y filogenia*, Stephen J. Gould daba pleno crédito a la teoría de la «fetalización humana» como mecanismo que explicaría la mayor parte de nuestras características distintivas, incluida la postura erguida. Todo aquello que sonara a explicación alternativa a la teoría clásica darwinista de la selección natural —la que actúa generación tras generación sobre cambios insignificantes— le atraía vivamente a tan brillante paleontólogo. Esa fue precisamente su gran aportación, poner a prueba el paradigma neodarwinista, pero no siempre tuvo razón en sus heterodoxias.

Gould no era paleoantropólogo (su especialidad eran los moluscos) ni un verdadero experto en primates. El gran primatólogo Adolph H. Schultz tenía en 1950 una idea mucho más clara que Simpson del verdadero valor de la neotenia para explicar la evolución humana:

> Algunas de las peculiaridades del hombre pueden entenderse como resultado de retrasos ontogenéticos [en el desa-

rrollo] o «fetalizaciones», siendo el más notable ejemplo la relación, única, entre la cabeza y la columna [con la primera situada *sobre* la segunda y no *por delante* de ella, como en los cuadrúpedos], la posición de la cara y de las órbitas en relación con el cráneo cerebral, el dedo gordo del pie no rotado, algunos caracteres de la distribución del pelo y el oscurecimiento tardío de la piel.

En todos esos detalles nos asemejaríamos los humanos adultos a fetos o a individuos muy jóvenes de chimpancés o gorilas. Pero eso no es todo:

> Otros rasgos humanos distintivos, sin embargo, se deben a aceleraciones o intensificaciones ontogenéticas [el proceso contrario al de neotenia], tales como la muy temprana desaparición de un *os centrale* libre [en el carpo o región de la muñeca], la fusión comparativamente precoz del esternón, la gran longitud de los miembros inferiores, el prolongado crecimiento del cerebro y el reemplazo relativamente temprano de la dentición de leche por la definitiva.

Al igual que a Schultz, la teoría de la fetalización, en sus sencillos términos originales, no nos parece aceptable como explicación primordial del origen de nuestras principales señas de identidad, aquellas que sirven para definirnos. Es cierto que la cara se nos ha acortado, mientras que la de los grandes simios adultos y la de los primeros homínidos, los australopitecos (y sus posibles antecesores los ardipitecos), era larga, es decir, proyectada o prognata, inclinada en su perfil. También han desaparecido en nosotros los rebordes óseos o toros supraorbitarios, que eran antes muy salientes, nuestra frente es más vertical que en todos nuestros antepasados y el cráneo cerebral, más esférico.

Pero las piernas se nos han alargado mucho durante la

evolución y, como decía el insigne Schultz, las de los fetos y niños pequeños son cortas, por poner un ejemplo evidente en el que la idea de la neotenia no se cumple. Además, los primeros homínidos bien conocidos, los australopitecos, eran ya bípedos, aunque de piernas cortas, y no parecen nada «fetalizados» en el cráneo, así que la teoría de la neotenia no sería aplicable al caso concreto del origen del bipedismo (algo que Gould reconocería más tarde). La evolución humana, en consecuencia, no ha sido simplemente una fetalización, sino algo mucho más complejo.

En todo caso, lo que nos interesa ahora es ver cómo deseaban que la especie cambiara en el futuro los evolucionistas de entonces que habían reivindicado la selección natural como motor de la evolución. Porque no se trataba de sentarse y ver qué pasaba —de forma natural— dentro de otros doscientos mil años. Era preciso actuar cuanto antes para llegar a ese «reino de los cielos» al que aludía Haldane. Ya que la evolución no tiene propósito, no quedaba más remedio que dárselo. Había que decidir primero hacia dónde queremos evolucionar, y luego ponerse manos a la obra. Y la selección natural, tal y como ellos la entendían —es decir, como reproducción diferencial (una minoría de individuos procrean mucho y la mayoría, poco o nada)—, era el único medio. Pero la selección natural tiene dos características que no favorecen esos bienintencionados propósitos: es lenta, y más en una especie de largo desarrollo y pocas generaciones por siglo, y es despiadada, inhumana, amoral.

La mejora de la especie humana

En *El origen del hombre*, Darwin le dedica unos pocos párrafos a la cuestión del futuro de la humanidad desde el punto de vista de un evolucionista. Empieza así su reflexión: «Examina el hombre con el cuidado más escrupuloso el carácter y la genealogía de sus caballos, de sus toros y de sus perros antes de emparejarlos. Pero cuando es él quien tiene que emparejarse, cuando llega a su matrimonio, raramente, o nunca, se toma tal cuidado».

En esas escasas líneas que le dedica Darwin al tema, recomienda que eviten el matrimonio quienes se encuentren en «algún grado inferior de cuerpo y de mente», pero no confía en que eso ocurra en la práctica. Cita a su primo Galton a propósito de que, si se abandona este cuidado, «los miembros inferiores tienden a suplantar en la sociedad a los superiores». Pero termina quitándole importancia al tema: «Porque las cualidades morales progresan, directa o indirectamente, mucho más por medio de los efectos de la costumbre, de las facultades de razonamiento, de la instrucción, de la religión, etcétera, que por medio de la selección natural; por más que a esta última influencia pueden atribuirse sin titubear los instintos sociales, que fueron los que prestaron las bases para el desenvolvimiento del sentido moral».

Francis Galton, polifacético y brillantísimo científico, investigó, entre otras muchas cosas, «la genética de la inteligencia» en los seres humanos, concluyendo que el genio y el talento eran hereditarios. Galton, como dijimos, era partidario de que la selección artificial se aplicara al hombre, para lo cual se debía favorecer la reproducción de los mejor dotados. No se trataría en realidad más que de mantener activa y pujante la selección natural —entendida como «supervivencia de los mejores»— que nos había proporcionado los dones de los que disfrutamos como especie. Somos herederos de los mejores, no de los peores, debía de pensar Galton.

Darwin, recordémoslo, había concebido la selección natural sobre la base de la selección artificial que llevan a cabo los ganaderos. Hay muchas vacas por cada semental. Pero el ganadero tiene un objetivo, y cuando elige al padre busca un fin. En la naturaleza no hay propósito, y por eso le costaba a Darwin descubrir cuál es el agente que lleva a cabo la selección, hasta que lo encontró leyendo a Malthus en aquellos últimos días de septiembre y primeros de octubre de 1838. Se trataba —recordémoslo una vez más— de que las poblaciones acaban sobrepasando con su crecimiento geométrico los recursos que les proporciona el medio, y se entabla inevitablemente una despiadada lucha por la supervivencia y la reproducción.

La mejora (para los intereses del hombre) que llevan a cabo los criadores es, desde luego, muy intensa y muy dirigida. Las razas animales han cambiado mucho de aspecto en poco tiempo, les parecía a los evolucionistas. La evolución natural es, en cambio, un fenómeno de escala geológica, que se produce a lo largo de una infinidad de tiempo en comparación con la duración de la vida humana. Si queremos mejorar de verdad la especie humana, se vieron obligados a pensar, tenemos que ir más rápido aumentando la presión de selección, haciendo que sea aún más despiadada. Pero no hacía falta matar a nadie, a los débiles, a los tarados, como hace la selección natural en el campo con los animales salvajes, o los nazis con las «personas y razas inferiores»; en nuestro caso bastaba con controlar la reproducción.

J. B. S. Haldane consideraba que aunque la evolución hacia el ser humano había sido muy lenta, de mil millones de años (sabemos ahora que duró más del triple), las cosas podían ser distintas en el futuro:

> Pero si ahora, por primera vez, ha surgido la posibilidad de que la mente tome las riendas del asunto, la situación es muy esperanzadora. Ciertamente, no sabemos hoy en día lo

suficiente para guiar nuestra propia evolución, pero solo hemos acumulado conocimiento al respecto durante una generación. Existe al menos la esperanza de que, en los próximos miles de años, la velocidad de la evolución se incremente mucho y sus métodos se vuelvan menos brutales. Si la evolución humana continúa en la misma dirección que en el pasado inmediato, el superhombre del futuro se desarrollará más despacio que nosotros, y será educable durante más tiempo. Retendrá en la madurez algunas de las características que la mayoría de nosotros perdemos en la infancia.

Es decir, que a Haldane no se le ocurría otra dirección para impulsar nuestra evolución futura que prolongar nuestra historia, o lo que él pensaba que resumía nuestra evolución reciente, según la teoría de la fetalización. Y solo podía desear (aunque sin ningún argumento) que el día de mañana los medios para acelerar el proceso fueran más rápidos y menos brutales que la selección natural, aunque era de esta de la que hablaba en su libro *The Causes of Evolution*.

El paleontólogo Simpson renegaba rotundamente de toda forma de autoritarismo y totalitarismo, y consideraba que la democracia, aun con sus imperfecciones, es la forma más ética de organización política. Todo debía hacerse con el máximo respeto por el individuo, y ninguna decisión podía imponérsele. Pero, cuando uno trata de entender cómo se proponía mejorar, física y moralmente, al ser humano por medio de la selección, ve como sus razonamientos empiezan a oscurecerse y ya no resulta tan fácil seguirlo. Por ejemplo, nos preguntamos qué quería decir con lo siguiente:

Es uno de los hechos conocidos de la evolución orgánica que una muy pequeña acción de la selección natural determina, en las circunstancias apropiadas, la dirección de la evolución. Esto entraña la posibilidad de que la evolución humana pueda ser guiada por la acción concertada de una pequeña minoría, aunque se requieren condiciones especiales para que su acción sea eficaz.

Esas condiciones eran, nos cuenta, que los demás humanos, la mayoría, no evolucionaran en otra dirección.

Por supuesto, añade, la posibilidad de que el hombre guíe su propia evolución entraña la responsabilidad de hacerlo en la dirección correcta, aunque reconoce que todavía no sabemos cuál es. Más inteligencia y una educación más prolongada serán sin duda convenientes, y ahí es donde Simpson pronostica también que nos infantilizaremos. Más adelante vuelve al tema de la selección artificial aplicada al hombre, que antes había tratado de una manera un tanto críptica. Ahora Simpson empieza a mostrarse claro:

> Más pasos adelante, si se toman y cuando se tomen, implican selección, esto es, cierto grado de control sobre la reproducción diferencial. En principio podría ser totalmente controlada por el hombre, pero incluso un control parcialmente eficaz es casi imposible en el estado presente de la sociedad, y es dudoso que un control total pueda un día ejercerse en un sistema social ético. Su aplicación debe ser voluntariamente aceptada por los individuos afectados. Su eficacia y la decisión sobre la dirección en la que se aplica exigirán una gran cantidad de conocimiento que todavía no poseemos.

Ahora Simpson está abogando por una selección voluntaria.

Finalmente, Simpson parece animado a expresarse sin tapujos: «La selección fue, no obstante, el medio por el que surgió el hombre y es el medio por el cual su evolución orgánica futura puede ser controlada si se desea».

A continuación, añade que no hay razón para pensar que los individuos con genes deseables tengan hoy más hijos que los que portan características hereditarias indeseables, y más bien se diría que está sucediendo lo contrario.

> La única posibilidad de progreso parece ser la selección social positiva y voluntaria para producir en la descendencia sistemas genéticos nuevos y mejorados y para desequilibrar la reproducción diferencial en favor de aquellos que tengan genes y sistemas favorables. ¡En cuanto sepamos cuáles son los genes y sistemas favorables y cómo identificarlos! Carecemos casi por entero de este conocimiento, pero parece seguro que es obtenible.

Selección aplicada al ser humano, en los términos neodarwinistas de reproducción diferencial, y con carácter voluntario. Pero ¿quién reconocerá esos genes óptimos y quién se resignará a no tener hijos por no resultar seleccionado entre los mejores por los expertos del mañana? Elegidos por unos hombres con bata blanca, por unos científicos —suponemos— como nosotros.

Por la admiración que le profesamos como paleontólogo, queremos imaginar que Simpson sudó tinta al escribir el capítulo «El futuro del hombre y de la vida» de su libro de 1949, porque tenía que conciliar sus convicciones morales con su deseo de producir un ser humano futuro más sabio y más compasivo, que no se viera abocado a sufrir otra vez los horrores de la guerra.

En una fecha tan tardía como 1963, en su libro *This View of Life*, Simpson todavía estaba preocupado por el futuro biológico de la humanidad y su pensamiento no había cambiado sustancialmente. Las últimas líneas del texto son estas:

> Tal es, pues, el dilema humano. El hombre es una especie única y gloriosa. La especie se originó por evolución, todavía evoluciona activamente, y continuará haciéndolo. La futura evolución podría elevar al hombre a cumbres apenas vislumbradas, pero no lo hará automáticamente. Hasta donde podemos prever, la degeneración evolutiva en el futuro es tan probable como un progreso mayor. La única manera de asegurar a la humanidad un futuro de progreso evolutivo es manejar el proceso. Aunque se necesita mucho más conocimiento, no cabe duda de que es posible guiar nuestra propia evolución (dentro de unos límites) por unos derroteros deseables. Pero el gran peso de las creencias e instituciones actuales más extendidas es contrario incluso a intentar esa tutela. Si hay alguna esperanza, sería que cada vez fuera mayor el número de gente que encara el núcleo del dilema y busca una solución.

La selección artificial, en la práctica, nunca habría podido aplicarse al ser humano de una forma moral y voluntaria, y además esperamos que se equivocara al creer que la especie humana, tal y como es en la actualidad, no tiene remedio. En el siguiente capítulo veremos que algunos científicos de mediados del siglo pasado aspiraban a mucho más que a controlar la reproducción —unos tienen hijos y otros no— para producir un ser humano biológicamente mejorado (más inteligente, por ejemplo); deseaban cambiar la sociedad entera para acceder a un mundo más feliz, a un reino de los cielos en la Tierra que la ciencia prometía.

17

EL ESPIRÍTU DE LA COLMENA

—En todo caso, de una cosa podemos estar seguros, fuese quien fuese fue feliz en vida. Todo el mundo es feliz actualmente.

—Sí, ahora todo el mundo es feliz —repitió Lenina como un eco.

Había oído decir esas mismas palabras ciento cincuenta veces cada noche durante doce años.

Aldous Huxley, *Un mundo feliz* (1931)

Amor y reproducción

Julian Huxley era partidario de la eugenesia, la mejora del patrimonio genético de la especie humana por medio —el único instrumento posible— del control de la reproducción: unos —los que conviene— tienen hijos y otros no. Convencido, como vimos, de la idea de que hay progreso en la evolución y de que solo puede haber ya avance en el mundo viviente dentro de nuestra línea evolutiva porque todas las demás están demasiado especializadas y se han convertido en callejones sin salida, J. Huxley defendía que el progreso debía continuar en nuestra especie.

Su pensamiento de los años treinta está claramente plasmado en su artículo «Eugenesia y sociedad», recogido en 1941 en *The Uniqueness of Man* (publicado en español con los títulos *La originalidad del hombre* y *El hombre está solo*). Los nazis, razona, decían practicar la eugenesia, pero en realidad sus medidas eran *disgénicas* (contrarias a la mejora) porque estaban basadas en ideas nacionalistas, que no tienen nada que ver con la biología. Ni existe la raza aria, ni tampoco la judía. La eugenesia debe practicarse con rigor científico y sin prejuicios culturales. ¿De qué modo? Separando la reproducción del amor, algo posible gracias a la inseminación artificial, por un lado, y a los métodos de control de la natalidad, por otro. En la evolución ambas funciones, sexo y reproducción, han estado unidas, pero el progreso de la especie exige una visión nueva. Hay que sustituir, dice, el instinto de supervivencia individual por el de la salvación del grupo. Como hacen las abejas: el espíritu de la colmena. «Es ahora posible para el hombre y la mujer consumar la función sexual con el amado o la amada, pero cumplir la función reproductiva con aquellos a los que, quizá en otros terrenos, se admira.»

No hay tiempo que perder para J. Huxley:

> La humanidad se destruirá a sí misma desde dentro, degenerará en su verdadero núcleo y esencia, si a este lento pero incesante proceso no se le pone freno [...]. Debemos ser capaces de identificar los grupos genéticamente defectuosos más certeramente, y poner en marcha contramedidas que promuevan una reproducción más rápida de los grupos superiores, si queremos invertir la tendencia o al menos pararla.

En *Evolution. The Modern Synthesis* (1942) vuelve a tratar esta cuestión que le obsesionaba, y va más lejos:

> Primero, recordemos que, como ya se ha dicho, con nuestro tipo de sociedad debemos abandonar la esperanza de desarrollar instintos tan altruistas como los de los insectos sociales. Sería más correcto decir que es imposible mientras nuestra especie continúe con los actuales hábitos reproductivos. Pero si adoptáramos el sistema defendido por Muller (1936) y Brewer (1937) de separar las dos funciones del sexo —amor y reproducción— y utilizáramos los gametos de unos pocos varones altamente dotados para producir la siguiente generación, o descubriéramos cómo aplicar la sugerencia de Haldane en su *Daedalus* y reprodujéramos nuestra especie a partir solo de cultivos selectos de tejido germinal, entonces emergerían toda clase de nuevas posibilidades. Podrían desarrollarse auténticas castas, y al menos algunas de ellas podrían ser dotadas de pulsiones altruistas y comunitarias.

¡Auténticas castas, como las de los insectos sociales!

Mientras tanto, continúa J. Huxley, hay muchas maneras, obvias, de elevar genéticamente el nivel de las prestaciones cerebrales en cuanto a agudeza de percepción, memoria, capacidad de síntesis e intuición, de análisis, energía mental, creatividad, equilibrio y juicio. Si pudiéramos elevar la media de la población a los niveles que hoy tiene una de cada mil personas, sería un gran avance. Y aún se podría ir más allá. Incluso sería posible desarrollar poderes extrasensoriales, como la telepatía, que a J. Huxley le parecían, como mínimo, dignos de estudio.

No quisiéramos malinterpretar el pensamiento de Julian Huxley, pero nos parece que acariciaba la idea de crear, en un futuro lejano, una sociedad que recuerda a la de los insectos sociales: hormigas, avispas y abejas. Algunas páginas antes, en el mismo libro, había comentado la sociología de estos himenópteros y llegado a la siguiente conclusión:

> Haldane (1926) ha demostrado que solo en tal sociedad, en la que la mayoría de los individuos son neutros [no se reproducen], pueden evolucionar instintos altruistas muy pronunciados, del tipo de los que «son valiosos para la sociedad, pero acortan la vida de los individuos que los poseen». O sea, si no alteramos drásticamente la organización de nuestra propia reproducción, no hay esperanza de conseguir que la especie humana sea mucho más innatamente altruista que en el presente.

En su influyente libro *The Causes of Evolution*, Haldane aborda matemáticamente la cuestión del altruismo en la especie humana, es decir, la de cómo podrían llegar a generalizarse en las poblaciones aquellos caracteres que son socialmente útiles pero desventajosos para el individuo que los tiene, y que disminuyen sus posibilidades de dejar hijos. En su elegante apéndice sobre la teoría matemática de la selección natural (apasionante para quienes amamos los números), Haldane echa cuentas.

La posibilidad de que se dé el altruismo biológico —o sea, con base genética— en nuestra especie o en cualquier otra no es una cuestión de opinión o de ideología, sino que se puede estudiar con las herramientas de la ciencia. Haciendo cálculos —que después nadie ha rebatido—, resulta que una tribu humana podría llegar a ser completamente altruista —es decir, todos los individuos serían homocigotos (con las dos copias, materna y paterna, idénticas) para los genes que programan ese comportamiento colectivamente beneficioso pero desfavorable para el sujeto— solo en pequeños grupos que tuvieran una gran endogamia, o sea, mucha consanguinidad por matrimonios repetidos entre parientes.

La homocigosis —de nuevo— para un gen es la condición en la que tanto el alelo heredado del padre como el heredado de la madre son iguales, en este caso «alelos altruistas». En tales circunstancias de homocigosis general, es imposible que alguien sea egoísta. Pero Haldane sigue razonando: «Incluso cuando se alcance la homocigosis, sin embargo, se puede producir la mutación inversa [la responsable del comportamiento egoísta], y es esperable que se extienda [porque sus portadores se aprovecharán de los cándidos altruistas]. Encuentro difícil aceptar que sean comunes en el hombre muchos genes para el altruismo absoluto».

Así pues, y ante un panorama tan pesimista como el que auguraba Haldane, que era la autoridad en genética, Julian Huxley se veía obligado a proponer grandes remedios si se quería crear una sociedad más solidaria, que se pareciese en algo a la de las abejas y hormigas. Era necesario producir por medio de la genética un tipo nuevo de ser humano, ya que el viejo no podía ser altruista.

Hay en el libro de J. Huxley un detalle que impresiona y que ayuda a situar el pensamiento del autor en su momento histórico y a hacer esfuerzos por entenderlo, aunque, obviamente, sea imposible compartirlo. El ejemplar de la obra *Evolution. The Modern Synthesis* que leemos lleva un pequeño grabado que muestra un león descansando sobre un libro. En las páginas de este pone: «Book Production War Economy Standard». Y debajo: «El papel y la encuadernación de este libro son conformes a los estándares económicos autorizados». Cuando el libro que tenemos en las manos se puso a la venta, Londres estaba siendo bombardeado por los nazis. Había que evitar como fuera que el ser humano se destruyera a sí mismo.

Un mundo feliz

Sir Julian Huxley fue un gran humanista, el primer director general de la Unesco en 1946 y uno de los fundadores del World Wildlife Fund para la protección de la naturaleza. Por eso su pensamiento en relación con el «progreso de la especie» resulta tan..., ¿cómo definirlo?, tan sorprendentemente y al mismo tiempo tan horriblemente parecido al de la novela *Un mundo feliz* que había publicado en 1932 su hermano Aldous Huxley, en la que se describe una sociedad totalitaria donde los súbditos, metódicamente programados y clasificados, están encantados con su esclavitud. Para el novelista, Utopía —la sociedad basada en el sistema de castas— era monstruosa, pero para su hermano el científico representaba, en algunos de sus aspectos, la única forma de garantizar un mañana mejor para la humanidad.

Aldous Huxley escribió *Un mundo feliz* en 1931 y quince años más tarde redactó un prólogo para la novela, con la perspectiva del tiempo transcurrido y la experiencia de la guerra mundial. ¿Nos habíamos acercado a Utopía en esos quince años o la profecía no llevaba camino de cumplirse? Estas son sus palabras:

> A medida que la libertad política y económica disminuye, la libertad sexual tiende, en compensación, a aumentar. Y el dictador (a menos que necesite carne de cañón o familias con las cuales colonizar territorios desiertos o conquistados) hará bien en favorecer esa libertad. En colaboración con la libertad de soñar despiertos bajo la influencia de los narcóticos, del cine y de la radio, la libertad sexual ayudará a reconciliar a sus súbditos con la servidumbre que es su destino.
>
> Después de sopesarlo todo bien, me pareció que la Utopía se hallaba más cerca de nosotros de lo que nadie hubiese podido imaginar hace solo quince años. Entonces la situé para dentro de seiscientos años en el futuro. Hoy parece posible que tal horror se implante entre nosotros en el plazo de solo un siglo.

Es curioso. El gran novelista y premio Nobel Mario Vargas Llosa reflexionó en 1988 acerca de *Un mundo feliz*. Para el escritor, el peligro había pasado:

> Ocurre que en el medio siglo transcurrido desde que fue escrito *Un mundo feliz*, la realidad se ha alejado de este sombrío vaticinio aún más de lo que estaba en 1931. Los imperios totalitarios se derrumbaron o aparecen cada día más corroídos por sus fracasos económicos y por sus contradictores internos. En los tiempos del sida la ciencia no parece tan todopoderosa como hace algunas décadas. Y —acaso el signo más esperanzador cara al futuro— los hombres de hoy se muestran mucho más inapetentes que los de antaño por aquellas sociedades ideales, por esos mundos perfectos, fraguados por los utopistas.[1]

No estamos tan seguros de que el ser humano haya renunciado a las utopías, y el auge del fundamentalismo religioso que se produjo después del comentario de Vargas Llosa demuestra que no es difícil encontrar humanos que anhelen una sociedad en la que no haga falta pensar.

Y no creemos en absoluto que los periclitados regímenes comunistas de Oriente y Occidente (el «socialismo real») representaran la materialización de la Utopía de Aldous Huxley. Nuestra consumista sociedad occidental es mucho más parecida.

Fuera de la noche

Hermann Joseph Muller (1890-1967) fue un gran biólogo neoyorquino. Tanto que en 1946 obtuvo el Premio Nobel

1. Artículo incluido en la recopilación titulada *La verdad de las mentiras*.

por descubrir que los rayos X producen mutaciones en las moscas del vinagre con las que experimentaba. Llevó una existencia muy agitada, con una gran participación en las cuestiones políticas. Fue socialista y vivió unos años en la Unión Soviética (de 1933 a 1937, primero en Leningrado —San Petersburgo— y luego en Moscú), hasta que fue expulsado por Stalin (o, más bien, se fue él antes de que lo arrestasen como a sus colegas genetistas). En el laboratorio de Moscú de genética humana, además de aspectos médicos, se estudiaban parejas de gemelos para averiguar en qué eran iguales los hermanos —aquello que está determinado por los genes— y en qué eran diferentes.

En 1935 terminó de escribir en Moscú su libro *Out of the Night* («Fuera de la noche» o, quizá mejor, «Salir de las tinieblas»), pero las autoridades soviéticas apostaron por el lamarckismo —el ambiente, y no la herencia, sería lo que cuenta— en contra del mendelismo y la genética moderna (o mendelismo/morganismo) que representaban Muller y sus amigos rusos. Un agrónomo sin escrúpulos llamado Trofim Lysenko convenció a Stalin de que se podían mejorar las cosechas de trigo «acostumbrando» al grano a pasar frío en invierno (una técnica llamada *vernalización*). Aunque el procedimiento carecía de todo fundamento científico, fue muy bien recibido por la promesa que ofrecía de acabar con las terribles hambrunas de la Unión Soviética, y el malvado Lysenko consiguió así todo el poder en el mundo científico para deshacerse de los genetistas de verdad, empezando por el más importante de todos ellos, Nikolái Vavílov, quien en 1943 murió en prisión a causa de las penalidades sufridas. Lysenko había recibido dos años antes el Premio Stalin. La propaganda oficial describía a los investigadores científicos como ciudadanos narcisistas e improductivos —alejados de los problemas reales de la sociedad—, mientras que gente como Lysenko era la que de verdad estaba comprometida con el bienestar de las masas. Esto mismo lo hemos oído también nosotros muchas veces. La demagogia y la ciencia siempre han sido incompatibles.

A Stalin, que leyó una traducción de *Out of the Night*, tampoco le gustaban las ideas de Muller sobre la mejora genética de la especie humana por medio de la eugenesia. Prefería pensar que es la educación —en su sistema, más bien el lavado de cerebro— la que hace al hombre, no la genética. Así quedaba todo el terreno libre para la propaganda política en la formación de la personalidad. De Moscú pasó Muller a Madrid en 1937 para servir a la causa republicana como médico durante la guerra civil, pero no estuvo mucho tiempo. Es una pena que los autores no sepamos más de sus andanzas por la capital durante ese tiempo convulso de conflicto entre ideologías extremas.

Sus recetas para guiar la evolución futura de la humanidad están desarrolladas en el ya citado libro *Out of the Night*, escrito casi todo en 1925 pero publicado en 1936, y que leyeron muchos de los intelectuales de su tiempo, incluidos, claro, los biólogos evolucionistas. (Sin embargo, hoy en día es un libro casi imposible de conseguir; debemos el que hemos podido leer a la amabilidad del hispanista estadounidense Dale Pratt.)

En el prólogo manifiesta Muller que, justo cuando acababa de enviar el libro a la imprenta, leyó el artículo de Herbert Brewer titulado «Eutelegenesis» en la revista *Eugenics Review* y que le agradó comprobar como ambos compartían los métodos biológicos para mejorar a la especie humana. Estos dos autores, Muller y Brewer, junto con J. B. S. Haldane, fueron los que más influyeron en las ideas que iban a desarrollar más adelante los biólogos neodarwinistas en relación con la evolución futura de los seres humanos y cómo impulsarla y dirigirla.

La utopía de Muller se basaba en la genética y en toda

la batería de técnicas conocidas en la época o aún por desarrollar, pero que se adivinaban como posibles a corto plazo (y así ha sido).

En el capítulo VII de su libro, titulado «Nacer y renacer», Muller empieza por defender la emancipación de la mujer y su incorporación al trabajo en igualdad de oportunidades con el otro sexo. Para eso habría que empezar por eliminar la maternidad no deseada por medio del control de la natalidad y del aborto, y planificar cuántos hijos se tienen y con quién. Habría también que poner los medios para que la madre no tenga que pasar el día entero esclavizada por el cuidado de la prole —renunciando al desarrollo profesional— y para ello propone Muller una serie de medidas tan variopintas como investigar la manera de hacer desaparecer el dolor del parto —para empezar— y el «cólico de los seis meses» de los bebés, que, según Muller, llevan a las extenuadas madres casi a la desesperación, crear instituciones para la preparación de comida para bebés y servicios de lavandería, etc.; o, directamente, que los hijos se críen fuera de casa.

Por supuesto, una vez desaparecida la maternidad sin control y liberada la mujer de los dolores del parto y de los más arduos trabajos de la crianza —es decir, igualada al hombre—, habría que fecundar los óvulos con el semen de los mejores talentos masculinos. La constitución hereditaria de una persona, razonaba Muller, se puede considerar intermedia entre la del padre y la media de la población, ya que el padre aporta la mitad de los genes y la madre, la otra mitad, y supongamos que la madre está en el promedio (estadísticamente). Se ganaría entonces muchísimo —en pocas generaciones— mejorando la «calidad» de los genes masculinos.

De una mujer no se podrían nunca obtener muchos descendientes, ya que la producción de óvulos es infinitamente menor que la de espermatozoides, pero un varón notable podría con los métodos actuales, razonaba Muller, dejar cincuenta mil hijos (o más, perfeccionando las técnicas). ¿Qué mujer no querría llevar en su vientre un hijo de Lenin o de Darwin?, se preguntaba Muller. También citaba a otros padres ideales, como Newton, Leonardo, Pasteur, Beethoven, Pushkin, Einstein o Marx; en cambio, a Stalin no lo incluía en la lista. Es curioso que las mujeres de sus épocas respectivas no encontraran a esos genios tan interesantes y deseables; ninguno de ellos fue precisamente un Casanova.

¡Cincuenta mil o más hijos de un gran hombre en una sola generación! Pero ¿por qué seleccionar solo a los mejores individuos masculinos para la reproducción? Se podría disponer también de los óvulos de las mujeres más perfectas para que se implantasen, una vez fecundados por espermatozoides selectos, en «vientres de alquiler». O, mejor aún, el desarrollo podría tener lugar en su totalidad fuera del útero, como proponía Haldane en su *Daedalus*. En un futuro se podrían cultivar tejidos de los órganos sexuales de hombres y mujeres para que siguieran produciendo óvulos y espermatozoides mucho después de la muerte. Eso sería un gran avance, porque así se podría observar el resultado en los descendientes y juzgar la calidad de esos genes (este procedimiento es el que utilizan los ganaderos, que evalúan a los sementales por las aptitudes de sus hijos y nietos). ¿Serían los herederos biológicos de Lenin igual de revolucionarios, los de Darwin y Einstein tan científicos, y los de Leonardo y Pushkin tan artistas?

Una vez separadas las cuestiones del amor y de la pareja —que van por el lado del corazón— del tema de la calidad genética —que es materia científica que nada tiene que ver con las emociones—, hay que abordar el problema fundamental de esta utopía de Muller (y de todos los eugenetistas): cómo elegir a los mejores individuos reproductores. Muller proponía dos criterios: inteligencia y solidaridad. Las generaciones futuras deberían ser más racionales y tener mejores sentimientos hacia los demás. ¿Como quién, por ejemplo?, nos preguntamos nosotros.

Muller estaba preocupado por la sociedad de su tiempo, que acababa de sufrir en Estados Unidos la Gran Depresión económica, y por otro lado era un admirador muy ingenuo y ciego de los «logros» de la Unión Soviética. Ya se ha visto lo que ha dado de sí la utopía de Lenin. Pero hay que reconocer que la visión de Muller acerca de la eugenesia se desviaba radicalmente de la versión clásica y que los objetivos que perseguía eran mucho más nobles que los tradicionales en Occidente. Así, en el prólogo, escribe:

> En efecto, debe admitirse que la eugenesia, en el sentido en el que la mayoría de nosotros estamos acostumbrados a pensar en ella, se ha convertido en un movimiento perverso sin esperanza. Más allá de imponer algunas limitaciones al número de los individuos más claramente defectuosos, sería —con los métodos y perspectivas actuales— incapaz de producir ningún cambio para mejor. Por otro lado, causa un daño irreparable proporcionando una falsa apariencia de fundamento científico a los defensores de los prejuicios de raza y de clase, abogados de los intereses de la Iglesia y del Estado, fascistas, hitlerianos y reaccionarios en general. Ni siquiera los menos irracionales de los profesionales de esta moderna «eugenesia» han adoptado una postura clara contra las atrocidades que recientemente se han propuesto y llevado a cabo en su nombre.

La vieja eugenesia basada en la eliminación de los individuos defectuosos no cambiaba la especie, solo la «depuraba», y por supuesto debía ser abandonada por completo, puesto que había servido para justificar monstruosidades y privilegios. Era hora de pensar en un humano mejor, en impulsar la evolución en la dirección correcta para producir el hombre nuevo. Ese sería el mensaje que recogerían los neodarwinistas.

La evolución es demasiado lenta

Muller ya había aparecido antes en este libro, citado por Julian Huxley, quien se lo tomaba muy en serio. Pero Theodosius Dobzhansky pensaba de un modo radicalmente distinto veinte años más tarde, cuando escribió su libro *Mankind Evolving. The Evolution of the Human Species.* En 1962 Dobzhansky tenía una idea mucho mejor que la de un monótono mundo poblado solo por copias de Einstein o de Lenin. Aprovechemos todo el potencial genético de la especie, decía, hay genes maravillosos que no pueden expresarse —les falta el ambiente adecuado— en individuos que viven en la pobreza más espantosa. La especie humana todavía no ha terminado su evolución y debe beneficiarse de toda la riqueza genética disponible para avanzar. Dice Dobzhansky: «La premisa de Muller de que existe, o puede existir, *el* genotipo humano ideal que sería deseable para todos no solo es poco atractiva, sino casi ciertamente errónea; fue la diversidad humana la que actuó como una palanca de fuerza creativa en el pasado y actuará igualmente en el futuro».

Dobzhansky no creía que la evolución tuviera un propósito, pero eso no quería decir que no tuviera una dirección, o varias, y que una de ellas no fuera la de avance y mejora, en la que nosotros representaríamos la forma de vida más compleja... por ahora. En su libro *The Biological Basis of Human Freedom* (1956) había dejado escrito:

> No hay una única tendencia [*trend*] en la evolución, sino más bien muchas tendencias diferentes en distintos organis-

> mos. Es decir, algunas tendencias predominan en la evolución de algunos grupos. Así pues, el desarrollo de las funciones cerebrales, de la inteligencia, parece haber sido la tendencia dominante en la evolución humana.

Que la evolución no tenga finalidad no significa que no se dé —siempre por medios estrictamente naturales— progreso. Simpatizaba con las ideas del jesuita y paleontólogo francés Pierre Teilhard de Chardin (1881-1955), del que solo discrepaba en el uso del término *ortogénesis*, que Dobzhansky esperaba que el jesuita no utilizara en el sentido original (un error que achacaba a la falta de sintonía de Chardin con la biología moderna).

La ortogénesis, recordémoslo una vez más, era una forma de evolución defendida por algunos paleontólogos anteriores a la Síntesis, que sostenían una visión rectilínea de la historia de la vida, según la cual una vez que aparecía un grupo biológico —con su diseño particular— este se desarrollaba —por causas misteriosas— siguiendo una única dirección, la que le es propia, pasando de menos especializados a cada vez más especializados, al margen de las circunstancias ambientales. Dobzhansky, por el contrario, era neodarwinista y creía en la acción modeladora del ambiente —variable e imprevisible— a través de la selección natural, y no en programas evolutivos inscritos —no se sabe cómo— en los organismos.

En todo caso, Dobzhansky era tan optimista como Chardin respecto del destino final de nuestra especie, un futuro al que, según el jesuita, nos llevará la evolución dentro de un tiempo: una humanidad totalmente unida, en la que la integración de los pensamientos no hará que los individuos sean anulados, sino que se realizarán más como personas libres; «la unión (*la verdadera unión*) diferencia», sería su lema.

«Individualmente, después —y a pesar de tantos fuertes prejuicios en contra— nada nos impide pensar que la Socialización compresiva, tan amenazadora a primera vista para nuestra originalidad y nuestra libertad individuales, no sea el medio más poderoso "imaginado" por la naturaleza para acentuar al máximo la singularidad inconfundible de cada elemento reflexivo», en palabras, de nuevo, de Teilhard de Chardin.

El punto omega de Chardin era la antítesis de la pesadilla del mundo feliz de Aldous Huxley. Más unión y, al mismo tiempo, más individuación. Una Utopía esperanzada.

Sin embargo, la evolución es lenta y el futuro soñado parecía demasiado lejano, por lo que había que contar con la posibilidad de imprimir al proceso un poco de velocidad adicional en la dirección adecuada. Por eso Teilhard de Chardin escribió en 1947 en *El fenómeno humano* (obra que no se publicó hasta 1955, el año de su muerte, ya que sus escritos estaban vetados por la Compañía de Jesús, a la que pertenecía):

> Es cierto que hasta ahora hemos dejado crecer nuestra raza al azar y hemos reflexionado de manera insuficiente sobre el problema de saber por medio de qué procedimientos terapéuticos y morales *es necesario*, si las suprimimos, *reemplazar las fuerzas brutales de la selección natural*. Es indispensable que en el curso de los siglos venideros se descubra y se desarrolle, a la medida de nuestras personas, una forma de eugenismo noblemente humana.

En la obra de Chardin se encuentran otras referencias a lo que él llamaba «alguna forma noble de selección dirigida».

Se ve claramente que el problema le preocupaba, porque consideraba imprescindible actuar científicamente; el futuro de la evolución humana, pensaba al igual que otros científicos de su época, no se puede dejar en manos del azar. Pero ¿no son términos totalmente antitéticos los de *selección* y *noble*? ¿En qué técnicas estaría pensando concretamente?

En *La aparición del hombre*, Chardin nos anuncia que ese humano perfeccionado tardará menos de diez mil años:

> Mas, precisamente por efecto retroactivo de correflexión, el individuo humano, ayudado a la vez por todos los demás, ¿no logrará algún día perfeccionar su propio sistema nervioso? Intervenir eficazmente sobre los resortes de la reproducción, de la embriogénesis, de la selección, para que no solo el grupo social tomado en su realidad global, sino los mismos individuos, de generación en generación, se hallen cada vez más *cerebralizados*, y esto no por selección natural, sino por *selección dirigida*. ¿Quién se atreverá a decir hoy [aquí hay una nota de Chardin a pie de página que dice: «A pesar de la brillante caricatura hecha por Aldous Huxley en *Un mundo feliz*...»] que antes de que transcurran diez mil años no se habrá hecho realidad esta loca idea actual?

A continuación reconoce que esta posibilidad puede repugnar e inquietar a «la mente y el corazón, la Moral y las Religiones», pero: 1) es inevitable («nos guste o no nos guste») que el ser humano agote todas las posibilidades que le ofrece la investigación, y 2) conviene que lo haga: «... no olvidemos que el desarrollo concomitante de ciertas disposiciones psicológicas nuevas probablemente es indispensable, y el no tenerlas en cuenta hace inverosímiles o monstruosos los resultados de nuestra extrapolación».

En aquellos años de mediados del siglo pasado, todos, incluso los que no eran neodarwinistas como el jesuita francés, miraban con entusiasmo hacia la selección artificial para crear al hombre nuevo.

El fin de la infancia

Pierre Teilhard de Chardin nunca escribió una novela acerca de cómo sería el Fin de la Historia, el momento en el que la humanidad alcanzaría el anhelado Punto Omega. En realidad, y puesto que la llegada del ser humano a la Tierra era para Teilhard solo la culminación de un proceso mucho más largo de *complejización* que va desde el átomo a la mente, sería mejor decir el momento en el que el planeta en su conjunto llegaría al Punto Omega. Y es una pena que no la escribiera, porque así habríamos entendido mejor qué quería decir exactamente con su profecía, aunque también es posible que un lenguaje más oscuro y evocador, como el que utilizaba el jesuita y paleontólogo francés en sus escritos, conviniera mejor a su talante místico.

Teilhard de Chardin era un visionario que defendía que el destino está escrito en la misma sustancia de las cosas de este mundo, y que por lo tanto hay un futuro inevitable. Como en las teorías marxistas, solo cabe acelerar o retrasar el curso de la historia. Por eso su personalidad es muy atractiva para cualquier escritor de ciencia ficción. En la famosa novela *Hyperion* (1989) de Dan Simmons tiene un gran protagonismo el personaje del padre Duré, «alto, delgado, ascético, canoso, de frente noble y ojos donde el brillo de la experiencia no podía ocultar el dolor», es decir, como aparece el propio Chardin en sus últimas fotografías. El padre Duré —nos cuenta la novela de Simmons— es jesuita, etnólogo y teólogo, realiza excavaciones arqueológicas y es, por supuesto, muy devoto de *san Teilhard.*

Pero, aunque Chardin no escribiera esa utopía del mundo feliz que nos espera, en muchos aspectos podría parecer que alguien lo hizo por él. Y se trata nada menos que del gigante de la ciencia ficción Arthur C. Clarke, autor de un libro titulado *Childhood's End* (*El fin de la infancia*). En principio, es imposible que Clarke bebiera de las fuentes de Chardin, puesto que su novela se publicó en 1954 y el primero de los libros de Chardin (*El fenómeno humano*) apareció en 1955, después de su muerte. Ahora bien, aunque la Iglesia le prohibiera al jesuita llevar a la imprenta su heterodoxo pensamiento, circulaban copias que lo extendían entre un selecto público de intelectuales con inquietudes religiosas y científicas, así que quién sabe si tuvo alguna influencia directa o indirecta.

En cualquier caso, la novela de Clarke, que alcanzó un éxito resonante, se desarrolla en un futuro entonces cercano, es decir, en nuestros días. En 1975 los soviéticos y los americanos están a punto de lanzar —cada uno por su lado y en secreto— un cohete (propulsado por energía atómica) para ser los primeros en poner el pie en la Luna (recordemos que el alunizaje real de los americanos se produjo en 1969, poco antes de lo previsto por Clarke). Entonces aparecen en sus gigantescas naves los extraterrestres. Los humanos los llamarán *overlords* o «superseñores». Su inmensa superioridad tecnológica les permite poner orden en nuestro planeta y se llega así a un estado de paz mundial y gobierno único supervisado por los «superseñores». Por cierto, estos solo se ven obligados a interferir dos veces en los asuntos humanos. Una de ellas es en la plaza de toros de Madrid y es para acabar con las corridas, que les parecían excesivamente crueles a los *overlords* (o más bien a Arthur C. Clarke).

Nadie en el planeta sabe qué se proponen exactamente los *overlords*, pero la humanidad lleva una vida plácida, aunque algunos echan de menos la creatividad y emoción de los tiempos anteriores, más revueltos. Y también las religiones.

Empiezan entonces a nacer unos extraños niños dotados de superpoderes (telequinesia, telepatía, precognición), y resulta que los *overlords*, a pesar de su inteligencia diez o cien veces superior a la humana, son solo los enviados de una entidad muy superior, de una supermente inmortal y creciente, potencialmente infinita.

Los *overlords* conservan su individualidad —su independencia «personal»— y su *yo*. También sienten emociones en parte similares a las humanas. Ese es un posible final de la evolución, en un planeta dado. Pero la evolución, a veces, toma un camino diferente, que lleva a fusionarse con la *supermente*.

Los *overlords*, cima del primer tipo de evolución, solo podían aspirar a convertirse en asistentes de la *supermente* y facilitar que esta absorbiera a los hijos de otro planeta, resultado del segundo tipo de evolución, para seguir expandiéndose. La *supermente* es el resultado de la fusión de muchas *razas planetarias*. Por eso, sus servidores fueron enviados al nuestro.

Finalmente, solo quedan esos niños especiales, meta última de la evolución en el planeta Tierra, apenas reconocibles ya como seres humanos. La vieja especie *Homo sapiens* ha de morir, pero su contribución está hecha. En el acto final se volatilizan los *nuevos humanos* —y con ellos el planeta entero, hasta el último átomo— absorbidos por la *supermente* de la que formarán parte desde entonces.

Los *overlords* seguirán siendo enviados por las galaxias a la búsqueda de nuevas posibles incorporaciones a la *supermente*. Ellos, en cambio, están condenados a no lograrlo jamás.

Un paso más

En 1958 Isaac Asimov, el gran escritor ruso-judío-estadounidense de ciencia ficción, y de ensayo científico y divulgación, escribió en la revista *Astounding Science Fiction* un par de artículos, en números consecutivos, sobre el tema de la evolución en general y de su prolongación en la evolución humana. O, mejor dicho, acerca de cómo hemos llegado hasta aquí, a base de conquistar cada vez más independencia frente al medio y emanciparnos de su tiranía. Para explicar este concepto Asimov escribe: «Cuanto más controla un organismo su entorno inmediato y más libre está de sus presiones, más avanzado es». Se trata de la misma idea —que ya hemos comentado— de Julian Huxley para medir el grado de progreso evolutivo.

Para Asimov, el progreso evolutivo ha llegado a su máximo en las sociedades de insectos (hormigas, abejas, termitas) por el lado de los invertebrados, y en la especie humana por el de los vertebrados. Una idea con la que el famoso científico creador de la sociobiología Edward O. Wilson está de acuerdo.

Tal vez hayan visto la película *Cuando ruge la marabunta*, protagonizada por Charlton Heston. Se estrenó en 1959 (con el título original *The Naked Jungle*, «La selva desnuda») y está basada en el relato corto de Carl Stephenson, publicado en 1938, *Leiningen versus the Ants* («Leiningen contra las hormigas»). Trata de la lucha desesperada de un tal Leiningen en la selva brasileña para defender su plantación de una monstruosa invasión de hormigas: la marabunta. La historia es, por supuesto, una exageración absurda, pero aquí nos interesa la moraleja que extrae Asimov: «Ustedes pueden opinar que la proporción era terrorífica —millones de hormigas contra un humano— pero se equivocarían. La proporción estaba equilibrada incluso numéricamente: *un* hombre contra *una* sociedad de hormigas». Dos individuos enfrentados.

Ya hace mucho tiempo que no aparecen nuevos diseños de organismos, nuevos filos, y la evolución parece haberse vuelto repetitiva, poco creativa, aburrida. Falta, sin embargo, un avance espectacular que podría darse todavía. Al igual que nosotros, los animales, somos organismos multicelulares —formados por muchas células bien diferenciadas y funcionalmente especializadas, que no pueden vivir por separado—, aún está por aparecer, nos cuenta Asimov, un ser que esté compuesto de organismos: una criatura (que sería en realidad una sociedad) «multiorganísmica». Una comunidad tan unida como la de las hormigas brasileñas, pero formada por individuos tan ingeniosos y tenaces como Leiningen.

Se podría argumentar que en una sociedad humana moderna las personas ya están especializadas, no física y biológicamente como los insectos sociales, desde luego, sino profesionalmente, y se podría añadir que, por muy expertos que seamos en uno u otro oficio, casi ninguno de nosotros sería capaz de vivir por libre, como les pasa a las hormigas y las abejas aisladas.

Es verdad, pero nos falta la consciencia de comunidad —o unidad de acción— de los insectos sociales (aunque viendo un desfile militar nazi uno piensa inmediatamente que el experimento ya se ha intentado). El paso siguiente, explica Asimov, sería un organismo con el comportamiento unitario de un enjambre, un termitero o un hormiguero, y la flexibilidad individual de los seres humanos.

Una utopía concebida independientemente, pero muy parecida a la de Teilhard de Chardin: conjugar colectividad e individualidad. ¿Qué se sentiría —o se sentirá— al pertenecer a una sociedad multiorganísmica, al ser una pieza —prescindible— de un nivel superior de organización?:

> No permitimos que nuestras células sean muertas sin razón. Merced a una sensación conocida como «dolor» procuramos proteger nuestras células componentes y evitamos, por ejemplo, cualquier arañazo o alfilerazo. Una sociedad multiorganísmica sería tan cuidadosa de sus componentes y, sin duda, sentiría algo así como dolor si se le hiciera daño a alguno de ellos.

Aunque Asimov no era religioso, esa sociedad humana del futuro imaginada por él sería tan sublime como el Punto Omega de Chardin. Prosigue Asimov:

Y entonces se habría conseguido algo positivo. Al pasar de una célula a un grupo de células, resulta posible para la totalidad de las células apreciar bellezas abstractas tales como una sinfonía o una ecuación matemática, las cuales nunca podría concebir por separado una célula.

La aparición de la sociedad multiorganísmica representaría, según Asimov, un paso como el que separa al hombre de los demás mamíferos, incluso el que lo separa de las amebas.

Pero ¿cómo podría aparecer una nueva especie humana de esas características? Asimov reconoce que es imposible que eso ocurra en nuestro planeta, porque una familia que hubiera experimentado las necesarias mutaciones para dar lugar a una sociedad multiorganísmica nunca estaría geográficamente aislada el tiempo suficiente para que se produjera la evolución. Cabe la posibilidad de que una guerra nuclear devastadora dejara solo unos pocos supervivientes que protagonizaran esa transición. Y hay aún otra opción más alentadora, que ya hemos tratado... y descartado:

> Sin embargo, llegará el día en que se establecerán colonias en otros planetas, en mundos fuera del sistema solar, quizá. Entonces sería posible el aislamiento «geográfico». Los hombres aventurándose por el espacio pueden llegar a ser como el crosopterigio que salió del mar para aventurarse en tierra. Parten como experimentadores, y acaban como vencedores.

Asimov incluyó estos dos artículos, publicados en 1958 en *Astounding Science Fiction*, en su libro *Life and Time* (*Vida y tiempo*), aparecido veinte años después. A pesar del tiempo transcurrido, Asimov comenta que le siguen pareciendo vigentes.

18

ESPLENDORES ESTÉRILES

Cesó el viento y quedó el sol. Se encontraba en el desierto mexicano, hermano del Sáhara y del Gobi, continuación del Arizona y el Yuma, espejos del cinturón de esplendores estériles que ciñe al globo como para recordarle que las arenas frías, los cielos ardientes y la belleza yerma, esperan alertas y pacientes para volver a apoderarse de la Tierra desde su vientre mismo: el desierto.

CARLOS FUENTES, *Gringo viejo* (1985)

La paradoja de Fermi

La fórmula de Drake nos llevaba a preguntarnos cuántas inteligencias, aparte de la nuestra, habrán surgido en la galaxia a la que pertenecemos. El proyecto SETI se ha puesto en marcha para captar señales de alguna de ellas. Lleva poco tiempo —teniendo en cuenta la inmensidad del espacio a explorar—, pero seguimos sin noticias.

Un fracaso definitivo en esta búsqueda nos llevaría a una inquietante pregunta, conocida como «paradoja de Fermi»: ¿por qué no hemos sido todavía «contactados» por una inteligencia extraterrestre? ¿Dónde están ellos? Enrico Fermi (1901-1954) fue un físico italiano que recibió el Premio Nobel.

Efectivamente, ¿qué falla en la ecuación? ¿No será precisamente *L* (lo que dura una civilización tecnológica)?

Hay que empezar por preguntarse cuánto dura una especie cualquiera en la biosfera, porque no hay ninguna que sea eterna, aunque sí se conocen grupos biológicos que han cambiado poco desde hace muchísimo tiempo, y por eso se denominan popularmente «fósiles vivientes». Ese término se ha aplicado, por ejemplo, a los cangrejos cacerola o cacerolas de las Molucas —que son artrópodos, pero no crustáceos como los verdaderos cangrejos—; a unos peces llamados celacantos —los más cercanos evolutivamente a los anfibios y demás *tetrápodos* o vertebrados terrestres—, que fueron encontrados inesperadamente viviendo a grandes profundidades en el océano Índico occidental, y a los conocidos ginkgos que vemos plantados, cada vez más, en nuestras ciudades, y que fueron unos árboles muy comunes en la era de los dinosaurios.

Los dos grandes problemas de la biología evolutiva son, precisamente, el origen de las especies y su extinción. Ya vimos al principio de este libro el modo en que Darwin explicaba en la primera edición del *Diario de un naturalista* el final de una especie: por comparación con la vida de los individuos, es decir, por envejecimiento. Era una explicación muy poco científica, porque, más allá de la analogía, no se entiende qué hace que una especie pierda vitalidad, degenere y muera (en el caso de los individuos tampoco está claro cómo funciona ese «reloj biológico» que marca las horas de la vida, pero no hay duda de que existe). En la segunda edición del *Diario* Darwin abandonó esa idea y, en cambio, hablaba de que las especies iban teniendo cada vez menos efectivos, se volvían más y más raras, y terminaban por desaparecer. Ahora bien, ¿por qué se vuelven las especies menos numerosas hasta que no queda ningún ejemplar?

Sin adentrarnos en un mar tan proceloso, hay dos grandes tipos de explicaciones sobre las que se debate actualmente. Algunos autores defienden que son los grandes cambios físicos, ajenos a la biosfera, los que renuevan las faunas y las floras. Otros —recuérdese la hipótesis de la Reina Roja— sostienen que la *capacidad de carga* de los ecosistemas es limitada y que por eso se entabla una «carrera armamentística» entre las especies que los componen, porque siempre llega un momento en el que la biodiversidad alcanza un punto de saturación; ya no caben más especies. Las que no pueden mantener su nivel de adaptación, en relación con las otras especies, simplemente desaparecen. La metáfora más sencilla y popular sería la de las empresas y los mercados. La vida económica exige un constante cambio en las empresas si no quieren desaparecer inmediatamente; antes o después todas las empresas se extinguen; en algunos sectores —que han cambiado poco— se mantienen empresas «fósiles».

Finalmente, los dos tipos de extinción —la que responde a factores *abióticos* o extrínsecos a las propias comunidades y la que se debe a causas *bióticas* o intrínsecas a los ecosistemas— podrían darse, solo que a diferentes escalas temporales. A gran escala temporal —cada mucho tiempo, no todos los días ni todos los siglos o milenios— se producen importantes cambios físicos en el planeta, verdaderas catástrofes, cuyos efectos sobre los ecosistemas son de gran envergadura. Hay causas extrínsecas con varios orígenes: una es la tectónica de placas, que mueve los continentes y levanta las cadenas montañosas, afectando a las *biotas* o grandes comunidades de seres vivos; otro factor extrínseco importante, sin duda, es el clima y sus variaciones, que dependen de la tectónica, por un lado, y de los movimientos de la Tierra sobre su eje y alrededor del Sol; y no conviene olvidarse de los meteoritos, que vienen del espacio: son los factores más extrínsecos de todos. Mientras tanto, las especies compiten todo el tiempo en los sistemas ecológicos por no perder adaptación y algunas fracasan y se extinguen porque otras lo hacen mejor y porque aparecen especies nuevas por evolución o por inmigración. Como es lógico, los geólogos han prestado más atención a los factores abióticos y los biólogos, a los bióticos.

¿Tienen las especies fecha de caducidad?

¿Cuánto duran los homínidos, las especies del grupo evolutivo al que pertenecemos, y del que somos sus únicos representantes vivos? Nuestra especie tiene 200.000 años, más o menos. Eso no quiere decir que hayamos aparecido de la nada, porque el *Homo sapiens* viene de una especie anterior, que ya se parecía mucho al hombre actual, aunque no era igual, ni física ni mentalmente. Los neandertales duraron más o menos un cuarto de millón de años, pero es probable que nosotros fuéramos la causa de su extinción por pura competencia ecológica entre especies que ocupan el mismo nicho, es decir, que viven de la misma manera y se alimentan de lo mismo.

Tenemos registros de bastante más de 200.000 años de la mayoría de las especies extinguidas de homínidos, y en los demás casos puede que simplemente falten fósiles y que vivieran muchos cientos de miles de años. Algunas especies, como el *Homo erectus* de Asia, superaron el millón de años, aunque eso no quiere decir que no cambiaran a lo largo de ese tiempo.

No siempre las especies fósiles de homínidos se extinguieron sin descendencia: las que forman parte de la línea que lleva hasta el *Homo sapiens* simplemente evolucionaron para transformarse en la siguiente de la cadena.

En resumidas cuentas, podemos considerarnos una especie todavía joven, como prueba la escasa variabilidad genética que presenta, que ya hemos comentado a propósito de las polémicas sobre las llamadas *razas humanas*: aparentemente muy variadas pero genéticamente casi idénticas. Si la especie humana fuera más vieja, las diversas poblaciones serían más distintas genéticamente, porque llevarían más tiempo separadas. En resumen, para un mamífero cualquiera de nuestro tamaño 200.000 años de existencia no se pueden considerar muchos, porque las especies viven por lo general bastantes más.

Recordemos ahora algo que se ha discutido hace bastantes páginas. En la parte central del libro, en la sección titulada «Presente», hemos utilizado la lista de atributos humanos que elaboraron, basándose en autores anteriores, M. V. Flinn, D. C. Geary y C. V. Ward. Pero estos tres investigadores estaban interesados sobre todo en analizar la hipótesis propuesta en 1989 y 1990 por Richard Alexander. Para Alexander, a lo largo de nuestra historia evolutiva los homínidos nos volvimos tan superiores ecológicamente a las demás especies de nuestro entorno que las presiones de selección pasaron de ser las propias del medio ambiente (o ecológicas) a ser las del medio grupal (o sociales), de manera que la principal de las «fuerzas hostiles de la naturaleza» fueron los demás homínidos, mucho más que el clima, la alimentación, los parásitos o incluso los depredadores.

La competición —la carrera armamentística— pasó a tener lugar entre homínidos y a ser una competición social, es decir, a producirse entre grupos de homínidos de la misma especie y, dentro de los grupos, entre individuos. Por eso, muchos de los caracteres de la lista de Flinn, Geary y Ward —o de la de cualquiera que se ponga a pensar un rato en qué es lo que nos hace a los humanos diferentes de las demás criaturas— no tienen nada que ver con la ecología, y sí mucho con la vida social. Estamos más adaptados a la vida en sociedad que al ecosistema, o a los ecosistemas, porque los seres humanos vivimos hoy en casi todos los ambientes terrestres.

Este cambio en las presiones de selección, que son las que dirigen el curso de la evolución, se produjo, según los tres autores citados, hace más o menos dos millones de años, cuando aparecieron los homínidos de cuerpo y cerebro grandes: *Homo ergaster/erectus*. Esta teoría supone que a partir de ese momento solo ha habido un linaje humano; nosotros pensamos que evolucionaron varios, y que se produjo competencia entre ellos, hasta que solo quedó el *Homo sapiens*. Pero tal competencia, aunque se diera entre especies, sería del mismo tipo que la ocurrida en el interior de las especies de homínidos, es decir, basada en la inteligencia social más que en la adaptación física al entorno.

De cara al futuro, si no se produce un gran cambio extrínseco a la biosfera, es decir, una catástrofe del estilo de una gigantesca glaciación que cubriera de hielo gran parte del planeta o el impacto de un meteorito de buen tamaño (y ambas cosas han ocurrido), no parece que haya mucho que temer, puesto que no estamos seriamente amenazados por la «carrera armamentística» con las otras especies de la biosfera.

Vamos mucho más deprisa que ellas porque nuestra capacidad de adaptación tecnológica, que es infinitamente más rápida y versátil que la adaptación biológica, nos hace superiores, y son otras especies las que se extinguen; los seres humanos somos la Reina Roja. Un organismo, para mejorar su adaptación, tiene que modificar una estructura ya existente, producto de una lentísima evolución biológica, mientras que nosotros inventamos toda clase de máquinas partiendo de la nada. Y, por si fuera poco, la biotecnología nos permitirá jugar con los genomas, propios y ajenos.

A nuestra especie todavía le queda mucho tiempo de vida, por lo tanto, según las leyes de la evolución biológica. Pero estas no se aplican a las civilizaciones, así que nos vemos obligados a preguntarnos: ¿será inevitable que toda especie culturalmente avanzada termine produciendo armas de destrucción masiva y aniquilándose a sí misma o reduciéndose a un estado de vida «salvaje» («precivilizado»), anterior a la agricultura y la ganadería, la metalurgia, la escritura, el urbanismo, la industria y el comercio? El propio Fermi tenía motivos para temer a los monstruos de la razón humana, porque participó muy activamente en el Proyecto Manhattan que dio la bomba atómica a los estadounidenses en la Segunda Guerra Mundial.

Hemos leído varias entrevistas con el famoso físico inglés Stephen Hawking en las que se le planteaba la pregunta de por qué no habíamos entrado en contacto todavía con inteligencias extraterrestres (parece que mucha gente estaba empezando ya a perder la paciencia). Se me ocurren tres posibilidades, respondía.

Una es que no haya vida en absoluto fuera de la Tierra (solo muerte, lo inanimado).

La segunda es que haya mucha vida extraterrestre pero muy sencilla, como ocurrió en nuestro planeta durante los primeros dos mil quinientos o tres mil millones de años, una barbaridad de tiempo. La vida inteligente, en cambio, sería muy rara.

La tercera posibilidad es la consabida de que todos los seres inteligentes que han desarrollado capacidades tecnológicas en otros planetas han acabado aniquilándose a sí mismos, al menos como civilizaciones, en grandes guerras nucleares.

Hawking se decantaba por la segunda alternativa, que tiene una importante consecuencia. Ya que *ellos* no van a venir a nuestro encuentro, vayamos nosotros a poblar esos mundos donde la vida es posible. En este que habitamos las cosas se están poniendo muy feas, sobre todo para nuestros hijos.

450 PPM: EL VALOR CRÍTICO

Estamos preocupados por el cambio climático o, mejor, por el efecto que ese cambio pueda tener en la especie humana. Somos ya tantos miles de millones de personas las que la componemos que una «simple» subida de algunos metros en el nivel del mar obligaría a desplazarse a grandes masas de población, cientos de millones de almas. Ahora vivimos 7.000 millones de «vecinos» en el planeta y podemos llegar a ser 9.200 millones en el año 2050. Las fluctuaciones del clima no afectaban a tanta gente cuando éramos pocos, aunque hay autores que explican la ruina de algunas de las grandes civilizaciones de la historia por causas naturales que afectaron a sus sistemas económicos, entre las que se cuentan pequeñas alteraciones del clima. Podríamos aprender de esos ejemplos, porque, de confirmarse, nos servirían para imaginar cómo se puede «volver a la selva».

La subida de la temperatura ha sido muy notable a lo largo del siglo xx, tanto en la superficie terrestre como en la atmósfera, y coincide con la progresiva industrialización de todo el planeta. En promedio, la temperatura ha aumentado casi un grado centígrado (pero en algunas regiones, como la península Ibérica, ha subido varias décimas por encima del grado, seguramente una cantidad en torno a 1,5 °C). Parece poca cosa, pero lo cierto es que lo notamos: los primeros diez años del siglo xxi han sido, tomados en conjunto, los más cálidos desde que se tienen registros de temperatura (desde mediados del siglo xix).

Es verdad que previamente habíamos pasado una época muy fría de varios siglos, llamada por eso Pequeña Edad del Hielo —o, mejor, Pequeña Glaciación—, y que seguramente no hace ahora más calor (o no mucho más) que en la época de los romanos o que en la Baja Edad Media. Pero se poseen datos que inducen a pensar que las emisiones de dióxido de carbono producidas por la quema de combustibles fósiles en el transporte, en la industria, en la producción de energía, están alterando artificialmente la dinámica natural del clima, desplazando en exceso el péndulo que oscila continuamente del calor al frío hacia uno de sus extremos, el cálido. Los dos son estremecedores: desertización o glaciación, deshidratación o congelación. Y hay razones para pensar que de un extremo se puede pasar muy rápidamente al otro.

Sabemos que el dióxido de carbono produce el famoso efecto invernadero, que calienta la superficie del planeta y la atmósfera. En esencia, consiste en que la Tierra, acariciada por los rayos del sol, emite hacia el espacio radiación infrarroja (como hacen nuestros propios cuerpos de mamíferos de sangre caliente) que en parte rebota en los gases de la atmósfera, como el dióxido de carbono y, más aún, el metano y el óxido nitroso, y vuelve a la superficie.

Pues bien, tenemos registros de la concentración de dióxido de carbono en la atmósfera de casi el último millón de años, que se han conseguido en los sondeos del hielo antártico (analizando la composición del aire que queda atrapado en burbujas en el hielo), y también para los últimos 120.000 años en Groenlandia. Por eso nos consta que nunca este gas ha sido tan abundante como ahora. Este es el Gran Dato de los estudios climáticos, una de nuestras escasas certezas —junto con el retroceso más que constatado de los glaciares en todo el planeta y el imparable deshielo ártico—, pero que pone los pelos de punta.

Por otro lado, solo la emisión de gases industriales puede explicar el aumento tan rápido de temperatura experimentado desde que las fábricas utilizan combustibles fósiles (recalquémoslo, no un simple aumento de la temperatura, que puede tener una causa natural, sino la enorme pendiente, sin precedentes en los registros climáticos, de la gráfica de aumento de temperatura).

Hace 128.000 años, el clima era por lo menos tan cálido como el actual, y seguramente unos cuantos grados más. Esa época se conoce como Último Interglaciar, aunque en realidad era el penúltimo, ya que el actual es el último. Antes o después habrá de llegar una nueva glaciación si se mantienen las oscilaciones del clima que han caracterizado los últimos dos millones y medio de años. Pues bien, la concentración de dióxido de carbono hace 128.000 años (así como en los períodos interglaciares anteriores) no llegaba a las 300 partes por millón (ppm) y ahora estamos en 390 ppm, y, lo que es peor, aumentando a un ritmo anual de 2-3 ppm, o sea, mucho más deprisa que en las décadas anteriores.

Oímos continuamente noticias que nos informan del retroceso de los hielos, en los glaciares y en los polos, aunque hay que recordar, para valorar estos hechos, que desde finales de la Edad Media hasta el siglo XIX habían avanzado mucho. ¿Continuará la tendencia al calentamiento y a la fusión del hielo? Eso es muy probable mientras no cesen o se reduzcan drásticamente las emisiones de gases que producen el efecto invernadero, y además los gases actuales se acumulan sobre los anteriores y los futuros se sumarán a los actuales.

¿Por cuánto tiempo? Se espera, se teme, que a lo largo del siglo XXI la temperatura superficial suba en promedio dos grados centígrados o a lo peor más, mucho más, quizá hasta 4 °C. Parece muy poca cosa en términos absolutos, pero es mucho en proporción —la media planetaria actual es de 14 °C—, y sus efectos ecológicos son enormes. Por ejemplo, dentro de pocos años (menos de veinte) veremos las aguas del océano Ártico libres y navegables en verano. ¡Sin hielo en el Polo Norte! Los osos blancos ya no tendrán una banquisa a la que subirse y desaparecerán; cada vez está más lejos de la tierra firme. A finales del siglo el nivel del mar habrá subido muchos centímetros, como consecuencia del derretimiento de los hielos, y algunas importantes ciudades costeras se verán afectadas, así como muchas tierras cultivadas y habitadas por el hombre en todo el mundo. Y no solo eso. Grandes superficies habitadas de la Tierra se volverán más cálidas y áridas.

Además de haber aumentado la temperatura promedio en la España mediterránea —que ocupa casi todo el país, salvo la franja norte—, las precipitaciones han descendido muy notablemente en el último medio siglo, cerca de un 20 por ciento. Es cierto que, de seguir así, mejorarán las condiciones de vida —para los humanos, se entiende— en las altas latitudes del hemisferio norte —muy lejos del ecuador—, en lugares ahora inhóspitos, porque lloverá más y hará menos frío, pero allí vive muy poca gente, por lo que la mayor parte de la humanidad se verá perjudicada, y muy especialmente los africanos.

No deberíamos sobrepasar las 450 ppm de dióxido de carbono en la atmósfera —y cada vez estamos más cerca de esa cifra— si no queremos que el clima cambie radicalmente (hasta ahora solo lo hace cuantitativamente, siguiendo una tendencia hacia el calor y la sequía, y no cualitativamente).

Sin embargo, para estabilizarnos en 450 ppm habría que reducir las emisiones en tres cuartas partes, y pronto, antes de llegar a la mitad del siglo XXI. Si pasamos de 450 ppm de CO_2, la temperatura del planeta subirá más de dos grados centígrados —respecto de la temperatura de finales del siglo XIX, es decir, la de antes de la era industrial— y eso es una locura, aunque no lo parezca. Mucha más aridez y un nivel del mar ascendiendo metro a metro e invadiendo las tierras costeras. O, más que una locura, quizá significa que somos una especie muy estúpida. Lo inteligente sería reducir esa variable crucial a 350 ppm, pero parece una utopía inalcanzable.

Hay que investigar más, pero también podría ser que la corriente marina de agua caliente que mantiene la Europa septentrional habitable se esté debilitando, precisamente como consecuencia de la fusión de los hielos del Ártico. Esa corriente cálida, la Rama Norte de la Corriente del Golfo, es la responsable de que haya tanta diferencia de temperatura a un lado y otro del Atlántico, entre Terranova, en Canadá, y Gran Bretaña e Irlanda. No se puede descartar que este debilitamiento produzca, paradójicamente, una nueva glaciación (no simplemente otra Pequeña Edad del Hielo). Y una glaciación sería, sobre todo para los habitantes del hemisferio norte, el Apocalipsis.

Los combustibles fósiles, por otro lado, no son eternos. Hay que buscar alternativas para el futuro, porque la demanda de energía y de carburante es creciente y mundial, sobre todo por la industrialización acelerada de Asia, el continente más poblado de todos. ¿Dónde se encontrará esa panacea tan necesaria? ¿Será la tan denostada energía nuclear la solución, la única escapatoria posible, pese a sus peligros? La confianza que se había depositado en los combustibles obtenidos a partir de plantas cultivadas —los biocombustibles— se está desmoronando. No contaminan menos que los fósiles y requieren grandes superficies de terreno para las plantaciones. Aunque afirma la teoría que se deberían aprovechar terrenos que han perdido sus ecosistemas naturales y permanecen yermos, lo cierto es que en la práctica reemplazan a los cultivos de alimentos, amenazando con la vuelta de las viejas hambrunas. El día en que escribimos esto, la noticia es la subida espectacular del precio del arroz.

Proliferan los gurús con palabras hermosas que solo son eso, sonidos, mientras sube el nivel del mar. La ciencia no tiene una solución limpia, barata e inagotable para el problema. Esperar a que la encuentre y mientras tanto no hacer nada, o peor, ensuciar y destruir cada vez más la tierra, el agua y el aire, es una aberración. Más bien habrá que hacer sacrificios, habrá que cambiar, habrá que aprender a renunciar. Todos los tiempos son de crisis, y los que se avecinan también lo serán porque no estamos al final de la historia, como se había afirmado. Hay ahora una nueva variable: la ecológica.

Frente a la adversidad solo se conoce una postura que sea a la vez decente y práctica. Afrontarla todos unidos.

19

KANTSAYWHERE

> El control de la evolución humana, sea como sea, debe contener alguna medida de control de la reproducción humana, tanto en cantidad como en calidad.
>
> George Gaylord Simpson,
> *This View of Life. The World of an Evolutionist* (1963)

Mentes maravillosas

> —Esto —siguió el director con un movimiento de la mano— son incubadoras. —Y abriendo una puerta aislante les enseñó hileras y más hileras de tubos de ensayo numerados—. La provisión semanal de óvulos —explicó—. Conservados a la temperatura de la sangre; en tanto que los gametos masculinos —y al decir esto abrió otra puerta— deben ser conservados a treinta y cinco grados de temperatura en lugar de a treinta y siete. La temperatura de la sangre esterilizada.

Aldous Huxley describía así en *Un mundo feliz* cómo se desarrollaban los seres humanos en incubadoras desde el mismo momento de la fertilización del óvulo *in vitro*, es decir, en el laboratorio. El libro se publicó en 1932, pero la idea de la *ectogénesis* (el desarrollo del feto en un vientre artificial) no era de Huxley. La había leído en el libro *Daedalus; or Science and the Future* (1923), de su amigo J. B. S. Haldane, el biólogo que estudiaba la genética de poblaciones y que fue precursor del neodarwinismo.

El inventor del término *eugenesia*, Galton —el primo de Charles Darwin—, también escribió su utopía —aunque no la llegara a publicar— en la novela breve *Kantsaywhere*, escrita poco antes de su muerte en 1911. El brillante estadístico Karl Pearson, biógrafo de Galton, recuperó entre sus efectos personales una parte de la novela. El resto había sido destruido. Lo que se ha conservado empieza así:

> El señor Neverwas murió dejando toda su propiedad en manos de administradores para la gestión, suya y de sus sucesores, del Consejo de Kantsaywhere. Dispuso en su testamento que las rentas deberían emplearse en la mejora del patrimonio del lugar, especialmente de la raza humana. Los métodos que se empleaban para ello en el momento de su muerte debían continuar, con los futuros cambios que la experiencia sugiriese dirigidos al mismo fin.
>
> El Colegio concedería títulos a los genéticamente superdotados, tanto física como mentalmente, animaría al pronto matrimonio de los mejor calificados recompensándolos con ventajas sociales y materiales para aliviar el coste de la crianza de los hijos, llevaría un registro detallado de los resultados y los discutiría de cuando en cuando. Estableció [el fundador, el señor Neverwas] con gran énfasis el principio de que no se gastaría nada de los ingresos de la propiedad en los que eran débiles por naturaleza. Por el contrario, los beneficios estaban destinados a ayudar a los naturalmente fuertes para que estuvieran bien alimentados y se multiplicaran.

Así pues, estaban bien organizados en el condado de Kantsaywhere. El protagonista de la novela de Galton (escrita en primera persona) anhela obtener una buena nota en el duro Examen de Honores del Colegio (*College*) de Eugenesia para poder aspirar a la mano de la señorita Augusta Allfancy, que ha sacado 94 puntos. El ejercicio tiene cuatro partes, cada una con 30 puntos asignados: idoneidad médica, calidad de los antepasados, calidad antropométrica y habilidad estética y literaria. Desgraciadamente, el héroe de la novelita no obtiene más que 5 puntos en la prueba genealógica (que mide la calidad genética), a pesar de lo cual suma un total de 77 puntos, lo que es considerado una verdadera hazaña. Solo aproximadamente la cuarta parte de los aspirantes superaban cada año los 70 puntos. Hay que añadir que únicamente los que habían aprobado con buenas calificaciones una inspección médica previa podían presentarse al Examen de Honores.

El padre de la chica (miss Augusta Allfancy) está impresionado con el resultado del aspirante a su cotizada mano, teniendo en cuenta sus dudosos orígenes. Pero otro caballero con mejores notas podría aspirar con más argumentos a tener hijos con ella. ¿Cómo terminará esta corta novela? No lo sabemos, porque entre las partes destruidas se encuentra el final de la historia.

Hay mucho de experiencia propia —de Galton— en el Examen de Honores, ya que se parece en dificultad y prestigio social a los *Mathematical Tripos* de la Universidad de Cambridge, en cuyas aulas estudiaron tanto Darwin como su primo. Ninguno de los dos obtuvo tan apreciado título, que Galton deseaba fervientemente, porque no se presentaron. No eran matemáticos superdotados, *mentes maravillosas*.

Darwin, con su ingenuidad característica, nos lo cuenta en su *Autobiografía*:

> Como respondí [en el examen de grado medio para B. A. o *Bachelor of Arts*] acertadamente las preguntas del examen sobre Paley, hice bien las de Euclides y no fracasé rotundamente en clásicos, conseguí un buen puesto [el décimo] entre los *hoi polloi*, o multitud de gente que no se presenta a examen para calificaciones superiores.

Efectivamente, las matemáticas no eran su fuerte:

> Traté de estudiar matemáticas y hasta fui a Barmouth durante el verano de 1828 con un profesor particular, pero avanzaba muy despacio. El trabajo me resultaba repugnante, sobre todo porque no veía ninguna utilidad al álgebra durante los primeros pasos en dicha materia. Mi impaciencia fue disparatada; años después he lamentado profundamente no haber avanzado al menos lo suficiente para comprender algo de los grandes principios fundamentales de las matemáticas, ya que las personas que tienen ese don parecen poseer un sexto sentido. Sin embargo, no creo que hubiera pasado de un nivel muy bajo.

Galton, en cambio, aspiraba seriamente a pasar el *Mathematical Tripos* e incluso, por qué no, a convertirse en *Senior Wrangler* o número uno. Pero en el examen (previo y mucho más fácil) de *Little Go* sufrió la más amarga decepción de su vida. Quedó clasificado en el segundo grupo, es decir, bastante bien, pero no lo suficiente para las grandes ambiciones de Galton. Eso le sumió en la desesperación y en una crisis nerviosa, y abandonó la idea de obtener mayores honores, para los que no se sentía capacitado.

Es sorprendente que Galton considerase a su familia, los descendientes del celebrado Erasmus Darwin, dotada por la genética de un talento superior. ¡Lo cierto es que ni él ni su primo habrían podido reproducirse en Kantsaywhere si para ello hubieran tenido que superar el *Mathematical Tripos*!

¿Ingeniería genética o ingeniería social?

¿Qué les pasa a los biólogos modernos que ya no proponen utopías científicas para el ser humano del futuro? ¿Por qué no se preguntan cómo mejorar nuestra especie? ¿Se conforman con la que existe y renuncian a ayudarla para que evolucione más deprisa —a impulsos de la ciencia— en alguna dirección conveniente para la humanidad del mañana? ¿No desean aliviar los sufrimientos del presente y alumbrar una raza de casi ángeles?

Es probable que las brutalidades del nazismo, con su disfraz pseudodarwinista, hayan influido para que se renuncie a especular sobre el *porvenir asistido* de la especie humana. Aunque no solo el nazismo soñaba con ello: el propagandista de la eugenesia J. B. S. Haldane fue un furibundo comunista y estalinista hasta que se desengañó en los años cincuenta del siglo pasado. Pero el caso es que la búsqueda de un futuro biológico mejor no terminó con la caída de Alemania, sino que, como hemos visto ampliamente, seguía siendo defendida por científicos muy importantes después de la Segunda Guerra Mundial, y entre ellos estaban algunos significados neodarwinistas.

Ahora, en cambio, solo se habla de corregir los problemas de los individuos, no de mejorar la especie. Se *in-corporan* (se introducen literalmente en el cuerpo) piezas artificiales para reconstruir nuestras articulaciones deterioradas, reemplazar miembros amputados o sustituir válvulas defectuosas, y los microchips han empezado ya a ser conectados al sistema nervioso para que los ciegos puedan tener alguna percepción visual o para que los tetrapléjicos manejen un ordenador. Una armadura articulada, un exoesqueleto, como el de los artrópodos pero sintético, podría hacer que los paralíticos anden; de hecho se ha ensayado con éxito.

Avanzamos así hacia seres humanos *biónicos*, cada vez más artificiales, pero se trata por ahora de recambios, sustituciones de piezas originales —defectuosas en origen o dañadas a causa del uso o los accidentes— por otros «componentes» fabricados a medida. Es probable también que pronto se puedan producir órganos como el hígado a partir de células madre. Todo esto está muy bien, pero no nos cambia, solo nos repara.

La tecnología lleva mucho tiempo amplificando nuestras capacidades naturales, y así podemos observar, en directo, lo que sucede en cualquier lugar del mundo, hablamos unos con otros de continente a continente mientras nos vemos las caras, almacenamos enormes cantidades de información fuera del cerebro —desde mucho antes de los ordenadores, en realidad desde que se inventó la escritura—, volamos, buceamos y corremos a velocidad vertiginosa dentro de máquinas. Incluso podemos salir fuera de nuestra atmósfera y viajar a la Luna.

En el lenguaje de los héroes de tebeo, tenemos *superpoderes*. ¿Para qué querríamos poseer alas, agallas o ruedas nosotros mismos? Queremos ser dioses, no superhombres. Eso ya lo hemos conseguido gracias a la tecnología, y cada día se producen nuevos «milagros». Desde que apareció la talla de la piedra, hace poco más de dos millones y medio de años, estamos potenciando artificialmente nuestras capacidades, hasta el punto de que ya superamos a los dioses clásicos en casi todo. Nuestros nuevos órganos son *extrasomáticos* (están fuera del cuerpo).

Nos falta un pequeño detalle, la inmortalidad, así que no dejamos de preguntarnos seriamente qué es lo que produce la degeneración de nuestros tejidos y cómo se podría evitar. Ahí sí que se espera mucho de la genética, porque en cuanto averigüemos cuáles son los factores hereditarios responsables del envejecimiento haremos lo posible por modificarlos, aunque no será nada fácil y no lo veremos nosotros. Entonces, si es que ese día llega, nos pareceremos mucho a los dioses griegos y romanos, que tenían grandes poderes —entonces se les antojaban sobrehumanos— y al mismo tiempo estaban dominados por pasiones muy humanas. Los habitantes del Olimpo eran poco ejemplares moralmente..., pero nosotros no somos mejores y nuestras bombas son mucho más destructivas que el rayo de Zeus.

Sin embargo, las utopías de los científicos del siglo xx se dirigían, sobre todo, a cambiar nuestra conducta para hacernos no solo más inteligentes, sino también más altruistas, más trabajadores y más pacíficos.

El lema que figuraba sobre la entrada principal del Centro de Incubación y Condicionamiento de la Central de Londres del Estado Mundial en *Un mundo feliz* decía así: «Comunidad, Identidad, Estabilidad».

Aldous Huxley adoptaba en su distopía (o antiutopía) una perspectiva completamente *ambientalista*, porque creía que era el ambiente el que condicionaba a los seres humanos, no el genotipo. Se trataba de incubar muchos embriones humanos, pero eso solo era el primer paso. Lo importante era condicionarlos después:

> —Observen —dijo el director, en tono triunfal—. Observen.
>
> »Libros y ruidos fuertes, flores y descargas eléctricas: en la mente de aquellos niños ambas cosas se hallaban ya fuertemente relacionadas entre sí; y al cabo de doscientas repeticiones de la misma o parecida lección formaría ya una unión indisoluble. Lo que el hombre ha unido, la naturaleza no puede separarlo.

»Crecerán con lo que los psicólogos solían llamar un odio "instintivo" hacia los libros y las flores. Reflejos condicionados definitivamente. Estarán a salvo de los libros y de la botánica para toda la vida. —El director se volvió hacia las enfermeras—: Llévenselos.

Otro famoso científico ambientalista, el psicólogo B. F. Skinner, escribió en 1948 una utopía titulada *Walden Dos*, sobre el futuro del ser humano, y estaba basada, precisamente, en las teorías conductistas que tanto debían a su autor. Skinner pensaba que una sociedad feliz era aquella en la que sus miembros son libres y se sienten como tales, pues hacen lo que quieren hacer. Pero lo que quieren hacer los miembros de una sociedad perfecta y feliz como Walden Dos ha sido inducido mediante «el inmenso poder del refuerzo positivo» por un Consejo de Planificadores. Este Consejo, compuesto por tres mujeres y tres hombres, aplicaría las técnicas para manipular la conducta humana que la ciencia conductista ponía a su disposición.

«Nuestros miembros, en la práctica, están siempre haciendo lo que quieren —lo que ellos "eligen" hacer— pero nosotros conseguimos que quieran hacer precisamente lo que es mejor para ellos mismos y para la comunidad. Su conducta está determinada, y sin embargo son libres», dice en la novela el fundador de Walden Dos.

Y es que la utopía de Skinner constituye una argumentación continua sobre la imposibilidad de que en la especie humana pueda darse el verdadero libre albedrío. Mediante técnicas de «ingeniería conductual» o «ingeniería cultural o social», se podría conseguir que los miembros de una sociedad fueran gente agradecida, pero no vanidosa, que valoraran el bien de la comunidad por encima del propio y que carecieran de emociones tan perjudiciales como los celos o la envidia. La utopía de Walden Dos sería, así, una forma ambientalista de conseguir un verdadero mundo feliz.

Genes y personas

Es curioso que ahora que empezamos a tener la posibilidad de modificar nuestro genoma y de fabricar «humanos a la carta» por manipulación directa, sin necesidad de recurrir a la selección, nadie mentalmente sano se plantee el futuro de la especie en los términos en los que lo hacían los neodarwinistas de mediados del siglo pasado, con castas como las de las abejas, por ejemplo, o superhombres dotados de poderes fabulosos en lo físico y mental, y de una sensibilidad y bondad de ángeles —altruismo sin límites— en el terreno de lo espiritual (y tal vez con bastante aspecto de inocentes niños).

Como mucho, querríamos actuar sobre ciertas enfermedades con un componente genético fuerte y de herencia simple, en las que intervengan pocos genes que se podrían modificar, pero eso no es la mejora de la especie —la gran transformación para bien— a la que aspiraban antes.

No cabe duda de que ya está llegando el momento en que todo el mundo podrá disponer fácilmente de la secuencia completa de su genoma, la larga ristra de letras de tan solo cuatro tipos (las cuatro bases nitrogenadas) que contiene nuestro programa individual de desarrollo, porque todos somos diferentes (excepto los gemelos entre sí).

Eso será sin duda útil para la prevención de enfermedades con una base hereditaria, localizada en ciertas zonas del genoma, y para darles un tratamiento individualizado, incluso con fármacos diseñados para las diferentes constituciones genéticas, sin necesidad de cambiar los genes defectuosos causantes de las enfermedades. Se acabó lo de darle las mismas píldoras a todo el mundo, se nos anuncia. Nace la medicina genómica, aunque solo para los países ricos. Hay cada vez más enfermedades cuya herencia empieza a aclararse, como algunos cánceres, la fibrosis quística, la diabetes, la corea de Huntington, los trastornos cardiovasculares, etc., y seguramente muchas otras serán pronto asequibles a la investigación.

Otra cuestión, más peliaguda, es evitar que la información acerca del genoma de las personas pueda ser utilizada para su discriminación, por ejemplo, por parte de las compañías de seguros o, lo que es más importante, en el trabajo. Para ello se preparan leyes que garanticen el secreto sobre el genoma de cada uno, pero siempre existe el riesgo de que esa información se obtenga y se utilice sin permiso del «titular».

Ya no se escribe al final de los libros sobre la evolución —en general, o la humana en particular— un capítulo sobre el futuro de la especie, como se hacía antes. No miramos tan lejos. Nos conformamos con intentar solucionar los problemas de este mundo en el que vivimos.

Y, sin embargo, la ciencia sigue avanzando, aunque los científicos no pretendan cambiar al género humano como se proponían los tecnócratas en *Un mundo feliz*:

> —El método de Bokanovsky —repitió el director.
>
> Y los estudiantes subrayaron estas palabras.
>
> Un óvulo, un embrión, un adulto: la normalidad. Pero un óvulo bokanovskificado prolifera, se subdivide. De ocho a noventa y seis brotes, y cada brote llegará a formar un embrión perfectamente constituido, y cada embrión se convertirá en un adulto normal. Una producción de noventa y seis seres humanos donde antes solo se conseguía uno. Progreso.

El progreso biotecnológico de Aldous Huxley en *Un mundo feliz* consistía en aumentar la producción de embriones genéticamente uniformes, que pasaban luego por la Sala de Predestinación Social para ser asignados a la casta correspondiente. Es decir, se trataba de producir en masa, industrialmente, individuos humanos de acuerdo con unos patrones predeterminados para que cumplieran fielmente su función social y no se apartaran de ella.

Hermann Muller, en cambio, estaba más interesado en la calidad genética de los padres que en la cantidad de descendientes. Si escribiera hoy, hablaría de clones obtenidos directamente a partir de células de adultos poseedores de genomas privilegiados. Ya no necesitaría los espermatozoides de Lenin para tener descendientes con menos altura intelectual y moral que su admirado revolucionario puesto que, según Muller, las capacidades de cada hijo de Lenin estarían a mitad de camino entre las del líder ruso y la media de la población.

Es una pena que una mujer corriente, pensaba Muller, tenga que poner la mitad de los genes de los hijos de Lenin. Pero por medio de la clonación Muller podría tener al propio Lenin, todas las copias que le hicieran falta para extender la revolución. Claro que se debería haber congelado en su momento algún tejido del activista, ya que va a ser más que difícil conseguir material genético en buen estado a partir de la momia que se exhibe en la plaza Roja. Sin embargo, se podría secuenciar su genoma, eso sí que está a nuestro alcance; de hecho, ya se conocen el genoma de los neandertales, desaparecidos hace 30.000 años, y el genoma íntegro de congéneres nuestros centenarios o incluso milenarios.

En todo caso, un nuevo avance de la biotecnología puede resolver el problema: en el año 2010 Craig Venter sintetizó en su laboratorio el ADN de una bacteria (cuya cadena se conocía porque ya había sido secuenciada) y a continuación insertó el ADN sintético en otra especie de bacteria, previamente desprovista de su propio material genético. El nuevo ser funciona perfectamente, siguiendo las instrucciones del genoma fabricado. Secuenciar el genoma de un ser humano cualquiera es ya rutinario, y sintetizarlo entero es concebible de cara a un futuro no demasiado lejano (aunque hoy por hoy sea imposible para cualquier organismo más complejo que una bacteria).

Cuando Carleton S. Coon escribió *Las razas humanas actuales*, en 1965, la genética ya había avanzado mucho desde Mendel e incluso desde Morgan. El antropólogo apasionado con las razas pensaba que, si se descubría la manera de detener el envejecimiento y vivir casi eternamente en la mejor de las condiciones, entonces los que mandan no tendrían el más mínimo interés en favorecer la llegada al poder de generaciones más brillantes y no harían nada por mejorar la especie y producir jóvenes superiores a ellos mismos.

La lucha contra la decrepitud senil no encuentra ninguna resistencia religiosa ni moral, e investigar en ese campo goza de todas las alabanzas y bendiciones, además de financiación abundante. No conocemos, efectivamente, ninguna ideología que defienda que tenemos —nuestros padres y nosotros— que degenerar y morir por imperativo biológico, como ha sido siempre. Habrá que reflexionar sobre ello, pero la piedad nos impone cuidar de nuestros mayores, y el egoísmo nos empuja a desear la eterna juventud para nosotros (o la eterna madurez, ay, en nuestro caso particular).

Alentamos todos, ¡y de qué manera!, la esperanza de una larguísima vida, casi la inmortalidad de los dioses griegos. Olvidamos que Eos —la Aurora— raptó a Titono y le rogó a Zeus que lo volviera inmortal, cosa que le concedió... Pero se le olvidó pedirle que lo volviera eternamente joven y envejeció horriblemente hasta convertirse ¡en un grillo!

Ahora bien, si esos avances geriátricos se demoran, y nosotros pensamos que se van a retrasar mucho, entonces, según Coon, veremos grandes cambios en la especie humana. Generaciones tan inteligentes como las que vendrán por manipulación genética serán capaces de resolver todos nuestros problemas. Con su peculiar sentido del humor, explicaba que cualquier cosa que deseen será entonces posible:

> ... esa gente será capaz de decidir si necesitan cuatro o cinco dedos en los pies, o, si creen que eso es demasiado, si prefieren marchar sobre pezuñas. Otra vez volverán los sátiros a hacer cabriolas en las praderas de la Arcadia, y los ángeles a elevarse sobre los campanarios de las iglesias. Los centauros negros jugarán al polo contra los centauros blancos, mientras gnomos y duendes aplaudirán desde las tribunas. Esto parece el sueño de una historieta cómica, pero ¿es en realidad un sueño?

Es seguro, nos parece a nosotros, que se van a crear muchos tipos de organismos nuevos, sobre todo de bacterias, con genomas artificiales. Podrán producir para nosotros moléculas tales como fármacos o combustibles.

En el campo de la reproducción asistida en humanos, cuando se realiza la fecundación *in vitro*, es decir, en el laboratorio, ya se puede practicar un diagnóstico genético preimplantacional para descartar aquellos embriones que son portadores de algún gen que predispone a padecer una determinada enfermedad e implantar los otros embriones. Hay mutaciones de las que se sabe que un alto porcentaje de los individuos que las portan desarrollan algún tipo de cáncer de mama, de útero o de colon, pero ¿cuál es el porcentaje que justifica esta práctica: un 80 por ciento, un 40 por ciento, un 20 por ciento, un 2 por ciento? Y conforme vayamos sabiendo cada vez más de las predisposiciones hedirección que llevaba era la buena o se debía cambiar, y si convenía acelerarla o simplemente pararla.

La herramienta disponible, la única entonces imaginable, era la selección dirigida por científicos, que, según Chardin, convertiría su sueño en realidad en menos de diez mil años. Pero en la era de los transgénicos, ya nadie piensa en la selección dirigida, tanto por razones éticas como por razones prácticas. Hay métodos mucho más eficaces de cambiar la constitución de los seres vivos.

¿Qué reflexiones sobre el futuro de la especie humana habrían hecho los biólogos de mediados del siglo pasado si hubieran imaginado las modernas biotecnologías? Cabe pensar, a la vista de lo que escribieron, que habrían recomendado su uso, ya que son infinitamente más eficaces que la selección dirigida, en la que sí creían.

Sinceramente, no deseamos que en un futuro se diseñen seres humanos, ni siquiera que se produzcan personas con una pequeña parte de su genoma alterado con algún propósito de «mejora» física, intelectual o moral. Entre otras cosas porque, a diferencia de la admiración que Muller profesaba por Lenin, ya no tenemos un modelo humano que imitar. Y más vale que sea así, porque el propio Muller, cuando el comunismo lo decepcionó, dejó de poner a Lenin como ejemplo de semental universal.

Son nuestros genes los que nos hacen pertenecer a la especie biológica *Homo sapiens*, y vivir, sentir y pensar, pero nuestra grandeza y nuestra dignidad no están en ellos. No somos nuestros genes.

La desincronización de Sam Magruder

George Gaylord Simpson, el gran paleontólogo de la Nueva Síntesis, también escribió una novelita sobre el futuro, y a la vez sobre el pasado, aunque no llegó a publicarla nunca, como la de Galton. Se titulaba *The Dechronization of Sam Magruder* y se tradujo al español como *Entre dinosaurios*, con un prólogo de Arthur C. Clarke y un epílogo de Stephen Jay Gould. La encontró una hija de Simpson entre los papeles de su difunto padre que custodiaba su madrastra. Gould opina que debió de ser escrita después de 1970, porque es crítica con la teoría —de esa fecha— de que hubo dinosaurios de sangre caliente. Clarke se sorprende de que no mencione la hipótesis de Luis y Walter Álvarez sobre la extinción de los dinosaurios causada por un meteorito, que se dio a conocer en 1980. Entre ambas fechas pudo haberse terminado, pues, el trabajo.

La trama de la novelita consiste en que en el año 2162 un paleontólogo viaja al pasado y «aterriza» hace ochenta millones de años —en el Cretácico, en plena era de los dinosaurios— sin posibilidad alguna de volver al presente. Sam Magruder nos deja su historia escrita en ocho tablillas que aparecen en el curso de unas excavaciones, ochenta millones de años después. (Como Simpson no creía, según vimos, que la aparición de humanoides fuera inevitable una vez que la vida empieza en un planeta, Magruder escribe: «Estas tablillas son actualmente el único libro que existe en la Tierra y probablemente en todo el Universo».)

Cuando Simpson redactó esas páginas, él mismo había viajado ya mucho hacia el futuro (y, como dice Clarke, a la velocidad de sesenta segundos por minuto, igual que todos) y quedaban muy atrás los tiempos en los que la eugenesia estaba de moda entre los biólogos. En su futurista novela, Sam Magruder y sus contemporáneos son personas absolutamente normales, con familias corrientes, y no hay nada que indique que se hayan llevado a cabo programas de modificación de la especie humana en ninguno de los sentidos con los que se especulaba unas décadas antes. Ni siquiera se desprende del texto que los seres humanos vayan a vivir más años en el siglo XXII. Simples mortales, pues.

Uno de los miembros del comité de expertos que analizan las recién encontradas tablillas de Magruder se sorprende de que este no interviniera acelerando la evolución de los discretísimos mamíferos con los que se encuentra en aquel mundo de grandes reptiles. «Podría haber cambiado y controlado el rumbo de la historia —dice—. Podría haber sido Dios.» En lugar de eso, Magruder razona así:

> Tengo algunos conocimientos de genética y de cría práctica de animales que aprendí en la Escuela Estatal antes de especializarme en cronología. He estado acariciando durante mucho tiempo la idea de criar selectivamente a estos pequeños mamíferos. Yo conocía sus enormes posibilidades y sin duda podría haber acelerado su evolución tal vez en algunos millones de años. Pero ¿para qué? La chispa ya está encendida. Lo van a conseguir. Sus descendientes serán humanos y llegarán a serlo por sus propios medios. No necesitan interferencias ni estímulos en el camino. En realidad, sería un sacrilegio. Si la humanidad tiene algo de divina, es precisamente porque se ha creado a sí misma, a través de esta y de muchas otras bestezuelas.

En los años setenta del siglo pasado, Simpson y los demás científicos parecían haber olvidado sus utopías de «mejorar» al ser humano actuando sobre la genética. Ya no querían jugar a ser Dios, ni a cambiar y controlar el rumbo de la historia. «En realidad, sería un sacrilegio.»

La humanidad, afortunadamente, había aprendido mucho. Creemos que el propio Simpson nos lo estaba diciendo al final del libro, en la octava tablilla, en una reflexión que vale para su propia vida. A fin de cuentas, las cuartillas inéditas con el relato que Joan Simpson Burns encontró (casi exhumó) en la casa de su madrastra después de fallecida esta se parecen mucho a las tablillas que escribiera su personaje Magruder y que serían excavadas tanto tiempo después:

> Las siete primeras tablillas están a salvo, todo lo seguras que he podido guardarlas. No queda mucho más que decir. No he sido feliz, aunque no me ha faltado alguna satisfacción durante esta dura prueba. A menudo me he preguntado por qué seguía adelante. Ahora que he llegado al final por fin lo sé; al menos algo he aprendido. No había esperanza ni cabía esperar recompensa alguna. Siempre he sabido esta amarga verdad. Pero soy un hombre y un hombre siempre debe ser responsable de sus actos.